新世纪电子信息与自动化系列课程改革教材

智能控制导论

（第四版）

蔡自兴　编著

中国水利水电出版社
www.waterpub.com.cn
·北京·

内 容 提 要

本书介绍了智能控制的基本原理及其应用，涉及智能控制概述、基于知识的智能控制、基于数据的智能控制、智能控制的算法与编程、智能控制的计算能力和智能控制的应用等内容。第 1 章介绍智能控制的产生、作用和发展，叙述智能控制的定义、特点与一般结构，探讨智能控制的学科结构理论、学科体系与系统分类。第 1 篇“基于知识的智能控制”介绍递阶控制、专家控制和模糊控制。第 2 篇“基于数据的智能控制”介绍神经控制、进化控制和网络控制。第 3 篇“知识与数据复合智能控制”介绍学习控制和复合智能控制。第 4 篇“智能控制的算法与算力”介绍智能控制算法与编程、智能控制算力及架构和智能控制的发展简史与展望。

本书可作为高等院校自动化、电气工程与自动化、智能科学与技术、测控工程、信息工程、机器人、人工智能、机电工程和电子工程类等专业本科生的智能控制类课程教材、大专院校和高等职业技术学院相关专业的教材或教学参考书，也可供从事智能控制与智能系统研究、设计、开发和应用的科技工作者参考。

本书配有免费电子教案，读者可以从中国水利水电出版社网站（www.waterpub.com.cn）或万水书苑网站（www.wsbookshow.com）免费下载。

图书在版编目（CIP）数据

智能控制导论 / 蔡自兴编著. -- 4版. -- 北京 : 中国水利水电出版社, 2024.1
新世纪电子信息与自动化系列课程改革教材
ISBN 978-7-5226-2383-2

Ⅰ. ①智… Ⅱ. ①蔡… Ⅲ. ①智能控制－高等学校－教材 Ⅳ. ①TP273

中国国家版本馆CIP数据核字(2024)第025437号

策划编辑：杨庆川　　责任编辑：杨元泓　王开云　　封面设计：苏　敏

书　　名	新世纪电子信息与自动化系列课程改革教材 智能控制导论（第四版） ZHINENG KONGZHI DAOLUN
作　　者	蔡自兴　编著
出版发行	中国水利水电出版社 （北京市海淀区玉渊潭南路 1 号 D 座　100038） 网址：www.waterpub.com.cn E-mail：mchannel@263.net（答疑） sales@mwr.gov.cn 电话：（010）68545888（营销中心）、82562819（组稿）
经　　售	北京科水图书销售有限公司 电话：（010）68545874、63202643 全国各地新华书店和相关出版物销售网点
排　　版	北京万水电子信息有限公司
印　　刷	三河市鑫金马印装有限公司
规　　格	184mm×260mm　16 开本　16.25 印张　435 千字
版　　次	2007 年 5 月第 1 版　2007 年 5 月第 1 次印刷 2024 年 1 月第 4 版　2024 年 1 月第 1 次印刷
印　　数	0001—3000 册
定　　价	49.00 元

新世纪电子信息与自动化系列课程改革教材

编审委员会

总　序

电子信息与自动化系列课程是专业适用面很广的课程。随着电子信息时代的到来，特别是进入 21 世纪之后，我国各级各类本科院校相当多的理工科专业都或多或少地开设了该系列课程中的课程。因此，提高该系列课程的教学水平、教学质量，对于提高我国高等教育水平和质量，增强当代大学生应用先进的信息技术解决专业领域问题的能力和业务素质，具有特殊的重要意义。而教材是课程内容和课程体系的知识载体，对课程改革和建设既有龙头作用，又有推动作用，所以要提高课程教学水平和质量，关键是要有高水平、高质量的教材。

正是基于上述认识，中国水利水电出版社有限公司推动成立了“新世纪电子信息与自动化系列课程改革教材”编审委员会，在经过近两年时间的深入调查研究的基础上，提出了本系列教材的编写、出版计划。

本系列教材总的定位是面向各级各类高等院校的本科教学，重点是一般本科院校的教学。整个教材系列大体分为电子信息与通信、计算机基础教育和测控技术与自动化三类，共约 50 本主体教材，它们既自成体系，具有信息类学科的系统性、完整性，又有相对独立性。参加本系列教材编写的作者全部是一些重点大学长期从事相关课程教学的教授、副教授，大多是所在单位的学科学术带头人或学术骨干，不少还是全国知名专家教授、国家级教学名师和教育部有关“教指委”专家、国家级精品课程负责人等。他们不仅有丰富的教学经验，而且有丰富的相关领域的科研经验，对有关课程的内涵、特点、内容相关性及应用等都有较深刻的认识和切身体验。这对编写、出版好本系列教材是十分有利的条件。

本系列教材在编写时均遵循了以下指导思想：

（1）正确处理先进性和基础性的关系，努力实现两者的统一。

作为进入新世纪的新编信息类教材，既注意在原有同类教材的基础上推陈出新，努力反映学科技术的最新成就，使之具有鲜明的时代特征和先进水平，又注重符合教学规律、教学特点，突出基本原理、基本知识、基本方法和基本技术技能的阐述，着力培养学生应用基础知识分析、解决问题的创新思维能力和将来独立获取、掌握新知识，跟踪相关学科技术发展的能力。

（2）正确处理理论与实践的关系，切实贯彻理论与实践紧密结合的原则。

本系列教材绝大多数都是理论与实际结合紧密、实用性很强的课程教材，因此特别强调从应用的角度组织内容，在重视理论系统性的同时，尤其突出实践性、应用性，使学生学了以后懂得有什么用、怎么用。在教材内容阐释时，积极引入“案例”，将基本知识单元、知识点的讲解融入典型案例的解决和研究过程中，以培养学生解决工程实际问题的能力作为突破口。

（3）遵循“宽编窄用”的内容选取原则和模块化的内容组织原则。

凡教育部课程“教指委”制定了教学基本内容及要求的课程，所编教材均覆盖基本内容，满足基本要求；其他的教材内容选取也都尽量符合多数学校和国内外同行专家的共识。在此基础上再改革创新，努力从继承与发展的结合上来准确把握（取舍）内容。模块化的内容组织主要有利于适应不同专业、不同层次、不同学时数的教学组织和安排。

（4）努力贯彻素质教育与创新教育的思想，尽量采用“问题牵引”“任务驱动”的编写方式，融入启发式教学方法。

各知识单元尽量以实际问题、工程实例引出相关知识点，在启发学生分析、解决问题及实例的过程中，讲清原理和概念，提炼解决问题的思路和方法，着力培养学生的创新思维意识、习惯和能力，提高学生思考、分析、解决工程实际问题的素质和能力。

（5）注重内容编排的科学严谨性和文字叙述的准确生动性，务求好教好学。

在内容组织上，除条理清晰、逻辑严谨外，还尽量做到重点突出、难点分散、循序渐进，使学生易于理解。在文字叙述上，不仅概念准确、语言流畅，而且力求富有启发性、互动性、感染性、思想性，重视运用形象思维的方法和通俗易懂的语言，深入浅出地叙述复杂概念，说明难点问题。

（6）立足于形成立体配套的教材体系，以适应现代化教育教学方法手段的需要。

每本教材编写出版后都配套制作有 PowerPoint 电子教案，可从中国水利水电出版社网站上免费下载。大部分主教材出版后还将相继出版配套的辅助教材（包括教学辅导、习题解答、实验教程等），有的还将推出相应的多媒体教学资源库、CAI 课件和课程网站，为教师备课、教学和学生自主性、个性化学习提供更多更好的支持。

总之，本系列教材是近年来各位作者及所在学校、学科课程教学改革和科学研究成果的结晶，在内容上、体系上、模式上有一定创新。我相信，它的出版将对推动我国高校电子信息与自动化系列课程的改革发挥积极的作用。

但是，由于电子信息与自动化类学科的内涵十分丰富，课程覆盖面很广，在组织策划本系列教材时难免有挂一漏万和不妥之处，所编教材质量也未必都能如愿，恳请广大读者多提宝贵意见，以使本系列教材渐趋合理、完善。

邹逢兴

2005 年 6 月

序

2005 年，蔡自兴教授为本人当时主策主编、中国水利水电出版社统一出版的一套“新世纪电子信息与自动化系列课程改革教材”，新编奉献了一本高水平的《智能控制导论》。将近 20 年来，该书受到读者的广泛关注和欢迎，并被全国数百所学校选为相关课程的教科书或科研参考书，为推动我国智能控制领域教育、科研的发展做出了重要贡献。在此过程中，蔡教授为满足读者对质和量的需求，已对该书先后修订了多次，相继推出了其第二版、第三版，至今又有第四版即将问世，从而成为了我们整套系列教材中的佼佼者。

《智能控制导论（第四版）》跟前几个修订版一样，继续与时俱进，顺应了学科技术和教育教学理念的新发展。该书作为国家精品课程和国家精品资源共享课程“智能控制”的配套教材，无论内容选取、内容组织还是配套数字化网络化教学资源开发展现，在国内都首屈一指，很好地实现了科学性、先进性、系统性、基础性、实用性的统一。本次修订进一步将智能控制的主要理论方法（递阶控制、专家控制、模糊控制、神经控制、进化控制、网络控制和学习控制等）同人工智能的核心要素（知识、数据、算法、算力等）有机融合，提出了智能控制学科体系新思维，并以此为指导，对全书架构和内容进行了全面调整和更新优化，将智能控制整合为基于知识的智能控制、基于数据的智能控制、知识与数据复合智能控制、智能控制的算法与算力等四大组成部分，共分为 12 章进行概要性论述，更好地体现了理论先进性与技术实用性的统一，有利于提高读者从理论与实践的结合上思考、理解、分析、解决智能控制领域问题的能力。同时，也在原有基础上，新增了更多的在线多媒体教学资源，更加有利于教师教和学生学。

综上所述，本人认为，本书非常适合作为各级各类高校电子信息类专业和控制类专业，尤其是近年来纷纷涌现出的智能科学、人工智能、智能控制类专业的本科生智能控制入门性课程的教材或教学参考书，也可供从事智能控制和智能系统研究、设计、开发与应用的科技工作者参考。

承蒙作者和出版社信任和邀约，特作此序。

2023 年 12 月 3 日

前　言

当前，人工智能及其产业化热潮已在国内外汹涌澎湃，令人鼓舞。《智能控制导论（第四版）》的修订与出版，正适应智能控制新发展的需要，将为我国智能控制的人才培养做出积极贡献。

《智能控制导论（第四版）》介绍智能控制的基本原理及其应用，涉及的智能控制系统包括递阶控制、专家控制、模糊控制、神经控制、进化控制、网络控制和学习控制等。本次修订以作者提出的智能控制学科体系思想为指导，对全书架构和内容进行全面调整和更新，将智能控制分为基于知识的智能控制、基于数据的智能控制、知识与数据复合智能控制、智能控制的算法和编程以及智能控制的算力与架构等部分。新增补的内容体现对智能控制的创新，这些内容涉及人工智能的核心要素和学科体系、智能控制的学科体系和系统分类、学习控制方案和应用、复合智能控制原理模型和控制算法、智能控制的算法以及智能控制的算力等。其中许多内容都是第一次出现。

诚挚感谢张钟俊、高为炳、冯纯伯、吴宏鑫、戴汝为等院士和许多智能控制专家对本人以往多部的智能控制著作作序、给予的关心与指教，衷心感谢国家教育部对我主持的国家级精品课程“智能控制”和“人工智能”、国家级精品资源共享课程“智能控制”和“人工智能”以及国家级“智能科学基础系列课程教学团队”等项目的立项与支持。特别感谢新世纪电子信息与自动化系列课程改革教材编审委员会和全国控制类国家级教学团队合作联盟及其成员高校对本教材的关爱与鼓励。编审委员会主任委员、全国高等学校第一届国家级教学名师、国防科技大学邹逢兴教授不仅为新世纪电子信息与自动化系列课程改革教材作了总序，现在又为《智能控制导论（第四版）》专门作序，体现了邹教授对智能控制科技发展的高见和对智能控制课程教材建设的关注以及对本人和本教材的充分肯定和大力支持。对此，我深表感谢！感谢中南大学智能系统与智能控制研究所和湖南省自兴人工智能研究院的厚爱与帮助，感谢肖晓明、余伶俐、肖赤心、王晶、蔡竞峰、任孝平、陈白帆、刘芳等参加本书研讨或提供了富有参考价值的国内外智能控制文献，由衷感谢中国水利水电出版社副总编辑杨庆川和责任编辑杨元泓等出版人员为本书付出的辛勤劳动。他们的鼓励、支持与帮助是本书顺利出版的重要保证。

本书是国家级精品课程和国家级精品资源共享课程“智能控制”的配套教材以及新世纪电子信息与自动化系列课程改革教材，可作为全国普通高校和职业高校的自动化、电气工程与自动化、智能科学与技术、测控工程、信息工程、机器人、人工智能、机电工程和电子工程等专业的本科生智能控制类课程教材或教学参考书，也可供从事智能控制和智能系统研究、设计、开发与应用的科技工作者参考。

本课程的网址是：

国家级精品课程《智能控制》网址https://www.icourses.cn/sCourse/course_6696.html

bilibili 智能控制 26 讲网址 https://www.bilibili.com/video/av91865493/

由于修订时间比较匆促以及作者的知识和能力所限，本书可能还存在一些不足之处，热诚欢迎广大专家、高校师生和其他读者提出宝贵意见，供下次修订时参考与借鉴。

秦自兴

2024 年 1 月 27 日

于长沙德怡园

目　录

总序

序

前言

第 1 章　概述……1

1.1　智能控制的产生与发展……2

1.1.1　自动控制面临的机遇与挑战……2

1.1.2　智能控制的发展和学科的建立……3

1.2　智能控制的定义、特点与一般结构……6

1.2.1　智能控制的定义与特点……6

1.2.2　智能控制器的设计特点与一般结构……7

1.3　智能控制的学科结构理论……8

1.3.1　二元交集结构理论……8

1.3.2　三元交集结构理论……9

1.3.3　四元交集结构理论……10

1.4　智能控制的学科体系与系统分类……12

1.4.1　人工智能的核心要素和学科体系……12

1.4.2　智能控制的学科体系与系统分类……14

1.5　本章小结……18

习题 1……18

第 1 篇　基于知识的智能控制

第 2 章　递阶控制……21

2.1　递阶智能机器的一般结构……22

2.2　递阶智能控制系统举例……24

2.2.1　汽车自主驾驶系统的组成……24

2.2.2　汽车自主驾驶系统的递阶结构……25

2.2.3　自主驾驶系统的结构与控制算法……28

2.2.4　自主驾驶系统的试验结果……29

2.3　本章小结……30

习题 2……30

第 3 章　专家控制……31

3.1　专家系统的基本概念……32

3.1.1　专家系统的定义与一般结构……32

3.1.2　专家系统的建立步骤……34

3.2　专家系统的主要类型及其结构……34

3.2.1　基于规则的专家系统……34

3.2.2　基于框架的专家系统……36

3.2.3　基于模型的专家系统……37

3.3　专家控制系统的结构与类型……39

3.3.1　专家控制系统的控制要求与设计原则……39

3.3.2　专家控制系统的结构……41

3.3.3　专家控制系统的类型……45

3.4　专家控制系统应用举例……45

3.4.1　实时控制系统的特点与要求……45

3.4.2　高炉监控专家系统……46

3.5　本章小结……49

习题 3……49

第 4 章　模糊控制……51

4.1　模糊数学基础……52

4.1.1　模糊集合、模糊逻辑及其运算……52

4.1.2　模糊关系与模糊变换……54

4.1.3　模糊逻辑语言……56

4.2　模糊推理与模糊判决……57

4.2.1　模糊逻辑推理……57

4.2.2　模糊判决方法……61

4.3　模糊控制系统的原理与结构……63

4.3.1 模糊控制原理 63
4.3.2 模糊控制系统的工作原理 64
4.4 模糊控制器的设计 65
4.4.1 模糊控制器的设计内容与原则 65
4.4.2 模糊控制器的控制规则形式 68
4.5 模糊控制系统的设计方法 69
4.5.1 模糊系统设计的查表法 69
4.5.2 模糊系统设计的梯度下降法 71
4.5.3 模糊系统设计的递推最小二乘法 74
4.5.4 模糊系统设计的聚类法 75
4.6 模糊控制器的设计实例与实现 76
4.6.1 模糊控制器设计 77
4.6.2 模糊控制器的在线实现 79
4.7 本章小结 82
习题 4 83

第2篇 基于数据的智能控制

第 5 章 神经控制 87
5.1 人工神经网络的初步知识 88
5.1.1 神经元及其特性 88
5.1.2 神经网络与智能控制 89
5.1.3 人工神经网络的基本类型和学习算法 90
5.1.4 人工神经网络的典型模型 93
5.2 神经控制的结构方案 96
5.2.1 NN 学习控制 96
5.2.2 NN 直接逆模控制与内模控制 97
5.2.3 NN 自适应控制 98
5.3 深层神经网络与深度学习 100
5.3.1 深层神经网络 100
5.3.2 深度学习的定义与特点 100
5.5.3 深度学习的常用模型 101
5.3.4 深度学习应用举例 106
5.4 神经控制器的设计 106
5.4.1 神经控制系统的设计内容和结构 107
5.4.2 神经控制器的训练与学习算法 108
5.5 本章小结 111
习题 5 111
第 6 章 进化控制 113
6.1 遗传算法简介 114
6.1.1 遗传算法的基本原理 114
6.1.2 遗传算法的求解步骤 117
6.2 进化控制基本原理 119
6.2.1 进化控制原理与系统结构 119
6.2.2 进化控制的形式化描述 121
6.3 进化控制系统示例 122
6.4 本章小结 124
习题 6 124
第 7 章 网络控制 125
7.1 计算机网络与网络控制基础 126
7.1.1 计算机网络及其结构 126
7.1.2 数据通信与网络通信 127
7.1.3 网络控制的基本问题 128
7.2 网络控制系统的结构与特点 129
7.2.1 网络控制系统的一般原理与结构 129
7.2.2 网络控制系统的特点与影响因素 132
7.3 网络控制系统的性能评价标准 134
7.4 网络控制系统的应用举例 135
7.4.1 烟草包装网络测控系统的工作原理 135
7.4.2 烟草包装网络测控系统的功能与特点 138
7.5 本章小结 139
习题 7 140

第3篇 知识与数据复合智能控制

第8章 学习控制……143
8.1 学习控制概述……144
8.1.1 学习控制的定义……144
8.1.2 学习控制的发展及其与自适应控制的关系……145
8.1.3 控制律映射及对学习控制的要求……147
8.2 学习控制方案……148
8.2.1 基于模式识别的学习控制……149
8.2.2 迭代学习控制……151
8.2.3 增强学习控制……154
8.2.4 基于神经网络的学习控制……157
8.3 学习控制系统应用举例……157
8.3.1 无缝钢管张力减径过程壁厚控制迭代学习控制算法……157
8.3.2 钢管壁厚迭代学习控制的仿真及应用结果……159
8.4 本章小结……161
习题8……161
第9章 复合智能控制……163
9.1 复合智能控制概述……164
9.2 模糊神经复合控制原理……165
9.3 自学习模糊神经控制系统……167
9.3.1 自学习模糊神经控制模型……167
9.3.2 自学习模糊神经控制算法……168
9.3.3 弧焊过程自学习模糊神经控制系统……170
9.4 专家模糊复合控制器……171
9.4.1 专家模糊控制系统的结构……171
9.4.2 专家模糊控制系统示例……172
9.5 本章小结……174
习题9……175

第4篇 智能控制的算法与算力

第10章 智能控制算法与编程……179
10.1 智能控制算法的定义、特点与分类……180
10.1.1 智能控制算法的定义与特点……180
10.1.2 智能控制算法的分类……181
10.2 智能控制算法的MATLAB仿真设计与实现……182
10.2.1 MATLAB模糊控制工具箱简介……182
10.2.2 模糊控制算法的仿真程序设计与实现……184
10.2.3 MATLAB神经网络工具箱图形用户界面设计……185
10.2.4 基于Simulink的神经网络工具箱及其控制仿真……186
10.3 基于Python的深度学习框架设计……188
10.3.1 Python语言简介……189
10.3.2 深度学习框架发展……189
10.3.3 深度学习开源框架的比较……191
10.3.4 深度学习框架基本功能……193
10.4 本章小结……197
习题10……198
第11章 智能控制算力及架构……199
11.1 智能算力的定义与分类……200
11.1.1 智能算力的定义……200
11.1.2 智能算力和芯片的分类……201
11.2 智能芯片的发展……202
11.2.1 智能芯片的发展简史……202
11.2.2 智能芯片的发展态势……203
11.3 智能控制算力网络……204
11.3.1 智能算力网络的定义和特征……204
11.3.2 智能算力网络的基本架构和工作机制……205
11.3.3 智能算力网络的关键技术……207

11.3.4 智能算力网络的应用示例…………208
11.4 智能控制算力的研究与应用概况………210
11.5 本章小结…………………………………212
习题 11………………………………………213
第 12 章 智能控制的发展简史与展望…………215
12.1 智能控制发展简史………………………216
12.1.1 国内外智能控制发展过程…………216
12.1.2 我国智能控制科技成果……………216
12.1.3 我国智能控制教育与人才培养……220
12.1.4 我国智能控制的存在问题…………220
12.2 智能控制展望……………………………221
12.2.1 智能控制研究展望…………………221
12.2.2 智能控制应用展望…………………223
12.2.3 智能控制发展展望…………………228
12.3 本章小结…………………………………231
习题 12………………………………………231
参考文献……………………………………232
附录 各章教学重点、难点和要求…………244

第 1 章 概述

梦想总是伴随人类的发展而存在。人类梦想发明各种机械工具和动力机器，协助甚至代替人们从事各种体力劳动。18 世纪第一次工业革命中，瓦特发明的蒸汽机开辟了人类利用机器动力代替人力和畜力的新纪元。此后，显著减轻体力劳动和实现生产过程自动化才成为可能。人类又梦想发明各种智能工具和智能机器，协助甚至代替人们从事各种脑力劳动。20 世纪 40 年代计算机的发明和 50 年代人工智能的出现开辟了人类利用智能机器代替自身脑力劳动的新纪元。此后，显著减轻脑力劳动和实现生产过程智能化才成为可能。

人类在发展过程中总要不断有所创新、有所发明、有所前进、与时俱进。自动控制也不例外。我们将从本书中看到自动控制半个多世纪以来取得的长足进展。

近十年来，人工智能（Artificial Intelligence，AI）及其产业化的迅速发展，为各国科学技术进步、国民经济发展和人民生活改善带来了前所未有的机遇与挑战，也为智能控制的发展提供了优良的环境。

人工智能已经促进自动控制向着它的当今最高层次——智能控制（Intelligent Control）发展。智能控制代表了自动控制的最新发展阶段，也是应用计算机模拟人类智能，实现人类脑力劳动和体力劳动自动化的一个重要领域。

本章首先讨论智能控制的产生、作用与发展概况；接着叙述智能控制的定义、特点与一般结构；然后探讨智能控制的学科结构理论、学科体系与系统分类。

1.1 智能控制的产生与发展

智能控制的产生与发展反映了当代自动控制的发展趋势，是历史的必然。智能控制已发展成为自动控制的一个新的里程碑，成为一种日臻完善和广泛应用的控制新手段。

1.1.1 自动控制面临的机遇与挑战

自动控制在 20 世纪 40 年代至 80 年代取得长足进展。在 20 世纪 40 年代至 60 年代，主要研究线性控制和非线性控制机理，这类控制器的设计主要建立在频域理论模型的基础上。从 20 世纪 60 年代至 80 年代，控制系统快速发展，出现了许多理论创新，包括应用了状态空间法，发展了强有力的可控性和可观测性概念，以及演化了最优控制和随机控制理论等。在这个时期，最优性、自适应性、自学习和鲁棒性等得以引用，不过这时的控制方法论仍然极大地依赖于基于模型的方法，受控装置和随机环境的模型是由它们的物理特性建立的，而且通过离线和在线参数估计。

自动控制科学已对整个科学技术的理论和实践做出重要贡献，并为人类的生产和生活带来巨大便利。然而，现代科学技术的迅速发展和重大进步已对控制和系统科学提出新的更高的要求，自动控制理论和工程正面临新的发展机遇和严峻挑战。传统控制理论，包括经典反馈控制、近代控制和大系统理论等，在应用中遇到不少难题。多年来，自动控制一直在寻找新的出路。

自动控制科学面临的困难及其智能化出路说明：自动控制既面临严峻挑战，又存在良好机遇。自动控制正是在这种挑战与机遇并存的情况下不断发展的。

传统控制理论在应用中面临的难题包括：

（1）传统控制系统的设计与分析是建立在精确的系统数学模型基础上的，而实际系统由于存在复杂性、非线性、时变性、不确定性和不完全性等特性，一般无法获得精确的数学模型。

（2）研究这类系统时，必须提出并遵循一些比较苛刻的假设，而这些假设在应用中往往与实际不相吻合。

（3）对于某些复杂的和包含不确定性的对象，根本无法以传统数学模型来表示，即无法解决建模问题。

（4）为了提高性能，传统控制系统可能变得很复杂，从而增加了设备的投入和维修费用，降低系统的可靠性。

（5）应用要求进行创新，提出新的控制思想，进行新的集成开发，以解决未知环境中复杂系统的控制问题。

自动控制发展现阶段存在一些挑战主要基于下列原因：

（1）科学技术间的相互影响和相互促进，如生命科学、计算机、人工智能、数据科学、网络工程和超大规模集成电路等技术。

（2）当前和未来应用的需求，如空间技术、海洋工程、基因工程、现代交通、物联网、大众医疗和机器人技术等应用要求。

（3）基本概念和时代思潮发展水平的推动，如离散事件驱动、分布式系统、网络系统、非传统模型、通用人工智能和人工神经网络的连接机制等。

面对这一挑战，自动控制工作者的任务是：

（1）拓展视野，着力创新，发展新的控制概念和控制方法，采用非完全模型控制系统。

（2）采用开始时知之甚少和不甚正确的，但可以在系统工作过程中加以在线改进，使之知之渐多和日臻正确的系统模型。

（3）采用离散事件驱动的动态系统和本质上完全断续的系统。

（4）不仅要进行控制系统与计算机系统的结合，而且要实现控制科学与系统科学及生命科学的融合。

从这些任务可以看出，系统与信息理论以及人工智能思想和方法将深入建模过程，不把模型视为固定不变的，而是不断演化的实体。所开发的模型不仅含有解析与数值，而且包含定性和符号数据及仿生算法。它们是因果性的和动态的，高度非同步的和非解析的，甚至是非数值的。对于非完全已知的系统和非传统数学模型描述的系统，必须建立包括控制律、控制算法、控制策略、控制规则和协议等理论。实质上，这就是要建立智能化控制系统模型或者建立传统解析和智能方法的混合（集成）控制模型，而其核心就在于实现控制器的智能化。

解决上述领域面临的问题，不仅需要发展控制理论与方法，而且需要开发与应用计算机科学与工程及生命科学的最新成果。

人工智能的产生与发展正在为自动控制系统的智能化提供有力支持。人工智能影响了许多具有不同背景的学科，它的发展促进自动控制向着更高的水平——智能控制发展。人工智能和计算机科学界已经提出一些方法、示例和技术，用于解决自动控制面临的难题。例如，简化处理松散结构的启发式软件方法（专家系统外壳、面向对象程序设计和再生软件等），基于角色（Actor）或真体（Agent）和本体（Ontology）的处理超大规模系统的软件模型，模糊信息处理与控制技术，进化计算、遗传算法、深度学习算法、自然计算以及基于信息论和人工神经网络的控制思想和方法等。

综上所述，自动控制既面临严峻挑战，又存在良好的发展机遇。为了解决面临的难题，一方面要推进控制硬件、软件和智能的结合，实现控制系统的智能化；另一方面要实现自动控制科学与计算机科学、信息科学、系统科学、生命科学以及人工智能的结合，为自动控制提供新思想、新方法和新技术，创立边缘交叉新学科，推动智能控制的发展。

1.1.2　智能控制的发展和学科的建立

人工智能已经促进自动控制向着它的当今最高层次——智能控制发展。智能控制是人工智能和自动控制的重要部分和研究领域，并被认为是通向自主机器递阶道路上自动控制的顶层。图 1.1 表示自动控制的发展过程和通向智能控制路径上控制复杂性增加的过程。从图 1.1 可知，这条路径的最远点是智能控制，至少在当前是如此。

智能控制思潮第一次出现于 20 世纪 60 年代，几种智能控制的思想和方法得以提出和发展。20 世纪 60 年代中期，自动控制与人工智能开始交接。1965 年，著名的美籍华裔科学家傅京孙（K.S.Fu）首先把人工智能的启发式推理规则用于学习控制系统；1971 年他又论述了人工智能与自动控制的交接关系。由于傅先生的重要贡献，他已成为国际公认的智能控制的奠基人。

模糊控制是智能控制的又一活跃研究领域。扎德（Zadeh）于 1965 年发表了他的著名论文《模糊集合》（*Fuzzy Sets*），为模糊控制打下基础。此后，在模糊控制的理论探索和实际应用两个方面都进行了大量研究，并取得一批令人感兴趣的成果。值得一提的是，自从 20 世纪 70 年代以来，模糊控制的应用研究获得更广泛开展，并取得一批新的研究成果。

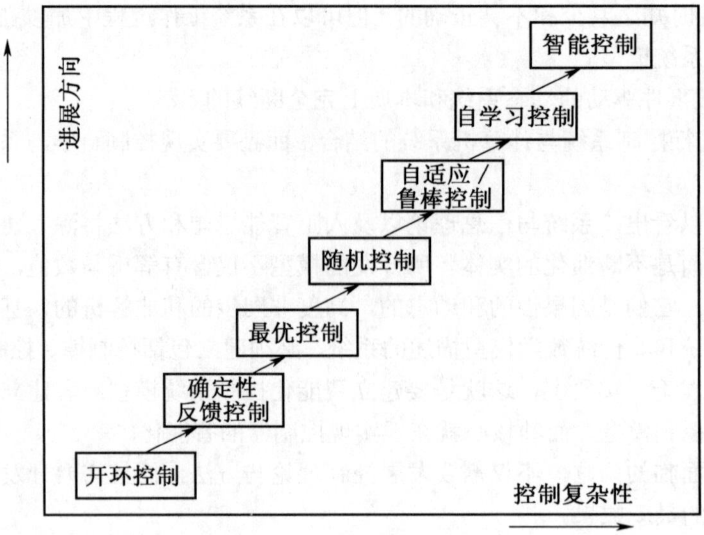

图 1.1 自动控制的发展过程

1967 年，利昂兹（Leondes）等人首次正式使用“智能控制”一词。这一术语的出现要比“人工智能”晚 11 年，比“机器人”晚 47 年。初期的智能控制系统采用一些比较初级的智能方法，如模式识别和学习方法等，而且发展速度十分缓慢。

近 20 年来，随着人工智能和机器人技术的快速发展，对智能控制的研究出现一股新的热潮。各种智能决策与控制系统，如专家控制、学习控制、模糊控制、神经控制、主动视觉控制、自然语言控制、网络控制、智能规划和故障诊断等系统已被应用于各类工业过程控制系统、智能机器人系统和智能化生产（制造）系统。

萨里迪斯（Saridis）对智能控制系统的分类做出了贡献。他把智能控制发展道路上的最远点标记为人工智能。他认为，人工智能能够提供最高层的控制结构，进行最高层的决策。他领导的研究小组建立的智能机器理论采用“精度随智能降低而提高”原理和三级（即组织级、协调级和执行级）递阶结构。这些思想成为递阶智能控制的基础。虽然递阶控制的应用实例较少，但递阶控制思想已渗透到其他智能控制系统，成为这些智能控制的有机组成部分。

阿尔布斯（Albus）等开发出一个分层控制理论，它能够表示学习并提供复杂情况下学习的反射响应。此外，他还提出了问题求解和规划功能，这些功能通常与人工智能领域内的最高层智能作用有关，并含有用于纠正中间各控制层次错误的专家系统规则。

奥斯特洛姆（Åström）、迪席尔瓦（de Silva）、周其鉴、蔡自兴、霍门迪梅洛（Homen de Mello）和桑德森（Sanderson）等于 20 世纪 80 年代分别提出和发展了专家控制、基于知识的控制、仿人控制、专家规划和分级规划等。例如，奥斯特洛姆等在 1986 年发表的论文“专家控制”（Expert Control）就是很有影响的，并促进了专家控制的发展。

麦卡洛克（McCulloch）和皮特茨（Pitts）于 1943 年提出的脑模型，其最初动机在于模仿生物的神经系统。随着超大规模集成电路（VLSI）、光电子学和计算机技术的发展，人工神经网络（ANN）已引起更为广泛的注意。近 20 年来，基于神经元控制的理论和机理已获进一步开发和应用。神经控制器具有并行处理、执行速度快、鲁棒性好、自适应性强和适宜应用等优点，因而具有广泛的应用前景。以神经控制器为基础而构成的神经控制系统已在非线性和分布式控制系统以及学习系统中得到不少成功应用。

近 20 多年来，以计算智能为基础的一些新的智能控制方法和技术已被先后提出。这些新的智能控制系统有仿人控制系统、自然语言控制系统、分布式控制系统、网络控制系统、进化控制系统和免疫控制系统等。把源于生物进化的进化计算机制与传统反馈机制相结合，实现一种新的控制——进化控制；而把自然免疫系统的机制和计算方法用于控制，则可构成免疫控制。进化控制和免疫控制是两种新的智能控制方案，其研究推动智能控制的进一步发展。

随着智能控制新学科形成的条件逐渐成熟，1985 年 8 月，IEEE（电气与电子工程师学会）在美国纽约召开了第一届智能控制学术讨论会。会上集中讨论了智能控制原理和智能控制系统的结构。1987 年 1 月，在美国费城 IEEE 控制系统学会与计算机学会联合召开了智能控制国际会议（ISIC）。这是有关智能控制的第一次国际会议，显示出智能控制的长足进展。这次会议及其后续相关事件表明，智能控制作为一门独立学科已正式在国际上建立起来。20 多年来，世界各地成千上万具有不同专业背景的研究者投身于智能控制研究行列，并取得很大成就。

单一智能控制往往无法满足一些复杂、未知或动态系统的控制要求。20 世纪 90 年代以来，特别是进入 21 世纪以来，各种智能控制互相融合，“取长补短”构成众多的“复合”智能控制，开发某些综合的智能控制方法来满足现实系统提出的控制要求。“智能复合控制”指的是智能控制方法与其他控制方法（经典控制和现代控制）的集成，也包括不同智能控制技术的集成。仅就不同智能控制技术组成的智能复合控制而言，就有模糊神经控制、神经专家控制、进化神经控制、神经学习控制、专家递阶控制和免疫神经控制等。以模糊控制为例，其能够与其他智能控制组成模糊神经控制、模糊专家控制、模糊进化控制、模糊学习控制、模糊免疫控制以及模糊 PID 控制等智能复合控制。

随着网络技术的快速发展，网络已成为大多数软件用户的交互接口，软件逐步走向网络化，为网络用户服务。智能控制适应网络化趋势，其用户界面已逐步向网络靠拢，智能控制系统的知识库和推理机也逐步与网络接口交接。与传统控制和一般智能控制不同的是，网络控制系统并非以网络作为控制机理，而是以网络为控制媒介；用户对受控对象的控制、监督和管理，必须借助网络及相关浏览器和服务器来实现。智能控制系统与网络系统的深度融合而形成的网络智能控制系统，是当今智能控制的一个新的研究和应用方向，已成为 21 世纪智能控制的一个新亮点。

进入 21 世纪以来，智能控制在更高水平上集成发展，并实现与国民经济的深度融合。特别是近十年来，各先进工业国家竞相提出人工智能、智能制造和智能机器人的发展战略，为智能控制的发展提供了前所未有的发展机遇。

智能控制作为一门新的学科登上国际科学舞台和大学讲台，是控制科学与工程界以及信息科学界的一件大事，具有十分重要的科学意义和长远影响：

（1）为解决传统控制无法解决的问题找到一条新的途径。多年来，自动控制一直在寻找新的出路。现在看来，出路之一就是实现控制系统的智能化，即智能控制。

（2）促进自动控制向着更高水平发展。智能控制的产生和发展正反映了当代自动控制的发展趋势。智能控制已发展成为自动控制的一个新的里程碑，并获得日益广泛的应用。

（3）激发学术界的思想解放，推动科技创新。智能控制采用非数学模型、非数值计算、生物激励机制和混合广义模型，并可与反馈机制相结合组成灵活多样的控制系统和控制模式，激励人们解放思想，大胆创新。

（4）为实现脑力劳动和体力劳动的自动化——智能化做出贡献。智能控制已使一些过去无法实现自动化的劳动实现了智能自动化。

（5）为多种学派合作树立了典范。与人工智能学科相比，智能控制科学界具有较大的包容性，没有出现过激烈的对立和争论。

1.2 智能控制的定义、特点与一般结构

本节讨论智能控制的基本知识，包括智能控制的定义、特点及智能控制系统的一般结构等问题。

1.2.1 智能控制的定义与特点

智能控制至今尚无一个公认、统一的定义。然而，为了探究本学科的概念和技术，开发智能控制新的性能和方法，比较不同研究者和不同国家的成果，就要求对智能控制有某些共同的理解。

1. 智能控制的定义

定义 1.1 自动控制

自动控制是能按规定程序对机器或装置进行自动操作或控制的过程。简单地说，不需要人工干预的控制就是自动控制。例如，一个装置能够自动接收检测到的过程物理变量，自动进行计算，然后对过程进行自动调节就是自动控制装置。反馈控制、最优控制、随机控制、自适应控制、学习控制、模糊控制、神经控制和进化控制等均属于自动控制。

定义 1.2 智能机器

智能机器是能够在定型或不定型，熟悉或不熟悉，已知或未知的环境中自主地或交互地执行各种拟人任务（Anthropomorphic Tasks）的机器。

定义 1.3 智能控制

智能控制是采用智能化理论和技术驱动智能机器实现其目标的过程。或者说，智能控制是一类无须人的干预就能够独立地驱动智能机器实现其目标的自动控制。所述智能化理论和技术包括传统人工智能和所谓“计算智能”的理论和技术。对自主机器人的控制就是一例。

定义 1.4 智能控制系统（Intelligent Control Systems）

用于驱动智能机器以实现其目标而无须操作人员干预的系统叫智能控制系统。智能控制系统的理论基础是人工智能、控制论、运筹学和信息论等学科的交叉。

2. 智能控制的特点

智能控制具有下列特点：

（1）同时具有以知识表示的非数学广义模型和以数学模型（含计算智能模型与算法）表示的混合控制过程，或者是模仿自然和生物行为机制的计算智能算法，也往往是那些含有复杂性、不完全性、模糊性或不确定性以及不存在已知算法的过程，并以知识进行推理，以启发式策略和智能算法来引导求解过程。

（2）智能控制的核心在高层控制，即组织级。高层控制的任务在于对实际环境或过程进行组织，即决策和规划，实现广义问题求解。为了完成这些任务，需要采用符号信息处理、启发式程序设计、仿生计算、知识表示以及自动推理和决策等相关技术。

（3）智能控制系统的设计重点不在常规控制器上，而在智能机模型或智能算法上。

（4）智能控制的实现，一方面要依靠控制硬件、软件和智能的结合，实现控制系统的智能化；

另一方面要实现自动控制科学与计算机科学、信息科学、系统科学、生命科学特别是人工智能的结合，为自动控制提供新思想、新方法和新技术。

1.2.2 智能控制器的设计特点与一般结构

智能控制器的设计具有下列特点：

（1）具有以微积分（DIC）表示和以技术应用语言（LTA）表示的混合系统方法，或具有仿生、仿人算法表示的系统。

（2）采用不精确的和不完全的装置分级（递阶）模型。

（3）含有多传感器递送的分级和不完全的外系统知识，并在学习过程中不断加以辨识、整理和更新。

（4）把任务协商作为控制系统以及控制过程的一部分来考虑。

在上述讨论的基础上给出智能控制器的一般结构，如图1.2所示。

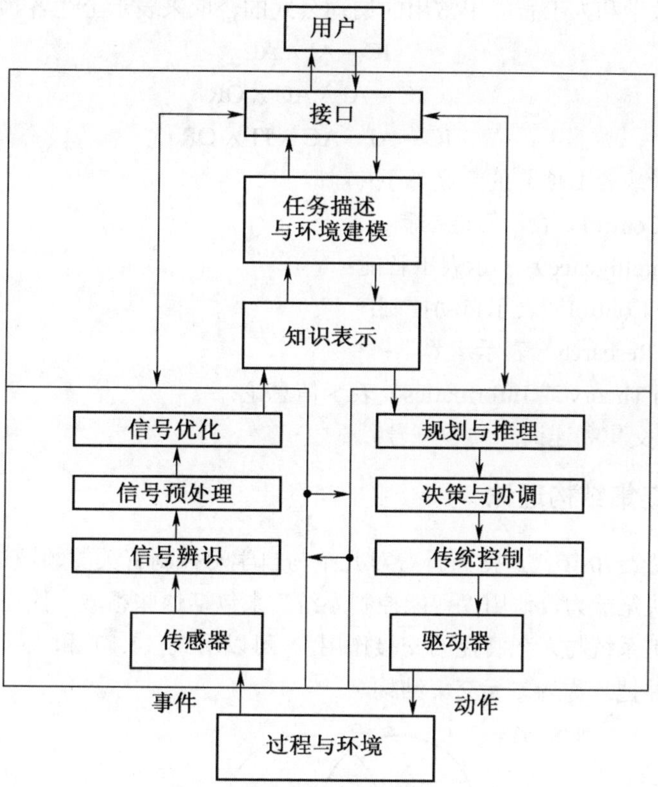

图1.2 智能控制器的一般结构

已经开发出许多智能控制理论与技术用于具体控制系统，如分级控制理论、递阶控制器设计的熵（Entropy）方法、智能逐级增高而精度逐级降低原理以及控制器设计的仿生和拟人方法等。在这些应用范例中，取得不少具有潜在应用前景的成果，如群控理论、模糊理论、系统理论和免疫控制等。许多控制理论的研究是针对控制系统应用的：自学习与自组织系统、神经网络、基于知识的系统（Knowledge-Based Systems）、语言学和认知控制器以及进化控制等。

以图1.2为基础，提出了多种智能控制器方案。

1.3 智能控制的学科结构理论

智能控制的学科结构理论体系是智能控制基础研究一个重要的和令人感兴趣的课题。自从1971年傅京孙提出把智能控制作为人工智能和自动控制的交接领域以来，许多研究人员试图建立起智能控制这一新学科的体系结构，他们提出一些有关智能控制系统或学科结构的思想，有助于对智能控制的进一步认识。

智能控制具有十分明显的跨学科（多元）结构特点。在此，主要讨论智能控制的二元交集结构、三元交集结构和四元交集结构三种思想，它们分别由下列各交集（通集）表示：

$$IC = AI \cap AC \tag{1.1}$$

$$IC = AI \cap AC \cap OR \tag{1.2}$$

$$IC = AI \cap AC \cap IT \cap OR \tag{1.3}$$

也可以用离散数学和人工智能中常用的谓词公式的合取来表示上述各种结构：

$$IC = AI \wedge AC \tag{1.4}$$

$$IC = AI \wedge AC \wedge OR \tag{1.5}$$

$$IC = AI \wedge AC \wedge IT \wedge OR \tag{1.6}$$

式中，各子集（或合取项）的含义如下：

IC（Intelligent Control）表示智能控制；

AI（Artificial Intelligence）表示人工智能；

AC（Automatic Control）表示自动控制；

OR（Operation Research）表示运筹学；

IT（Information Theory 或 Informatics）表示信息论；

$\cap$和$\wedge$分别表示交集和连词“与”符号。

1.3.1 二元交集结构理论

20世纪60年代至70年代，傅京孙曾对几个与自学习控制有关的领域进行了研究。为了强调系统的问题求解和决策能力，他用“智能控制系统”来包括这些领域。他在1971年指出“智能控制系统描述自动控制系统与人工智能的交接作用”。可以用式（1.1）和式（1.4）以及图1.3来表示这种交接作用，并把它称为二元交集结构。

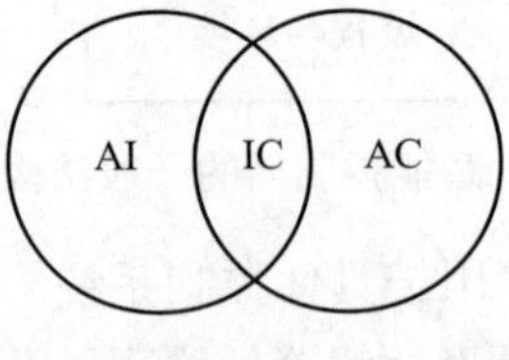

图1.3 智能控制的二元交集结构

对自学习系统的研究是走向智能控制系统的基本步骤之一。在自学习控制系统中，当采用人-机组合控制器时，需要比较高层的智能决策。它可由拟人控制器（Anthropomorphic Controller）来做出，例如识别复杂的环境状况、为计算机控制器设定子目标以及纠正计算机控制器做出的不适当决定等。另外，对于较低层的智能作用，如数据收集、例行程序执行以及在线计算等，则可由机器控制器来执行。在设计这种智能控制系统时，要尽可能多地把设计者和操作人员所具有的与指定任务有关的智能转移到机器控制器上。

1.3.2　三元交集结构理论

萨里迪斯于 1977 年提出另一种智能控制结构，他把傅京孙的智能控制扩展为三元结构，即把智能控制看作人工智能、自动控制和运筹学的交接，如图 1.4 所示。可以用式（1.2）和式（1.5）来描述这种结构。图 1.5 进一步表示三元结构中各元之间的关系。

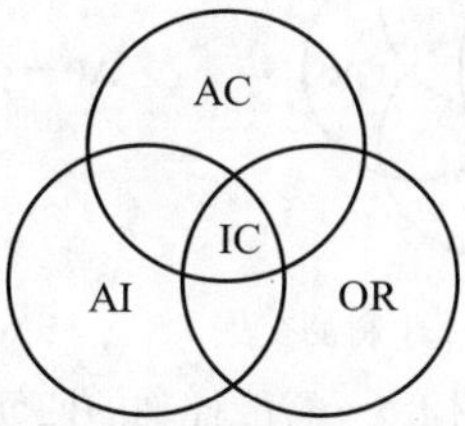

图 1.4　智能控制的三元结构

萨里迪斯认为，构成二元交集结构的两元互相支配，无助于智能控制的有效和成功应用。必须把运筹学的概念引入智能控制，使它成为三元交集中的一个子集。

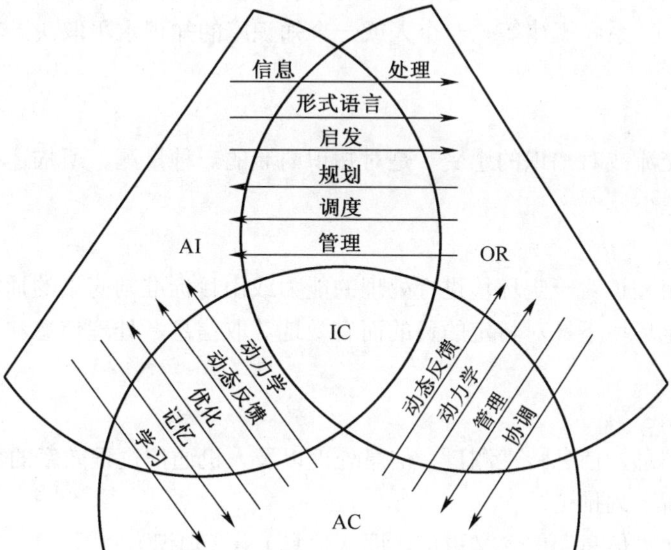

图 1.5　三元结构中各元之间的关系

在提出三元结构的同时，萨里迪斯还提出分级智能控制系统，它由三个智能（感知）级组成：

第一级：组织级，它代表系统的主导思想，并由人工智能起控制作用。

第二级：协调级，是上（第一级）下（第三级）级间的接口，由人工智能和运筹学起控制作用。

第三级：执行级，是智能控制系统的最低层级，要求具有很高的精度，并由控制理论进行控制。

1.3.3 四元交集结构理论

在研究了前述各种智能控制的结构理论、知识、信息和智能的定义以及各相关学科的关系之后，蔡自兴于 1987 年提出四元智能控制结构，把智能控制看作自动控制、人工智能、信息论和运筹学四个学科的交集，如图 1.6（a）所示，其关系如式（1.3）和式（1.6）所描述。图 1.6（b）表示这种四元结构的简化图。

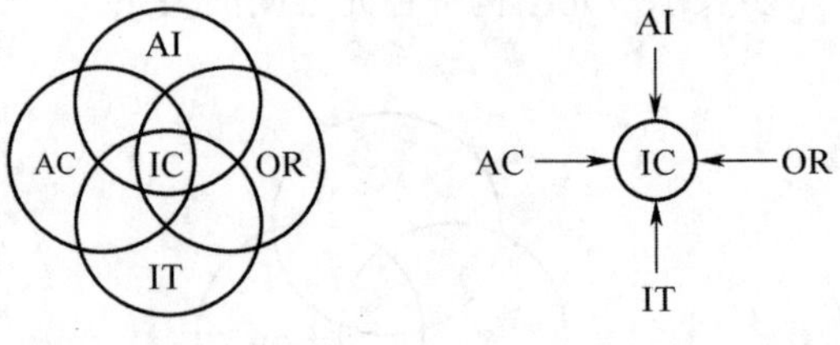

（a）智能控制四个学科的交集　　（b）四元结构简化图

图 1.6　智能控制的四元结构

把信息论作为智能控制结构的一个子集是基于下列理由的。

1. 信息论是解释知识和智能的一种手段

定义 1.5　知识

知识是人们通过体验、学习或联想而知晓的对客观世界规律性的认识，这些认识包括事实、条件、过程、规则、关系和规律等。一个人或一个知识库的知识水平取决于其具有的信息或理解的范围。

定义 1.6　信息

信息是知识的交流或对知识的感受，是对知识内涵的一种量测。所描述事件的信息量越大，该事件的不确定性越小。

定义 1.7　智能

智能是一种应用知识对一定环境进行处理的能力或由目标准则衡量的抽象思考能力。智能的另一个定义：在一定环境下针对特定的目的而有效地获取信息、处理信息和利用信息从而成功地达到目的的能力。

定义 1.8　信息论

信息论是研究信息、信息特性测量、信息处理以及人机通信过程效率的数学理论。

从上述定义可得下列推论：

（1）“知识”比“信息”的含义更广，即（信息）$\in$（知识）。

（2）智能是获取和运用知识的能力。

（3）可以用信息论来在数学上解释机器知识和机器智能。因此，信息论已成为解释机器知识和机器智能（人工智能）及其系统的一种手段。智能控制系统是这种机器智能系统的一个实例。

2. 控制论、系统论和信息论是紧密相互作用的

现代的系统论、信息论和控制论（简称“三论”）作为科学前沿突出的学科群，无论从哪一方面来看，都是相互作用和相互靠拢的，并给人们以鲜明的印象。无论是人工智能（含知识工程）、

控制论（含工程控制论和生物控制论）还是系统论（含运筹学），都与信息论息息相关。信息观点已成为知识控制必不可少的思想。

3. 信息论已成为控制智能机器的工具

通过前面的定义和讨论知道，信息具有知识的秉性，它能够减少和消除人们认识上的不定性。对于控制系统或控制过程来说，信息是关于控制系统或过程运动状态和方式的知识。智能控制比任何传统控制具有更明显的知识性，因而与信息论有更为密切的关系。许多智能控制系统，实质上是以知识和经验为基础的拟人控制系统。智能控制的知识和经验源于信息，又可被加工处理成为新的信息，如指令、决策、方案和计划等，并用于控制系统或装置的活动。

信息论的发展已把信息概念推广到控制领域，成为控制机器、控制生物和控制社会的手段，发展为控制仿生机器和拟人机器——智能机器的有力工具。许多智能控制系统都力图模仿人体的活动功能，尤其是人脑的思维和决策过程。

4. 信息熵成为智能控制的测度

在萨里迪斯的递阶智能控制理论中，对智能控制系统的各级均采用熵作为测度。熵在信息论中指的是信息源中所包含的平均信息量 H，并以下式表示：

$$H=-K\sum_{i=1}^{n}P_i\log P_i \tag{1.7}$$

式中，P 为信息源中各事件发生的概率；K 为常数，与选用的单位有关。

组织级是智能控制系统的最高层次，它涉及知识的表示与处理，具有信息理论的含义，此级采用香农（Shannon）的熵来衡量所需要的知识。协调级连接组织级和执行级，起到承上启下的作用，它采用熵来测量协调的不确定性。在执行级，则用博尔茨曼（Boltzman）的熵函数表示系统的执行代价，它等价于系统所消耗的能量。把这些熵加起来成为总熵，用于表示控制作用的总代价。设计和建立智能控制系统的原则就是要使所得总熵为最小。

熵和熵函数是现代信息论的重要基础。把熵函数和信息流一起引入智能控制系统，正表明信息论是组成智能控制的不可缺少的部分。

5. 信息论参与智能控制的全过程，并对执行级起到核心作用

一般说来，信息论参与智能控制的全过程，包括信息传递、信息变换、知识获取、知识表示、知识推理、知识处理、知识检索、决策以及人机通信等。在智能控制系统的执行级，信息论起到核心作用。这里，各控制硬件接收、变换、处理和输出各种信息。例如，在实时专家智能控制系统（REICS）中，有个信息预处理器，用于接收来自硬件的信号和数据，对这些信息进行预处理，并把处理了的信息送至专家控制器的知识库和推理机。又如，有个智能机器人控制系统，它由基于知识的智能决策子系统和信息（信号）辨识与处理子系统组成，其中，前者包含智能数据库和推理机，后者涉及对各种信号的测量与信息处理。这两个例子都说明，信息处理或预处理是由执行级的信息处理器执行的。可见，信息论不仅对智能控制的高层发生作用，而且在智能控制的底层——执行级也起到核心作用。

构成智能控制四元交集结构的每一子集（即自动控制、人工智能、运筹学和信息论）之间的关系可由图1.7表示。图中，每一子集都与另三个子集相关。从图1.7可见，四个子集之间的交接关系是十分清晰的，这种关系要比三元交集关系复杂得多。

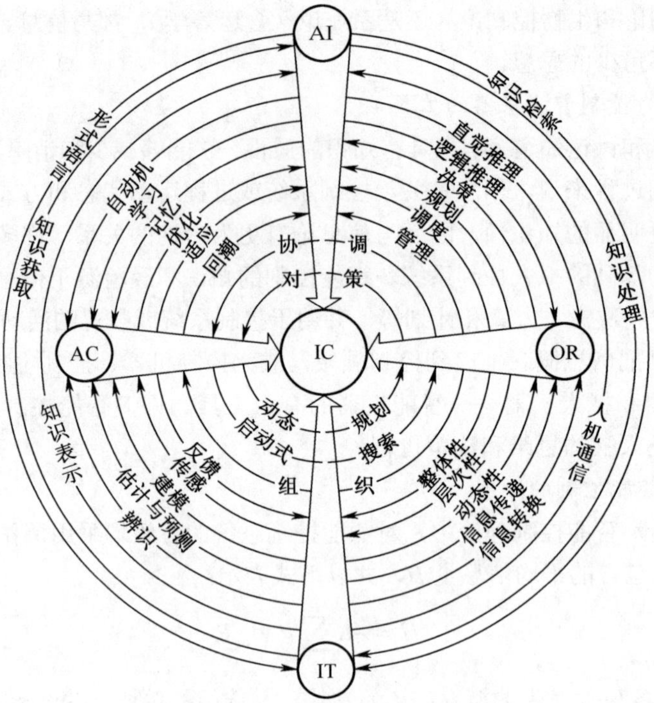

图 1.7 四元结构各元之间的关系

1.4 智能控制的学科体系与系统分类

自 1956 年人工智能作为一门新学科登上国际科技舞台已经有 60 多年了，但对于人工智能的核心要素至今仍然没有统一认识。本节提出人工智能的核心要素和人工智能与智能控制的学科体系，供进一步研讨。

1.4.1 人工智能的核心要素和学科体系

1. 人工智能的核心要素

人工智能发展的核心要素是什么？经过学习与研究后我们认为，从人工智能学科发展的角度看，人工智能应当包含四个核心要素，即知识、数据、算法和算力（计算能力），如图 1.8 所示。

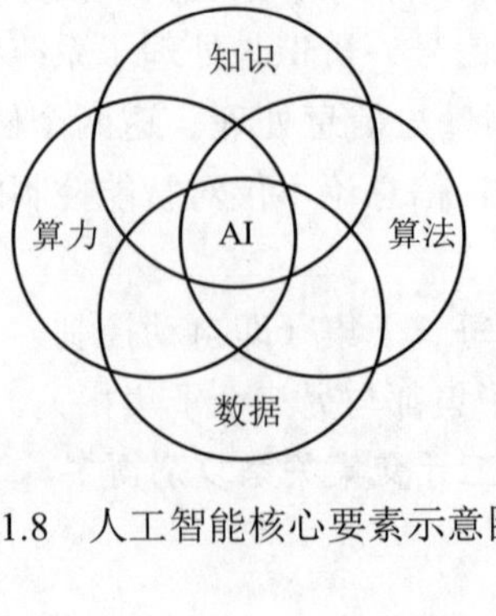

图 1.8 人工智能核心要素示意图

（1）知识。知识是人工智能之源。知识是人们通过体验、学习或联想而认识的世界客观规律性。

人工智能源于知识，并依赖知识；知识是人工智能的重要基础，专家系统、模糊计算等知识工程都是以知识为基础而发展起来的。

人工智能研究知识就是研究知识表示、知识推理和知识应用问题，而知识获取是知识工程的瓶颈问题。

（2）数据。数据是事实或观察的结果，指所有能输入计算机并被程序处理的数字、字母、符号、影像信号和模拟量等各种介质的总称。

计算智能取决于数据而不是知识；神经计算、进化计算等计算智能都是以数据为基础而发展起来的。数据已从神经网络的计算智能数据迅速发展到互联网带来的海量数据。5G 和 6G 网络将为人工智能的发展做出更大贡献。

（3）算法。算法是解题方案准确而完整的描述，是一系列求解问题的清晰指令，代表着用系统方法描述问题求解的策略机制。

简而言之，算法是问题求解的指令描述；深度学习算法、遗传算法等智能算法是算法的代表。

（4）算力。算力即计算能力，机器在数学上的归纳和转化能力，即把抽象复杂的数学表达式或数字通过数学方法转换为可以理解的数学式子的能力。算力是一种新的生产力和系统执行力。

计算能力的不断增强和计算速度的不断提高，极大地促进了人工智能的发展，特别是人工智能产业化的蓬勃发展。

人工智能核心技术的突破推动人工智能发展。知识资源、数据资源、核心算法、运算能力深度融合，协同发展，促进人工智能产业快速发展和国民经济转型升级。

2. 人工智能的学科体系

基于人工智能核心要素思想，我们提出一种人工智能学科体系的构思，如图 1.9 所示。

作者根据人工智能的核心要素和学科体系思想，将人工智能分为基于知识的人工智能、基于数据的人工智能、人工智能的算法与编程、人工智能的算力与架构以及人工智能的研究与应用领域等。

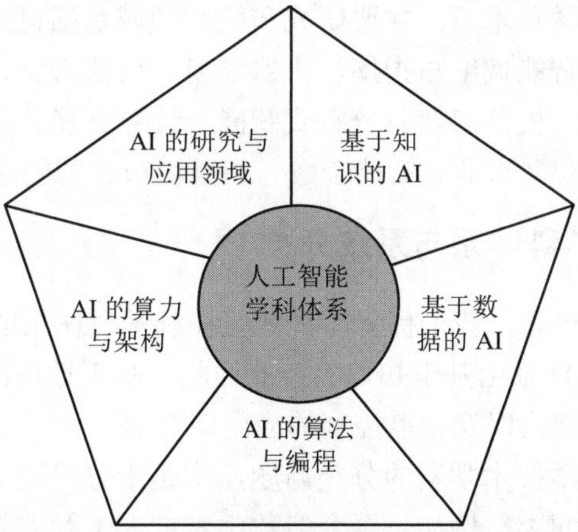

图 1.9　人工智能的学科体系示意图

（1）基于知识的人工智能。知识是人工智能之源，早期和新的人工智能发展都离不开知识。

基于知识的人工智能涉及状态空间技术、本体技术、语义网络和框架技术、知识库和知识图谱、消解-反演求解、规则演绎、概率推理、不确定推理、各种基于知识的机器学习（归纳学习、解释学习、类比学习、增强学习等）、模糊逻辑和谓词逻辑系统、各种专家系统（基于规则的、基于框架的）、Agent 和智能规划系统等。

（2）基于数据的人工智能。数据是人工智能之基，数据为人工智能提供原料，并促使人工智能发展到一个更高的技术水平。

基于数据的人工智能包括人工神经网络、深度神经网络、各种基于数据的机器学习（线性回归、决策树、支持向量机、综合学习、聚类、深度学习等）、数据挖掘与知识发现、基于数据库的系统以及各种数字系统等。

许多复杂的人工智能问题，只有综合采用基于知识和基于数据的人工智能理论与技术才能解决。基于知识和数据的人工智能混合系统包括学习系统、各种基于模拟生物智能优化算法的人工智能系统、仿生进化系统、集成智能系统、智能感知系统（模式识别、语音识别、自然语言理解等）、自主智能系统、脑机接口和人机协同智能系统和人工生命系统等。

（3）人工智能的算法与编程。算法是人工智能之魂和决策性内涵，是人工智能程序设计的技术基础。

Python 语言、Java 语言、LISP 语言、Prologue 语言、C++语言、A*算法、增强学习算法、遗传算法、线性回归算法等是各类人工智能算法的杰出代表。深度学习算法、认知计算与决策算法、类脑计算、普适计算、进化计算与基于群体迭代的进化算法等研究已取得进展。此外，还研发出关系数据库、专用开发工具和专用人工智能机等。

（4）人工智能的算力与架构。算力是人工智能之力，为人工智能提供执行力，强大的算力是人工智能不可或缺的特征和内涵。

在人工智能基础层，计算机处理器配备的高端部件以及芯片组、内存和硬盘是提高计算能力的基本保证。出现了新芯片和新计算（云计算、量子计算）等新的计算架构。并行处理等技术及新一代计算网络（5G 和 6G）极大地提高了人工智能的计算速度。计算能力的不断增强和计算速度的不断提高，有力地促进了人工智能的发展。

（5）人工智能的研究与应用领域。众多的人工智能研究与应用领域，各自具有特有的研究方向、研究内容、应用技术和学科术语。主要研究和应用领域包括自动定理证明、自动程序设计、自然语言处理、智能检索、智能调度与指挥、机器学习、机器人学、专家系统、智能控制、模式识别、机器视觉、神经网络、机器博弈、分布式智能、计算智能、人工生命、人工智能编程语言以及智能制造、智慧医疗、智慧农业、智能金融、智慧城市、智能经济和智能管理等。

1.4.2 智能控制的学科体系与系统分类

基于人工智能学科体系思想，我们提出一种智能控制学科体系的构思，如图 1.10 所示。从图 1.10 可见，智能控制的学科体系由基于知识的智能控制、基于数据的智能控制、智能控制的算法与编程、智能控制的算力与架构以及智能控制的应用研究等。

分类学与科学学研究科学技术学科的分类问题，本是十分严谨的学问，但对于一些新学科却很难恰切地对其进行分类或归类。例如，至今多数学者把人工智能看作计算机科学的一个分支；但从科学长远发展的角度看，人工智能可能要归类于智能科学的一个分支。智能控制也尚无统一的分类方法，作者拟根据智能控制的学科体系思想，将智能控制分为包含基于知识的智能控制、基于数据的智能控制、知识与数据混合智能控制、智能控制的算法与编程、智能控制的算力与架构以及智能控制的应用等。

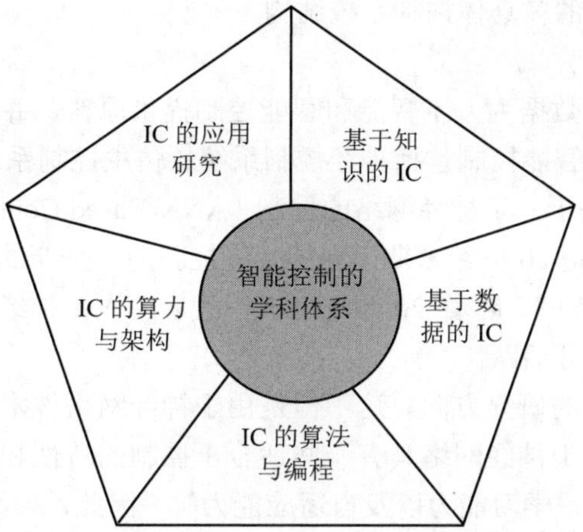

图 1.10　智能控制的学科体系示意图

1. 基于知识的智能控制

知识是人工智能之源，早期的人工智能和智能控制技术的发展都离不开知识。

基于知识的智能控制系统涉及大多数递阶控制系统、专家控制系统、模糊控制系统和分布式（多真体）控制系统等。

（1）递阶控制系统。递阶智能控制（Hierarchical Intelligent Control）是在研究早期学习控制系统的基础上，从工程控制论的角度总结人工智能与自适应、自学习和自组织控制的关系之后逐渐地形成的，也是智能控制的最早理论之一。递阶控制系统还与系统学及管理学有密切关系。

基于知识/解析混合多层智能控制理论、“精度随智能提高而降低”的递阶控制理论以及四层（任务规划、行为决策、行为规划和操作控制）递阶控制理论等已经被提出。这几种理论在递阶结构上是有联系的，其中，萨里迪斯的递阶控制理论最具影响。

（2）专家控制系统。另一种比较重要的基于知识的智能控制系统为专家控制系统（Expert Control System，ECS），它是把专家系统技术和方法与传统控制机制，尤其是工程控制论的反馈机制有机结合而建立的。专家控制系统已广泛应用于故障诊断、工业设计和过程控制，为解决工业控制难题提供一种新的方法，是实现工业过程控制的重要技术。专家控制系统一般由知识库、推理机、控制规则集和控制算法等组成。专家系统与智能控制的关系是十分密切的，它们有着明显的共性，所研究的问题一般都具有不确定性，都是以模仿人类智能为基础的。工程控制论（还有生物控制论）与专家系统的结合，形成了专家控制系统。

（3）模糊控制系统。模糊控制是一类应用模糊集合理论的控制方法。模糊控制的有效性可从两个方面来考虑：一方面，模糊控制提供一种实现基于知识（基于规则）的甚至语言描述的控制规律的新机理；另一方面，模糊控制提供了一种改进非线性控制器的替代方法，这些非线性控制器一般用于控制含有不确定性和难以用传统非线性控制理论处理的装置。模糊控制器由模糊化、规则库、模糊推理和模糊判决 4 个功能模块组成。模糊控制已获得十分广泛的应用。

（4）分布式控制系统。计算机技术、人工智能、网络技术的出现与发展，突破了集中式系统的局限性，并行计算和分布式处理等技术（包括分布式人工智能）和多真体系统（Multiple Agent System，MAS）应运而生。可把 Agent 看作能够通过传感器感知其环境，并借助执行器作用于该环境的任何系统。当采用多真体系统进行控制时，其控制原理随着真体结构的不同而有所差异，难以给出一个通用的或统一的多真体控制系统结构。

2. 基于数据的智能控制

数据是人工智能之基，数据为人工智能和智能控制提供原料，并促使智能控制发展到一个更高的技术水平。基于数据的智能控制包括神经控制系统、仿生控制系统、网络控制系统等。

（1）神经控制系统。基于人工神经网络的控制（ANN-Based Control），简称神经控制（Neural Control 或 Neuro Control），是 20 世纪末期出现的智能控制的一个新的研究方向，曾作为智能控制的“后起之秀”而“红极一时”。随着 20 世纪 80 年代后期人工神经网络研究的复苏和发展，90 年代对神经控制的研究也十分活跃。

神经控制是个很有希望的研究方向。这不但是由于神经网络技术和计算机技术的发展为神经控制提供了技术基础，还由于神经网络具有一些适合于控制的特性和能力，如并行处理能力、非线性处理能力、通过训练获得学习能力以及自适应能力等。因此，神经控制特别适用于复杂系统、大系统和多变量系统和非线性系统的控制。

（2）仿生控制系统。生物群体的生存过程普遍遵循达尔文的物竞天择、适者生存的进化准则。群体中的个体根据对环境的适应能力而被大自然所选择或淘汰。生物通过个体间的选择、交叉、变异来适应大自然环境。把进化计算，特别是遗传算法机制和传统的反馈机制用于控制过程，则可实现一种新的控制——进化控制。

自然免疫系统是个复杂的自适应系统，能够有效地运用各种免疫机制防御外部病原体的入侵。通过进化学习，免疫系统对外部病原体和自身细胞进行辨识。把免疫控制和计算方法用于控制系统，即可构成免疫控制系统。

（3）网络控制系统。随着计算机网络技术、移动通信技术和智能传感技术的发展，计算机网络已迅速发展成为世界范围内广大软件用户的交互接口，软件技术也阔步走向网络化，通过现代高速网络为客户提供各种网络服务。计算机网络通信技术的发展为智能控制用户界面向网络靠拢提供了技术基础，智能控制系统的知识库和推理机也都逐步和网络智能接口交互起来。于是，网络控制系统应运而生。网络控制系统（Networked Control Systems，NCS），又称网络化的控制系统，即在网络环境下实现的控制系统。是指在某个区域内一些现场检测、控制及操作设备和通信线路的集合，以提供设备之间的数据传输，使该区域内不同地点的设备和用户实现资源共享和协调操作。

3. 知识与数据复合智能控制

基于知识和数据的智能控制混合系统包括各种基于模拟生物智能优化算法的智能控制系统（仿生控制系统）、学习控制系统和集成智能控制系统等。许多复杂的智能控制问题，往往综合采用基于知识和基于数据的智能控制理论与技术才能解决。

（1）学习控制系统。学习是人类的主要智能之一。人类的各项活动（包括对自动装置进行控制）都需要学习。研究用机器来代替人类从事体力和脑力劳动（包括控制作用），就是用机器代替人的思维。在人类的进化过程中，学习功能起着十分重要的作用，学习控制正是模拟人类自身各种优良的控制调节机制的一种尝试。

学习控制系统是一个能在其运行过程中逐步获得受控过程及环境的非预知信息，积累控制经验，并在一定的评价标准下进行估值、分类、决策和不断改善系统品质的自动控制系统。

进入 21 世纪以来，对机器学习的研究取得新的进展，尤其是一些新的学习方法为学习控制系统注入新鲜血液，必将推动学习控制系统研究的进一步开展。

（2）仿人控制。仿人控制的基本思想就是在模拟人的控制结构的基础上，进一步研究和模拟人的控制行为与功能，并把它用于控制系统，实现控制目标。也就是说，从人工智能问题求解的基本观点来看，一个控制系统的运行实际上是控制机构对控制问题的求解过程。因此，仿人控制研究的主要目标不是被控对象，而是控制器本身如何对控制专家知识和行为的模拟。大量事实表明，由于人脑的智能优势，在许多情况下，人的手动控制效果往往是自动控制无法达到的。在模拟人的控制结构的基础上，进一步研究和模拟人的控制行为与功能，并把它用于控制系统，实现控制目标，就是仿人控制。仿人控制综合了递阶控制、专家控制和基于模型控制的特点，实际上可以把它看作一种复合控制。

（3）自然语言控制。自然语言控制，就是基于自然语言处理中的大型语言模型，实现从自然语言到控制指令的翻译。控制者不需要学习复杂的控制理论和掌握高级的编程技术，仅需口语化的表达就可实现对机器的控制。自然语言控制是结合自然语言处理与经典控制理论的一种智能控制方法，能够利用大语言模型将自然语言转化为控制指令，实现对目标的状态控制。

（4）集成智能控制系统。把几种不同的智能控制机理和方法集成起来而构成的控制，称为集成智能控制或复合智能控制，其系统则称为集成智能控制系统。集成智能控制能够集各智能控制方法之长处，弥补各自的短处，取长补短，实不失为一种控制良策。模糊神经控制、神经学习控制、神经专家控制、自学习模糊神经控制、遗传神经控制、进化模糊控制以及进化学习控制等都属于集成智能控制。

此外，把智能控制与传统控制（包括经典 PID 控制和近代控制）有机地组合起来，即可构成组合智能控制系统。组合智能控制能够集智能控制方法和传统控制方法各自之长处，弥补各自的短处。取长补短，也是一种集成控制策略。例如，PID 模糊控制、神经自适应控制、神经自校正控制、神经最优控制、模糊鲁棒控制等就是组合智能控制的例子。

值得指出，为了便于对控制系统工作机制的阐述，我们将智能系统分为基于知识的系统和基于数据的系统以及知识和数据复合系统。但是，随着人工智能和智能控制技术的进步和产业的升级发展需要，一些基于知识的人工智能和智能控制也逐渐与基于数据的技术融合。同样，一些基于数据的人工智能和智能控制也逐渐与基于知识的技术融合。

4. 智能控制的算法与编程

算法是智能控制的灵魂和决策性内涵，是智能控制程序设计的技术基础。

Python 语言、Java 语言、增强学习算法、遗传算法、线性回归算法等是各类智能控制算法的杰出代表。深度学习算法、认知计算与决策算法、类脑计算、普适计算、进化计算与基于群体迭代的进化算法等研究已取得进展。

5. 智能控制的算力与架构

算力为智能控制提供执行能力，强大的算力是实现智能控制的根本保证。

在智能控制基础层，计算机处理器配备的高端部件以及芯片组、内存和硬盘是提高计算能力的基本保证。出现了新芯片和新计算（云计算、量子计算）等新的计算架构。并行处理等技术及新一代计算网络（5G 和 6G）极大地提高了智能控制的计算速度。计算能力的不断增强和计算速度的不断提高，有力地促进了智能控制的发展。

6. 智能控制的应用研究

智能控制的主要应用研究领域包括智能机器人规划与控制、生产过程的智能监控与管控、智能集成制造系统的分布式智能控制、智能故障检测与诊断、航天航空飞行器的智能导航与控制、智能交通系统控制与调度、电力系统运行的智能控制和故障诊断、医疗过程的智能控制以及具有智能决策、诊断和控制功能的各种智能仪器、智慧城市和社会经济管理系统等。

1.5 本章小结

本章简述了智能控制的起源、发展机遇和面临的挑战，讨论了智能控制的定义、特点与一般结构，研讨了智能控制的结构理论和智能控制学科体系，并对智能控制系统进行了分类。

对于智能控制学科结构理论的研究，分别介绍了二元智能控制、三元智能控制和四元智能控制三种智能控制结构理论，特别是重点讨论了作者提出的四元智能控制结构理论，认为智能控制主要是自动控制、人工智能、信息论和运筹学四个学科的交集。

从人工智能学科发展的角度看，人工智能应当包含知识、数据、算法和算力（计算能力）四个核心要素。这些要素在人工智能中的地位和作用分别是：知识是人工智能之源，数据是人工智能之基，算法是人工智能之魂，算力是人工智能之力。受人工智能学科体系思想启发，将智能控制的学科体系分为基于知识的智能控制、基于数据的智能控制、知识/数据复合智能控制、智能控制算法与编程、智能控制算力与架构以及智能控制的应用研究等部分。

习 题 1

1-1 哪些思想、思潮、时间和人物在智能控制发展过程中起了重要作用？

1-2 当代自动控制存在什么机遇与挑战？

1-3 智能控制是如何发展起来的？人工智能对自动控制的发展有什么影响？

1-4 作为国际智能控制学科的开拓者和奠基者，傅京孙有哪些突出贡献？

1-5 什么是智能控制？它具有哪些特点？

1-6 试述智能控制器的一般结构和各部分的作用。它与传统控制器有何异同？

1-7 按作用原理可把智能控制系统分为哪几类？

1-8 在人工智能新时期，智能控制面临什么机遇与挑战？

1-9 智能控制学科有哪几种结构理论？这些理论的内容是什么？

1-10 为什么要把信息论引入智能控制学科结构？

1-11 你认为人工智能的核心要素是什么？

1-12 你对作者提出人工智能和智能控制的学科体系有何看法？

1-13 你对智能控制课程教学有何意见和建议？

第 1 篇

基于知识的智能控制

第 2 章

递阶控制

递阶（分级）思想在系统论、控制论和管理学中已有广泛的应用。在研究早期学习控制系统的基础上，从工程控制论角度总结人工智能与自适应控制、自学习控制和自组织控制的关系之后，逐渐形成了递阶智能控制，简称递阶控制，是智能控制的最早理论之一。递阶智能控制系统结构已隐含在其他各种智能控制系统之中，成为其他各种智能控制系统的重要基础。本章将给出智能机器理论的一般观点，讨论递阶智能控制的结构，最后举例说明智能控制系统的应用。

2.1 递阶智能机器的一般结构

由萨里迪斯等提出的递阶智能控制是按照精度随智能降低而提高的原理（IPDI）分级分布的。在过去的30多年中，一些研究者做出重大努力来开发递阶智能机器理论和建立工作模型，以求实现这种理论。这种智能机器已被设计用于执行机器人系统的拟人任务。本章将比较详细地介绍三级智能机器的一些内容。

递阶智能控制系统是由三个基本控制级构成的，其级联交互结构如图2.1所示。图中，f_E^c 为自执行级至协调级的在线反馈信号；f_E^o 为自协调级至组织级的离线反馈信号；C 为输入指令，$C=\{c_1,c_2,\cdots,c_m\}$；U 为分类器的输出信号，$U=\{u_1,u_2,\cdots,u_m\}$，即组织器的输入信号。

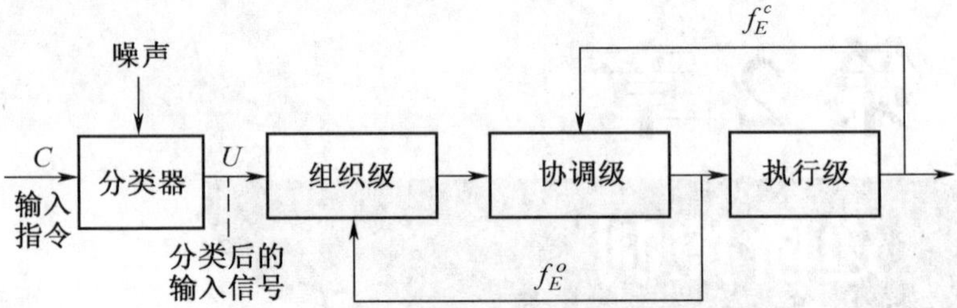

图2.1 递阶智能机器的级联结构

本递阶智能控制系统是一个整体，它把定性的用户指令变换为一个物理操作序列。系统的输出是通过一组施于驱动器的具体指令来实现的。一旦接收到初始用户指令，系统就产生操作，这一操作是由一组与环境交互作用的传感器的输入信息决定的。这些外部和内部传感器提供工作空间环境（外部）和每个子系统状况（内部）的监控信息；对于机器人系统，子系统状况有位置、速度和加速度等。智能机器融合这些信息，并从中选择操作方案。

三个控制层级的功能和结构如下：

（1）组织级（Organization Level）。组织级代表控制系统的主导思想，并由人工智能起控制作用。根据存储在长期存储器内的本原数据集合，组织器能够组织绝对动作、一般任务和规则的序列。换句话说，组织器作为推理机的规则发生器，处理高层信息，用于机器推理、规划、决策、学习（反馈）和记忆操作，如图2.2所示。可把此框图视为一个Boltzmann机结构。Boltzmann机能从几个代表不同本原事件的节点（神经元）搜索出最优内连关系，以产生某个定义最优任务的信息串。

（2）协调级（Coordination Level）。协调级是上（组织）级和下（执行）级间的接口，承上启下，并由人工智能和运筹学共同作用。协调级借助于产生一个适当的子任务序列来执行原指令，处理实时信息。这涉及短期存储器（如缓冲器）内决策与学习的协调。为此，采用具有学习能力语言决策图，并对每个动作指定主（源）概率。各相应熵可由这些主概率直接得到。协调级由一定数量的具有固定结构的协调器组成，每个协调器执行某些指定的作用。各协调器间的通信由分配器（Dispatcher）来完成，而分配器的可变结构是由组织器控制的，如图2.3所示。

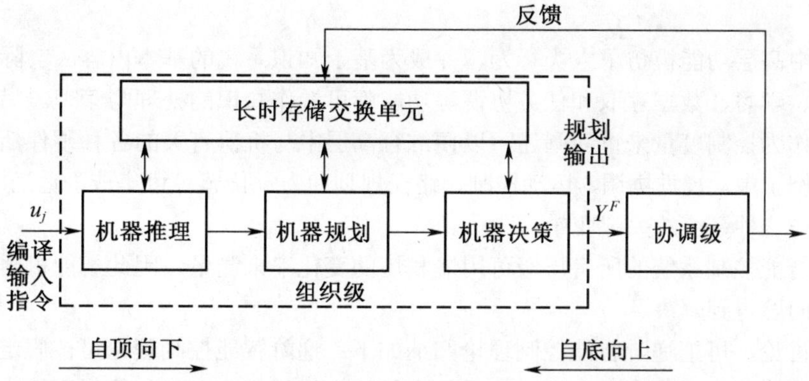

图 2.2　组织级的结构框图

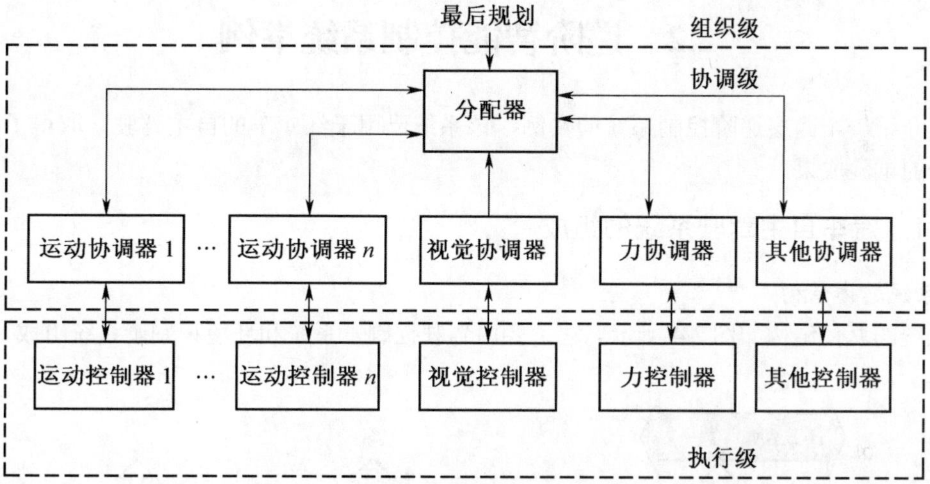

图 2.3　协调级的结构框图

（3）执行级（Execution Level）。执行级是递阶智能控制的底层，要求具有较高的精度但较低的智能，它按控制论进行控制，对相关过程执行适当的控制作用。执行级的性能也可由熵来表示，因而统一了智能机器的功用。

我们知道：

$$H = -K\sum_{i=1}^{n} P_i \log P_i \tag{2.1}$$

通常称 H 为香农（Shannon）负熵，它可变换为下列方程：

$$H = -\int_{\Omega_s} P(s)\log P(s)\mathrm{d}s \tag{2.2}$$

式中，Ω_s 为被传递的信息信号空间。负熵是对信息传递不确定性的一种度量，即系统状态的不确定性可由该系统熵的概率密度指数函数获得。

图 2.1 所示的三级递阶结构具有自顶向下（top-down）和自底向上（bottom-up）的知识（信息）处理能力。自底向上的知识流取决于所选取信息的集合，这些信息包括从简单的底层（执行级）反馈到顶层（组织级）的积累知识。反馈信息是智能机器中学习所必需的，也是选择替代动

作所需要的。

智能机器中高层功能模仿了人类行为，并成为基于知识系统的基本内容。实际上，控制系统的规划、决策、学习、数据存取和任务协调等功能都可看作知识的处理与管理。另外，控制系统的问题可用熵作为控制度量来重新阐述，以便综合高层中与机器有关的各种硬件活动。因此，在机器人控制的例子中，视觉协调、运动控制、路径规划和力觉传感等可集成为适当的函数。因此，可把知识流看作这种系统的关键变量。

由于递阶智能控制系统的所有层级可用熵和熵的变化率来测量，因此智能机器的最优操作可通过数学编程问题得到解决。

通过上述讨论，可把递阶智能控制理论归纳如下：递阶智能控制理论可被假定为寻求某个系统正确的决策与控制序列的数学问题，该系统在结构上遵循精度随智能降低而提高（IPDI）的原理，而所求得序列能够使系统的总熵为最小。

2.2 递阶智能控制系统举例

本节介绍一个四层递阶控制系统的实例，该系统已用于红旗车的自主驾驶，取得了具有国际先进水平的试验成果。

2.2.1 汽车自主驾驶系统的组成

1. 系统总体结构

该系统的总体结构如图 2.4 所示，它主要由驾驶控制子系统和环境识别子系统组成。

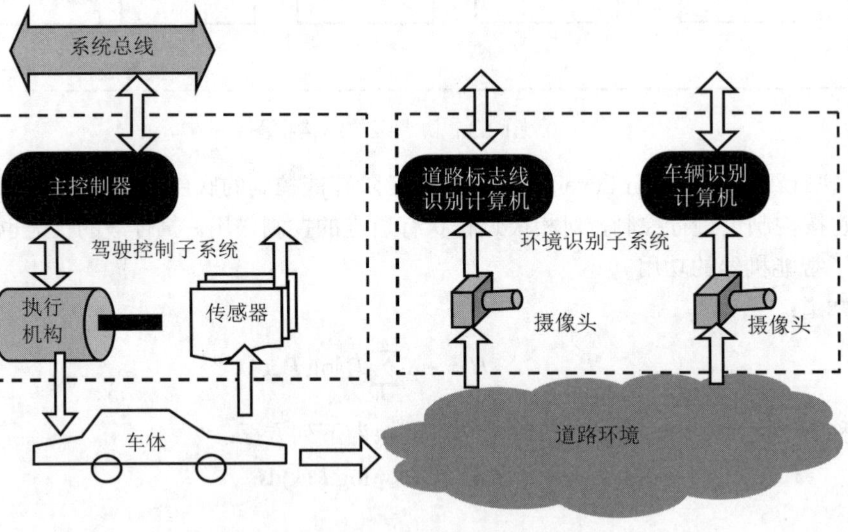

图 2.4 红旗车自主驾驶系统结构示意图

（1）环境识别子系统。由道路标志线识别和前方车辆识别两个分系统组成。前者能够实时识别当前及左右共三条车道线，实时输出处理结果；对车道上非标志线的标志及车辆干扰具有免疫力，并较好地解决了对车体震动和光照变化的适应性问题。后者能够实时识别前方车辆距离及相对速度，具有较好的抗干扰性及适应性。

（2）驾驶控制子系统。包括行为决策、行为规划、操作控制等主要模块。本子系统对受控对象的非线性、环境的严重不确定性具有很好的适应能力；能够满足系统实时性要求；其方向及速度跟踪精度高，并具有系统监督模块，可实现系统状态的在线监督、预警及紧急情况处理。

2. 自主驾驶的硬件系统

自主驾驶系统的硬件设备包括主控计算机、执行机构和传感器等。

（1）主控计算机。主控计算机担负驾驶控制和环境识别的计算工作。环境识别计算机配以通用 Fireware 接口板和图形显示卡组成环境处理平台，处理来自摄像头的视觉图像，为驾驶控制系统提供环境感知信息。

驾驶控制计算机配置标准的工业 I/O 接口板。驾驶控制系统的接口有 A/D 转换器、D/A 转换器、各种运动控制卡、计数器及数字量输入输出设备等。

（2）执行机构。根据汽车各操纵机构的不同特点分别采用了步进电机驱动和液压驱动两种执行机构。

（3）传感器。自主驾驶系统所配置的传感器包括环境传感器（摄像头）、车体姿态传感器和自动驾驶执行部件传感器。传感器信号经过预处理电路板的滤波和放大后，通过计算机接口板进入相应的处理机。

3. 实时操作系统

为了确保系统的实时性和可靠性，选用了嵌入式实时操作系统，该操作系统具有以下几个方面的显著特点：

（1）基于 PC 机的开发环境使得嵌入式开发更加方便。

（2）实时多任务的操作系统内核确保了系统的实时性。

（3）可裁减和可重配置的操作系统结构使得目标代码更加精悍，运行效率获得提高。

（4）方便快速的任务间通信手段。

（5）支持多处理机之间的任务协调与通信。

（6）自主驾驶系统的处理机运行实时操作系统。

4. 软件设计与系统的实时性

高性能的软硬件系统为系统实时性提供了基本保证。多任务程序设计思想使得系统能对外部事件及时做出反应。自主驾驶系统的软件系统具有以下显著特点：

（1）任务优先级设置与抢断式任务调度。在软件设计中，根据任务的相互关系给任务赋予了不同的优先级，必要时还可由有关的任务对其他任务的优先级进行调整，高优先级的任务能抢断正在执行的低优先级任务，以保证系统能对各种重要的外部事件及时做出反应。

（2）基于系统时钟的软件同步机制。对于系统的每一个数据或事件都在第一时间被打上时间标记，以进行信号同步之用，消除信息在处理加工时的延迟对驾驶性能的影响。

（3）分布式共享数据存储。对于系统中要由各处理器共享的数据采取了分布式存储结构，以避免集中式存储带来的通信带宽限制。

上述软件设计原则从软件方面确保了自主驾驶系统软件的实时性能。

2.2.2　汽车自主驾驶系统的递阶结构

以任务层次分解为基础，提出了如图 2.5 所示的四层模块化汽车自主驾驶控制系统结构，其四个层次依次是任务规划、行为决策、行为规划和操作控制。另外还包括车辆状态与定位信息和系统监控两个独立功能模块。

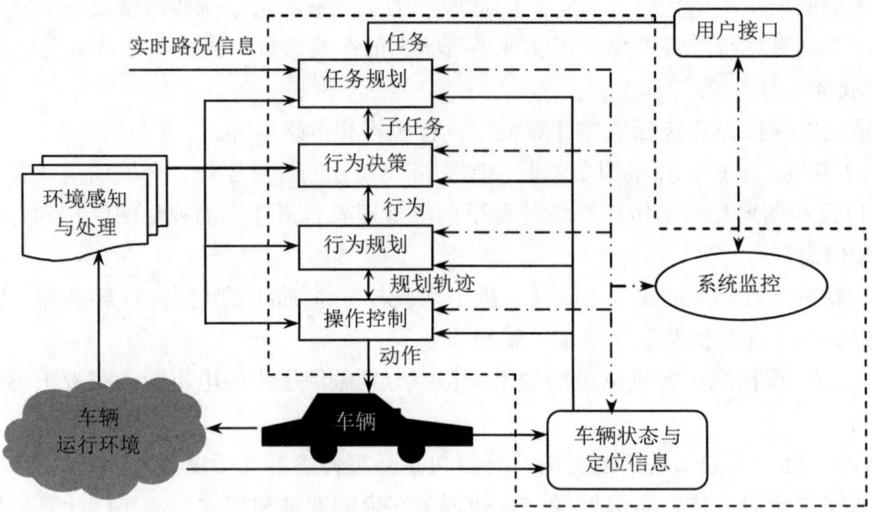

图 2.5　汽车自主驾驶控制系统的四层模块化结构

控制系统四个层次以 RCS 控制结构中的方式来划分，分别负责完成不同规模的任务，从上到下任务规模依次递减。其中，任务规划层进行从任务到子任务的映射；行为决策层进行从子任务到行为的映射；行为规划层进行从行为到规划轨迹的映射；操作控制层进行从规划轨迹到车辆动作的映射。

系统各层从时间跨度、空间范围、所关注的环境信息、逻辑推理方式、对完成控制目标所负有的责任等多方面均有所不同，下面具体讨论。

系统监控模块作为一个独立模块，负责收集系统运行信息，监督系统的运行情况，必要时调节系统运行参数等。

车辆状态与定位信息模块则负责车辆状态与定位数据产生，提供给系统各层次决策控制之用。

1. 操作控制层

操作控制层把来自行为规划层的规划轨迹转化为各执行机构动作，并控制各执行机构完成相应动作，是整个自主驾驶系统的最底层。它由一系列传统控制器和逻辑推理算法组成，包括车速控制器、方向控制器、刹车控制器、节气门控制器、转向控制器、信号灯/喇叭控制逻辑等。

操作控制层的输入是由行为规划层产生的路径点序列、车辆纵向速度序列、车辆行为转换信息、车辆状态和相对位置信息。这些信息通过操作控制层加工，最终变为车辆执行机构动作。操作执行层各模块以毫秒级时间间隔周期性地执行，控制车辆沿着上一个规划周期内的规划结果运动。

2. 行为规划层

行为规划层是行为决策层和操作控制层之间的接口，它负责将行为决策层产生的行为符号转换为操作控制层的传统控制器所能接受的轨迹指令。行为规划层的输入是车辆状态信息、行为指令以及环境感知系统提供的可通行路面信息。行为规划层内部包括行为执行监督模块、车辆速度产生模块、车辆期望路径产生模块等。

当车辆行为发生改变或可通行路面信息处理结果更新时，行为规划层各模块被激活，监督当前行为的执行情况，并根据环境感知信息和车辆当前状态重新进行行为规划，为操作控制层提供车辆期望速度和期望运动轨迹等指令，另外，行为规划层还向行为决策层反馈行为的执行情况。

3. 行为决策层

常见的车辆行为包括起步、停车、加速沿道路前进、恒速沿道路前进、躲避障碍、左转、右转、倒车等。自主车要根据环境感知系统获得的环境信息、车辆当前状态、任务规划的任务目标采取恰当行为，保证顺利地完成任务，这一工作由行为决策层来完成。

影响汽车自主行为决策的因素有道路情况、交通情况、交通信号、任务对安全性和效率的要求、任务目的等。综合上述各种因素，高效地进行行为决策是行为决策层研究的重点。

图 2.6 是自主车行为决策层的一般结构。其中，行为模式产生按车辆当前运行环境的结构特征、交通密度等对运行环境进行分类，产生当前条件下的可用行为集及转换关系，是行为决策的重要依据。例如，城市公路上应注意交通信号、行人等，而高速公路则没有交通信号，因此这两种情况下行为集是不同的。预期状态是由当前执行子任务决定的，如对车速的预期、对车辆安全性的预期等。环境建模及预测根据环境感知系统的感知信息对影响行为决策的一些关键环境特征进行建模，并对其发展趋势进行预测。

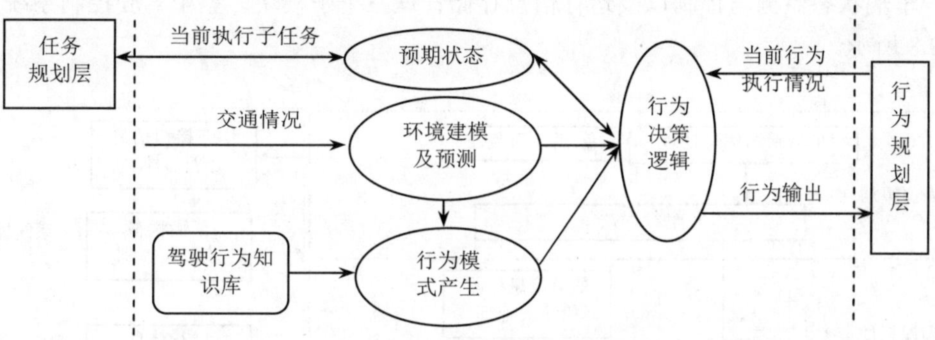

图 2.6　行为决策层主要模块示意图

行为决策逻辑是行为决策层的核心，其综合各类信息，最后向行为规划层发出行为指令。一个好的行为决策逻辑是提高系统自主性的必然要求。

4. 任务规划层

任务规划层是自主驾驶智能控制系统的最高层，因而也具有最高智能。任务规划层的主要模块如图 2.7 所示。

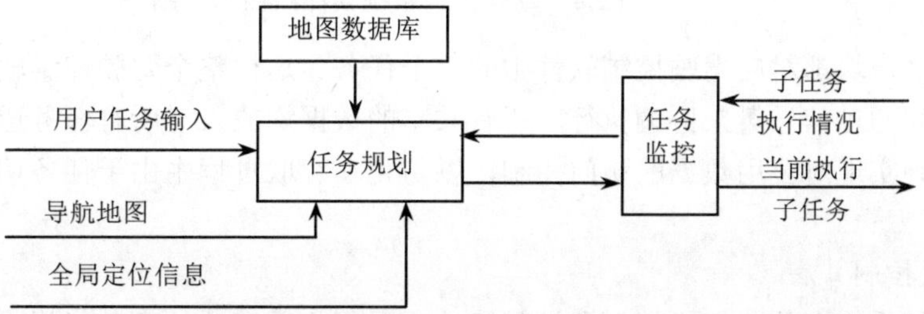

图 2.7　任务规划层主要模块示意图

任务规划层接收来自用户的任务请求，利用地图数据库综合分析交通流量、路面情况等影响行车的有关因素，在已知道路网中搜索满足任务要求，从当前点到目标点的最优或次优通路，通路通常由一系列子任务组成，如沿 A 公路行至 X 点，转入 B 公路，行至 Y 点，……，到达目的地，同时规划通路上各子任务完成时间，以及子任务对效率和安全性的要求等。规划结果交由任务监控模块监督执行。

任务监控模块根据环境感知和车辆定位系统的反馈信息确定当前要执行的子任务，并监督控制下层对任务的执行情况，当前子任务执行受阻时要求任务规划模块重新规划。

2.2.3 自主驾驶系统的结构与控制算法

1. 驾驶控制系统的软件结构

先后对操作控制层、行为规划层和行为决策层的软件进行开发。其中，操作控制层包括方向伺服控制、油门伺服控制、刹车伺服控制、其他模块控制、速度跟踪控制和路径跟踪控制六个软件模块。行为规划层包括车道信息接收和滤波处理、车辆行为规划两个软件模块。行为决策层包括车辆感知信息处理、车辆行为决策和车辆行为监控三个模块。车辆状态感知与定位模块分为车辆状态感知处理和车辆定位与运动预测两个子模块。系统监控分为用户接口信息处理与控制、车辆状态监测与控制以及运行信息存储管理三个子模块。整个驾驶控制系统的软件结构如图 2.8 所示。

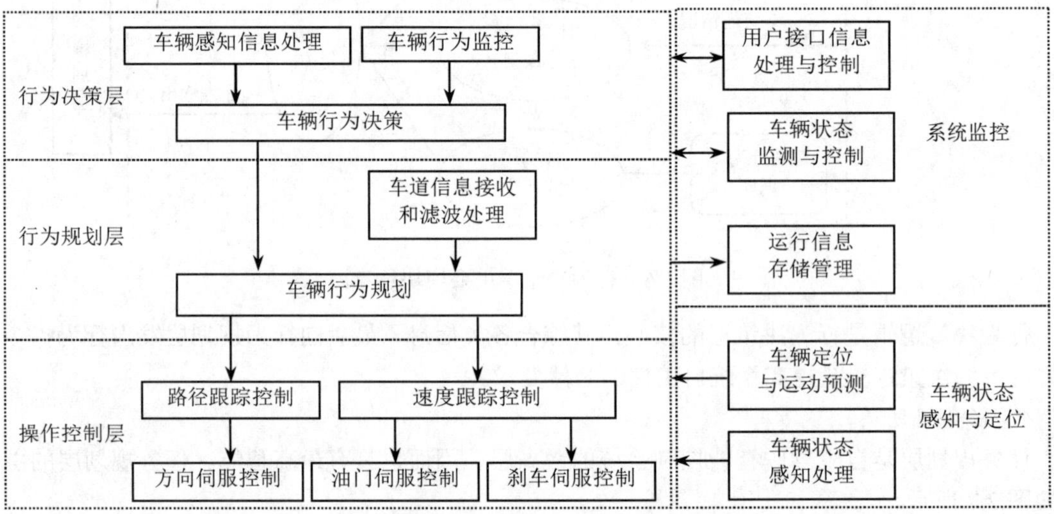

图 2.8 驾驶控制系统软件结构示意图

上述每个模块都对应驾驶控制软件中的一个任务。这样整个驾驶控制软件共划分为 16 个任务，任务之间通过信号量来协调执行。所有共享的数据均放入对所有任务透明的数据存储区，用信号量和时钟实现对公用数据的访问控制，以防止在存取过程中由于任务切换而产生数据一致性问题。

2. 驾驶控制算法

驾驶控制系统有关决策、规划和控制算法均采用相关算法的离散化形式。采用零阶保持方法对连续控制算法进行了离散化。对于部分滤波算法，系统用遗忘迭代滤波或平移平均滤波算法代替，以减少系统的运算量。

遗忘迭代滤波算法具有如下形式：

$$x_f[n]=\begin{cases} x[0] & n=0 \\ \dfrac{x[n]+k\cdot x_f[n-1]}{k+1} & n\neq 0 \end{cases} \tag{2.3}$$

式中，$x[n]$为时刻n的信号采样值；$x_f[n]$为时刻n经过滤波后的信号。

平移平均滤波算法如下：

$$x_f[n]=\begin{cases} \dfrac{\sum\limits_{i=0}^{n}x[n]}{n+1} & n<k-1 \\ \dfrac{\sum\limits_{i=n-k+1}^{n}x[n]}{k} & n\geqslant k-1 \end{cases} \tag{2.4}$$

式中，$x[n]$为时刻n的信号采样值；$x_f[n]$为时刻n经过滤波后的信号；k为平移平均滤波器长度。

2.2.4　自主驾驶系统的试验结果

在国家自然科学基金重大专项重点项目“高速公路车辆智能驾驶中的关键科学问题研究”支持下，经过多年攻关，HQ3 红旗车自主驾驶系统试验项目取得了优秀成果。在项目研究过程中，红旗自主车进行了大量的公路驾驶试验，以改善自主驾驶系统的性能，提高自主驾驶系统的可靠性。

1. 试验的环境及内容

HQ3 红旗车自主驾驶系统的试验在高速公路上进行，包括长沙市绕城高速公路和京珠高速公路。试验中，公路处于正常的交通状况。分别就自主驾驶系统的以下性能进行了试验：

（1）环境感知系统的抗干扰性和稳定性，包括车道感知系统对道路上的各种障碍、标志干扰及对光照变化的适应性；车辆识别系统识别的准确性及对光照的适应性。

（2）驾驶控制系统的车道跟踪能力，包括各种道路条件下车道中心线跟踪的稳定性和舒适性。

（3）驾驶控制系统的速度跟踪能力，涉及各种路况下速度跟踪的稳定性和舒适性。

（4）驾驶控制系统对动态交通的处理情况及超车动作，对交通变化处理的实时性与合理性，及超车动作的平顺性。

2. 试验结果

经过三个月近 1000km 的道路试验，HQ3 红旗车自主驾驶有关的环境感知和驾驶控制算法得到了不断改进，并实现了预定的如下三项性能指标：

（1）正常交通情况下在高速公路上稳定自主驾驶速度 130km/h。

（2）最高自主驾驶速度 170km/h。

（3）具备超车功能。

经过 10 多年的研究开发与不断改进，该自主车的技术性能有了显著提高，达到国际先进水平。据媒体报道，2011 年 7 月 14 日上午，该 HQ3 车又进行了一次新的自主驾驶试验，在正常天气与路况条件下，以遵守交通法规为前提，在有多个高架桥路口的高速公路真实环境中实现长沙至武汉自主驾驶，能够有效地超车并汇入车流，准确识别高速公路上的常见交通标志，并做出安全驾驶动作。一些具体性能指标如下：

（1）驾驶距离时程：286km。

（2）驾驶时间：3 小时 22 分。

（3）平均时速：87km/h。

（4）最高速度可达 170km/h，一般设置为 110km/h。

（5）自主超车：68 次，超车 116 辆，被其他车辆超越 148 次，实现了在密集车流中长距离安全驾驶。

（6）人工干预率：小于 1%。

2011—2018 年本自主驾驶系统进行长距离自主驾驶研究和高速公路长期试验，创造了我国无人车自主驾驶的新纪录，标志着我国无人车在复杂环境识别、智能行为决策和控制等方面实现了新的技术突破，达到国际先进水平。

2.3 本章小结

本章着重研究了由三个交互作用的层级组成的递阶控制。

2.1 节讨论递阶智能机器的一般理论，涉及三级递阶控制系统，其结构是根据精度随智能降低而提高（IPDI）的原理设计的。

2.2 节介绍一种递阶控制的应用实例，即红旗自主车的自主驾驶四层递阶控制系统，介绍了该系统的总体结构和汽车自主控制系统的四层递阶结构及系统的软件结构与控制算法，并给出了该自主汽车驾驶系统高速公路试验结果所得到的具有国际先进水平的性能指标。

习 题 2

2-1 什么是智能机器？试述递阶智能机器的组成和各级的作用。

2-2 智能机器的组织级和协调级的结构是怎样的？

2-3 递阶控制有哪些特点？

2-4 萨里迪斯对智能控制做出了哪些贡献？

2-5 递阶控制在智能控制中的作用是什么？

2-6 试说明自主智能驾驶的工作原理和各部分的作用。

第 3 章

专家控制

专家系统是第一个获得广泛应用的人工智能系统。20 世纪 70 年代中期，专家系统的开发获得成功。正如专家系统的先驱费根鲍姆（Feigenbaum）所说：专家系统的力量是从它处理的知识中产生的，而不是从某种形式主义及其使用的参考模式中产生的。这正符合一句名言：知识就是力量。到 20 世纪 80 年代，专家系统在全世界得到迅速发展和广泛应用。现在，专家系统并不过时，而是不断更新，被称为“21 世纪知识管理和决策的技术”。

专家控制系统是一个应用专家系统技术的控制系统，也是一个典型的和广泛应用的基于知识的控制系统。海斯 · 罗思（Hayes Roth）等在 1983 年提出专家控制系统。他们指出，专家控制系统的全部行为能被自适应地支配。为此，该控制系统必须能够重复解释当前状况，预测未来行为，诊断出现问题的原因，制订校正规划，并监控规划的执行，确保成功。关于专家控制系统应用的第一次报道是在 1984 年，它是一个用于炼油的分布式实时过程控制系统。奥斯特洛姆（Åström）等在 1986 年发表他们的题为“专家控制”（Expert Control）的论文。从此之后，更多的专家控制系统获得开发与应用。

本章主要讨论四个问题，即专家系统基本原理、专家系统的主要类型及其结构、专家控制系统的结构与类型、专家控制系统的应用实例等。

3.1 专家系统的基本概念

自从1965年第一个专家系统DENDRAL在美国斯坦福大学问世以来，经过20年的研究开发，到20世纪80年代中期，各种专家系统已遍布各个专业领域，取得很大的成功。现在，专家系统得到更为广泛的应用，并在应用开发中得到进一步发展。

3.1.1 专家系统的定义与一般结构

1. 专家系统的定义

定义 3.1 专家系统

专家系统是一个智能计算机程序系统，其内部含有大量的某个领域专家水平的知识与经验，能够利用人类专家的知识和解决问题的方法处理该领域的问题，以人类专家的水平完成某一专业领域特别困难的任务。简而言之，专家系统是一种模拟人类专家解决领域问题的计算机程序系统。

定义 3.2 基于知识的专家系统

专家系统是广泛应用专门知识以解决人类专家水平问题的人工智能的一个分支。专家系统有时又称为基于知识的系统或基于知识的专家系统。

2. 专家系统的一般结构

专家系统的结构是指专家系统各组成部分的构造方法和组织形式。系统结构选择恰当与否，是与专家系统的适用性和有效性密切相关的。选择什么结构最为恰当，要根据系统的应用环境和所执行任务的特点而定。

图3.1表示专家系统的简化结构图，图3.2则为理想专家系统的结构图。由于每个专家系统所需要完成的任务和特点不同，其系统结构也不尽相同，一般只具有图中的部分模块。

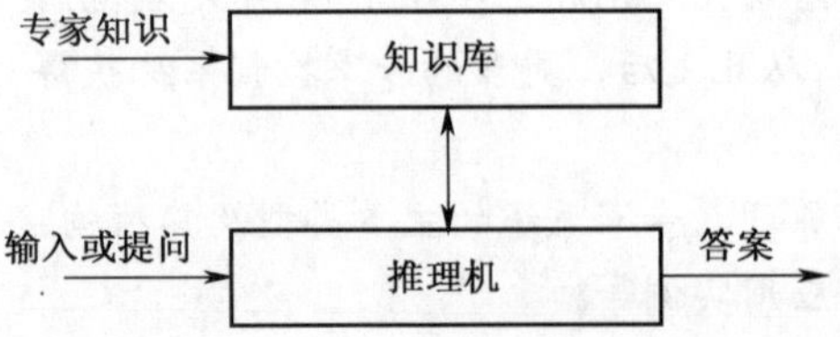

图3.1 专家系统简化结构

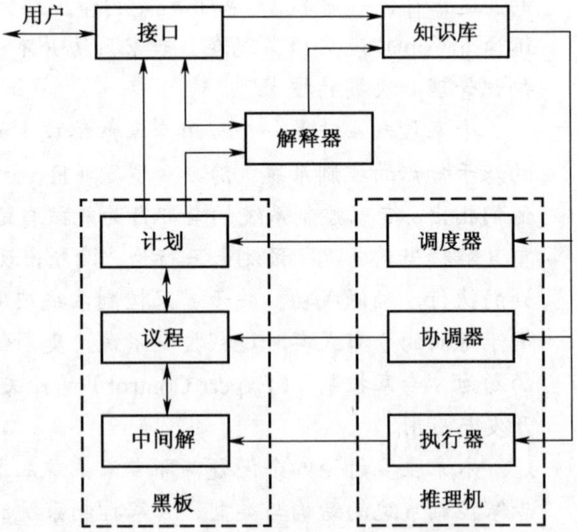

图3.2 理想专家系统的结构

接口是人与系统进行信息交流的媒介，它为用户提供了直观方便的交互作用手段。接口的功能是识别与解释用户向系统提供的命令、问题和数据等信息，并把这些信息转化为系统的内部表示形式。另外，接口也将系统向用户提出的问题、得出的结果和作出的解释以用户易于理解的形式提供给用户。

黑板是用来记录系统推理过程中用到的控制信息、中间假设和中间结果的数据库，它包括计划、议程和中间解三部分。计划记录了当前问题总的处理计划、目标、问题的当前状态和问题背景。议程记录了一些待执行的动作，这些动作大多是由黑板中已有结果与知识库中的规则作用而得到的。中间解区域中存放当前系统已产生的结果和候选假设。

知识库包括两部分内容：一部分是已知的同当前问题有关的数据信息；另一部分是进行推理时要用到的一般知识和领域知识，这些知识大多以规则、网络和过程等形式表示。

调度器按照系统建造者所给的控制知识（通常使用优先权办法）从议程中选择一项作为系统下一步要执行的动作。执行器应用知识库中的及黑板中记录的信息执行调度器所选定的动作。协调器的主要作用就是当得到新数据或新假设时，对已得到的结果进行修正，以保持结果前后的一致性。

解释器的功能是向用户解释系统的行为，包括解释结论的正确性及系统输出其他候选解的原因。为完成这一功能，通常需要利用黑板中记录的中间结果、中间假设和知识库中的知识。

专家系统程序与常规的应用程序之间有何不同呢？一般应用程序与专家系统的区别在于：前者把问题求解的知识隐含地编入程序，而后者则把其应用领域的问题求解知识单独组成一个实体，即为知识库。知识库的处理是通过与知识库分开的控制策略进行的。更明确地说，一般应用程序把知识组织为两级——数据级和程序级；大多数专家系统则将知识组织成三级——数据、知识库和控制。

在数据级上，是已经解决了的特定问题的说明性知识以及需要求解问题的有关事件的当前状态。在知识库级上，是专家系统的专门知识与经验。是否拥有大量知识是专家系统成功与否的关键，因而知识表示就成为设计专家系统的关键。在控制程序级，根据既定的控制策略和所求解问题的性质来决定应用知识库中的哪些知识。这里的控制策略是指推理方式。按照是否需要概率信息来决定采用非精确推理或精确推理。推理方式还取决于所需搜索的程度。

下面对专家系统的主要组成部分进行归纳。

（1）知识库（Knowledge Base）。知识库用于存储某领域专家系统的专门知识，包括事实、可行操作与规则等。为了建立知识库，要解决知识获取和知识表示问题。知识获取涉及知识工程师（Knowledge Engineer）如何从专家那里获得专门知识的问题；知识表示则要解决如何用计算机能够理解的形式表达和存储知识的问题。

（2）全局数据库（Global Database）。全局数据库又称综合数据库或总数据库，它用于存储领域或问题的初始数据和推理过程中得到的中间数据（信息），即被处理对象的一些当前事实。

（3）推理机（Reasoning Machine）。推理机用于记忆所采用的规则和控制策略的程序，使整个专家系统能够以逻辑方式协调地工作。推理机能够根据知识进行推理和导出结论，而不是简单地搜索现成的答案。

（4）解释器（Interpreter）。解释器能够向用户解释专家系统的行为，包括解释推理结论的正确性以及系统输出其他候选解的原因。

（5）接口（Interface）。接口又称界面，它能够使系统与用户进行对话，使用户能够输入必要的数据、提出问题和了解推理过程及推理结果等。系统则通过接口要求用户提问，并回答用户提出的问题，进行必要的解释。

3.1.2 专家系统的建立步骤

成功地建立系统的关键在于尽可能早地着手建立系统，从一个比较小的系统开始，逐步扩充为一个具有相当规模和日臻完善的试验系统。

建立系统的一般步骤如下：

（1）设计初始知识库。知识库的设计是建立专家系统最重要和最艰巨的任务。初始知识库的设计包括：

1）问题知识化，即辨别所研究问题的实质，如要解决的任务是什么，它是如何定义的，可否把它分解为子问题或子任务，它包含哪些典型数据等。

2）知识概念化，即概括知识表示所需要的关键概念及其关系，如数据类型、已知条件（状态）和目标（状态）、提出的假设以及控制策略等。

3）概念形式化，即确定用来组织知识的数据结构形式，应用人工智能中的各种知识表示方法把与概念化过程有关的关键概念、子问题及信息流特性等变换为比较正式的表达，它包括假设空间、过程模型和数据特性等。

4）形式规则化，即编制规则，把形式化了的知识变换为由编程语言表示的可供计算机执行的语句和程序。

5）规则合法化，即确认规则化了的知识的合理性，检验规则的有效性。

（2）原型机（Prototype）的开发与试验。在选定知识表达方法之后，即可着手建立整个系统所需要的实验子集，它包括整个模型的典型知识，而且只涉及与试验有关的足够简单的任务和推理过程。

（3）知识库的改进与归纳。反复对知识库及推理规则进行改进试验，归纳出更完善的结果。经过相当长时间（例如数月至两三年）的努力，使系统在一定范围内达到人类专家的水平。

专家系统的设计与建立步骤如图 3.3 所示。

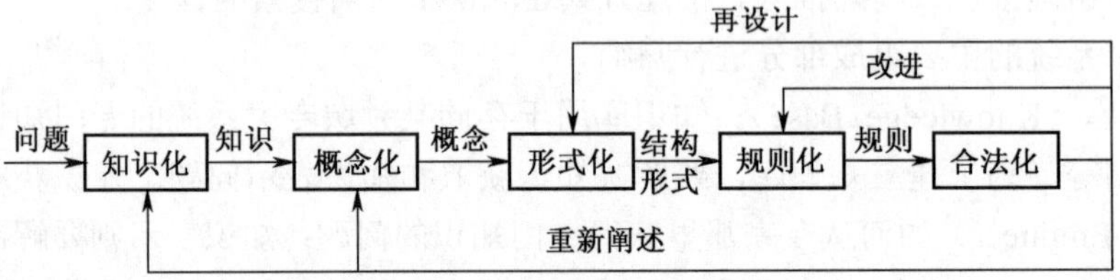

图 3.3 专家系统的设计与建立步骤

3.2 专家系统的主要类型及其结构

本节将根据专家系统的工作机理逐一讨论基于规则的专家系统、基于框架的专家系统和基于模型的专家系统（可分别简称“规则专家系统”“框架专家系统”和“模型专家系统”）的工作机理及结构。

3.2.1 基于规则的专家系统

1. 基于规则的专家系统的工作模型

产生式系统的思想比较简单，然而却十分有效。产生式系统是专家系统的基础，专家系统就是从产生式系统发展而成的。基于规则的专家系统是一个计算机程序，该程序使用一套包含在知识库内的规则对工作存储器内的具体问题信息（事实）进行处理，通过推理机推断出新的信息。其工作模型如图 3.4 所示。

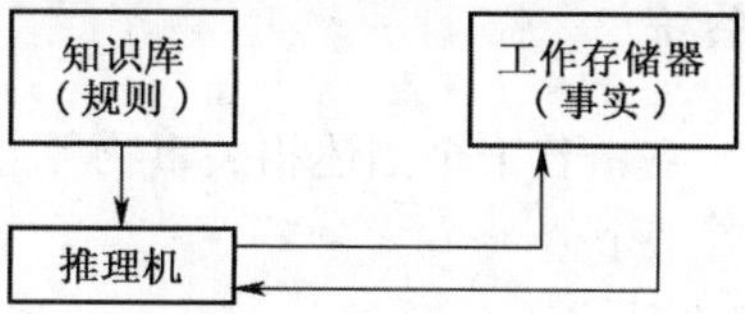

图 3.4 基于规则的专家系统的工作模型

从图 3.4 可见，一个基于规则的专家系统采用下列模块来建立产生式系统的模型：

（1）知识库。以一套规则建立拟人的长期存储器模型。

（2）工作存储器。建立拟人的短期存储器模型，存放问题事实和由规则激发而推断出的新事实。

（3）推理机。借助于把存放在工作存储器内的问题事实和存放在知识库内的规则结合起来，建立人的推理模型，以推断出新的信息。推理机作为产生式系统模型的推理模块，把事实与规则的先决条件（前项）进行比较，看看哪条规则能够被激活。通过这些激活规则，推理机把结论加进工作存储器并进行处理，直到再没有其他规则的先决条件能与工作存储器内的事实相匹配为止。

基于规则的专家系统不需要一个人类问题求解的精确匹配，而能够通过计算机提供一个复制问题求解的合理模型。

2. 基于规则的专家系统的结构

一个基于规则的专家系统的完整结构如图 3.5 所示。

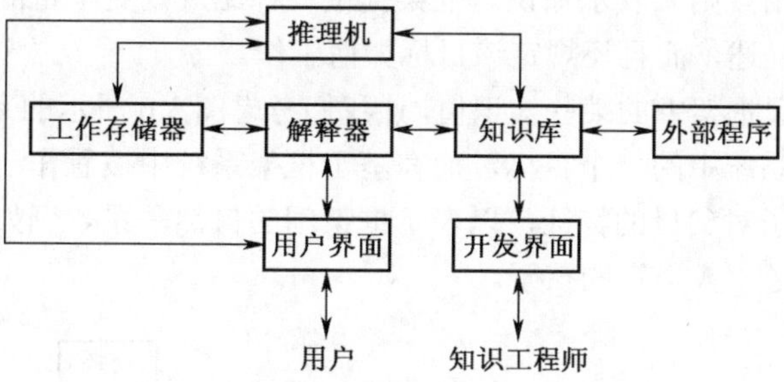

图 3.5 基于规则的专家系统的结构

其中，知识库、推理机和工作存储器是构成本专家系统的核心，已在上面叙述过。其他组成部分或子系统如下：

（1）用户界面（接口）。用户通过该界面来观察系统，并与系统对话（交互）。

（2）开发（者）界面。知识工程师通过该界面对专家系统进行开发。

（3）解释器。对系统的推理提供解释。

（4）外部程序。如数据库、扩展盘和算法等，对专家系统的工作起支持作用。它们应易于为专家系统所访问和使用。

所有专家系统的开发软件，包括外壳和库语言，都将为系统的用户和开发者提供不同的界面。用户可以使用简单的逐字逐句的指示或交互图示。在系统开发过程中，开发者可以采用原码方法或被引导至一个灵巧的编辑器。

解释器的性质取决于所选择的开发软件。大多数专家系统外壳（工具）只提供有限的解释能力，诸如，为什么提这些问题以及如何得到某些结论。库语言方法对系统解释器有更好的控制能力。

3.2.2 基于框架的专家系统

框架是一种结构化表示方法，它由若干个描述相关事物各方面及其概念的槽构成，每个槽拥有若干侧面，每个侧面又可拥有若干个值。

1. 面向目标编程与基于框架设计

基于框架的专家系统就是建立在框架基础之上的。一般概念存放在框架内，而该概念的一些特例则表示在其他框架内并含有实际的特征值。基于框架的专家系统采用了面向目标编程技术，以提高系统的能力和灵活性。现在，基于框架的设计和面向目标的编程共享许多特征，以致在应用“目标”和“框架”这两个术语时往往引起某些混淆。

面向目标编程所涉及的所有数据结构均以目标形式出现。每个目标含有两种基本信息，即描述目标的信息和说明目标能够做些什么的信息。用专家系统的术语来说，每个目标具有陈述知识和过程知识。面向目标编程为表示实际世界目标提供了一种自然的方法。我们观察的世界，一般都是由物体组成的，如小车、鲜花和蜜蜂等。

在设计基于框架的系统时，专家系统的设计者们把目标叫作框架。现在，从事专家系统开发研究和应用的人已交替使用这两个术语而不产生混淆。

2. 基于框架的专家系统的结构

与基于规则的专家系统的定义类似，基于框架的专家系统是一个计算机程序，该程序使用一组包含在知识库内的框架对工作存储器内的具体问题信息进行处理，通过推理机推断出新的信息。这里采用框架而不是采用规则来表示知识。框架提供一种比规则更丰富的获取问题知识的方法，不仅提供某些目标的包描述，而且还规定该目标如何工作。

为了说明设计和表示框架中的某些知识值，让我们考虑图 3.6 所示的人类框架结构。图 3.6 中，每个圆被看作面向目标系统中的一个目标，而在基于框架系统中被看作一个框架。用基于框架系统的术语来说，存在孩子对父母的特征，以表示框架间的自然关系。例如，约翰是父辈“男人”的孩子，而“男人”又是“人类”的孩子。

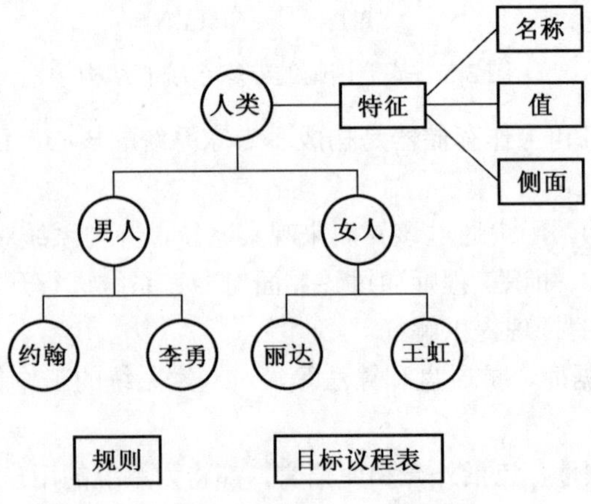

图 3.6　人类的框架分层结构

图3.6中，最顶部的框架表示“人类”这个抽象的概念，通常称为类（Class）。附于这个类框架的是“特征”，有时称为槽（Slots），是一个这类物体一般属性的表列。附于该类的所有下层框架将继承所有特征。每个特征有它的名称和值，还可能有一组侧面，以提供更进一步的特征信息。一个侧面可用于规定对特征的约束，或者用于执行获取特征值的过程，或者在特征值改变时做些什么。

图3.6的中层是两个表示“男人”和“女人”这种不太抽象的概念的框架，它们自然地附属于其前辈框架“人类”。这两个框架也是类框架，但附属于其上层类框架，所以称为子类（Subclass）。底层的框架附属于其适当的中层框架，表示具体的物体，通常称为例子（Instances），它们是其前辈框架的具体事物或例子。

这些术语——类、子类和例子（物体），用于表示对基于框架系统的组织。从图3.6还可以看到，某些基于框架的专家系统还采用一个目标议程表（Goal Agenda）和一套规则。该议程表仅仅提供要执行的任务表列。规则集合则包括强有力的模式匹配规则，它能够通过搜索所有框架寻找支持信息，从整个框架世界进行推理。

更详细地说，“人类”这个类的名称为“人类”，其子类为“男人”和“女人”，其特征有年龄、国籍、居住地、期望寿命等。子类和例子也有相似的特征，这些特征都可以用框架表示。

3.2.3 基于模型的专家系统

1. 基于模型的专家系统的提出

对人工智能的研究内容有着各种不同的看法。有一种观点认为：人工智能是对各种定性模型（物理的、感知的、认识的和社会的系统模型）的获取、表达及使用的计算方法进行研究的学问。根据这一观点，一个知识系统中的知识库是由各种模型综合而成的，而这些模型又往往是定性的模型。由于模型的建立与知识密切相关，所以有关模型的获取、表达及使用自然地包括了知识获取、知识表达和知识使用。所说的模型概括了定性的物理模型和心理模型等。以这样的观点来看待专家系统的设计，可以认为一个专家系统是由一些原理与运行方式不同的模型综合而成的。

采用各种定性模型来设计专家系统，其优点是显而易见的。一方面，它增加了系统的功能，提高了性能指标；另一方面，可独立地深入研究各种模型及其相关问题，把获得的结果用于改进系统设计。专家系统开发工具PESS（Purity Expert System）利用了四种模型，即基于逻辑的心理模型、神经元网络模型、定性物理模型以及可视知识模型。这四种模型不是孤立的，PESS支持用户将这些模型进行综合使用。基于这些观点，已完成了以神经网络为基础的核反应堆故障诊断专家系统及中医医疗诊断专家系统，为克服专家系统中知识获取这一瓶颈问题提供一种解决途径。定性物理模型则提供了对深层知识及推理的描述功能，从而提高了系统的问题求解与解释能力。可视知识模型既可有效地利用视觉知识，又可在系统中利用图形表达人类知识，并完成人机交互任务。

前面讨论过的基于规则的专家系统和基于框架的专家系统都是以逻辑心理模型为基础的，是采用规则逻辑或框架逻辑，并以逻辑作为描述启发式知识的工具而建立的计算机程序系统。综合各种模型的专家系统无论在知识表示、知识获取还是知识应用上都比那些基于逻辑心理模型的系统具有更强的功能，从而有可能显著改进专家系统的设计。

在诸多模型中，人工神经网络模型的应用最为广泛。早在1988年，就有人把神经网络应用于专家系统，使传统的专家系统得到发展。

2. 基于神经网络的专家系统

神经网络模型从知识表示、推理机制到控制方式，都与目前专家系统中的基于逻辑的心理模型有本质的区别。知识从显式表示变为隐式表示，这种知识不是通过人的加工转换成规则，而是通过学习算法自动获取的。推理机制从检索和验证过程变为网络上隐含模式对输入的竞争。这种竞争是并行的和针对特定特征的，并把特定论域输入模式中各个抽象概念转化为神经网络的输入数据，以及根据论域特点适当地解释神经网络的输出数据。

如何将神经网络模型与基于逻辑的心理模型相结合是值得进一步研究的课题。从人类求解问题来看，知识存储与低层信息处理是并行分布的，而高层信息处理则是顺序的。演绎与归纳是不可少的逻辑推理，两者结合起来能够更好地表现人类的智能行为。从综合两种模型的专家系统的设计来看，知识库由一些知识元构成，知识元可为一个神经网络模块，也可以是一组规则或框架的逻辑模块。只要对神经网络的输入转换规则和输出解释规则给予形式化表达，使之与外界接口及系统所用的知识表达结构相似，则传统的推理机制和调度机制都可以直接应用到专家系统中去，神经网络与传统专家系统的集成协同工作，优势互补。根据侧重点不同，其集成有三种模式：

（1）神经网络支持专家系统。以传统的专家系统为主，以神经网络的有关技术为辅。例如，对专家提供的知识和案例通过神经网络自动获取知识。又如运用神经网络的并行推理技术以提高推理效率。

（2）专家系统支持神经网络。以神经网络的有关技术为核心，建立相应领域的专家系统，采用专家系统的相关技术完成解释等方面的工作。

（3）协同式的神经网络专家系统。针对大的复杂问题，将其分解为若干子问题，针对每个子问题的特点选择用神经网络或专家系统加以实现，在神经网络和专家系统之间建立一种耦合关系。

图 3.7 表示一种神经网络专家系统的基本结构。自动获取模块输入、组织并存储专家提供的学习实例，选定神经网络的结构，调用神经网络的学习算法，使知识库实现知识获取。当新的学习实例输入后，知识获取模块通过对新实例的学习自动获得新的网络权值分布，从而更新了知识库。

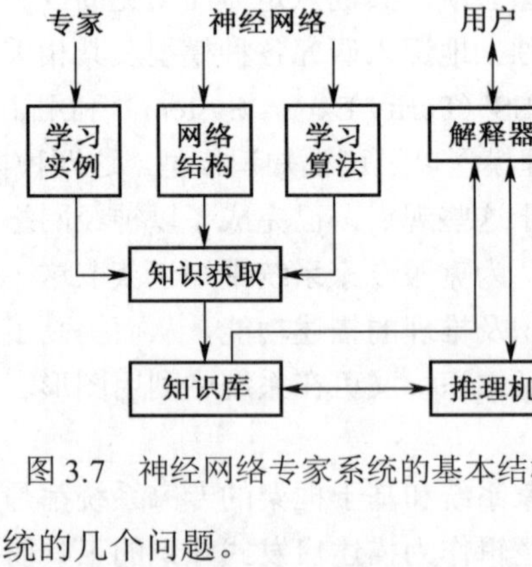

图 3.7 神经网络专家系统的基本结构

下面讨论神经网络专家系统的几个问题。

（1）神经网络的知识表示是一种隐式表示，是把某个问题领域的若干知识彼此关联地表示在一个神经网络中。对于组合式专家系统，同时采用知识的显式表示和隐式表示。

（2）神经网络通过实例学习实现知识自动获取。领域专家提供学习实例及其期望解，神经网络学习算法不断修改网络的权值分布。经过学习纠错而达到稳定权值分布的神经网络，也就是神经网络专家系统的知识库。

（3）神经网络的推理是一个正向非线性数值计算过程，同时也是一种并行推理机制。由于神经网络各输出节点的输出是数值，因而需要一个解释器对输出模式进行解释。

（4）一个神经网络专家系统可用加权有向图表示，或用邻接权矩阵表示，因此，可把同一知识领域的几个独立的专家系统组合成更大的神经网络专家系统，只要把各个子系统间有连接关系的节点连接起来即可。组合神经网络专家系统能够提供更多的学习实例，经过学习训练能够获得更可靠更丰富的知识库。与此相反，若把几个基于规则的专家系统组合成更大的专家系统，由于各知识库中的规则是各自确定的，因而组合知识库中的规则冗余度和不一致性都较大。也就是说，各子系统的规则越多，组合的大系统知识库越不可靠。

3.3　专家控制系统的结构与类型

定义 3.3　专家控制系统

应用专家系统概念和技术，模拟人类专家的控制知识与经验而建造的控制系统，称为专家控制系统。

专家系统与专家控制系统之间有一些重要的差别：

（1）专家系统只对专门领域的问题完成咨询作用，协助用户进行工作。专家系统的推理是以知识为基础的，其推理结果为知识项、新知识项或对原知识项的变更知识项。然而，专家控制系统需要独立地和自动地对控制作用做出决策，其推理结果可为变更的知识项，或者为启动（执行）某些解析算法。

（2）专家系统通常以离线方式工作，而专家控制系统需要获取在线动态信息，并对系统进行实时控制。实时要求会遇到下列一些难题：非单调推理、异步事件、基于时间的推理，以及其他实时问题。

源于自动控制领域的专家控制被视为求解控制问题的新示例，而且在过去20多年中在各种领域进行了许多开发与应用。工作在不同领域和具有不同专业背景的人们已对专家控制系统表现出巨大的热情和兴趣。

本节首先提出专家控制系统的控制要求与设计原则，然后介绍专家控制系统的结构与类型，最后讨论与说明专家控制器的实例。

3.3.1　专家控制系统的控制要求与设计原则

至今为止的自适应控制存在两个显著缺点，即要求具有准确的装置模型以及不能为自适应机理设定有意义的目标。专家控制器不存在这些缺点，因为它避开了装置的数学模型，并为自适应设计提供有意义的时域目标。

1. 专家控制系统的控制要求

一般说来，对专家控制系统没有统一的和固定的要求，这种要求是由具体应用决定的。不过，可以对专家控制系统提出一些综合要求：

（1）运行可靠性高。要求专家控制器具有较高的运行可靠性，它通常具有方便的监控能力。

（2）决策能力强。大多数专家控制系统具有不同水平的决策能力。专家控制系统能够处理不确定性、不完全性和不精确性之类的问题，这些问题难以用常规控制方法解决。

（3）应用通用性好。包括易于开发、示例多样性、便于混合知识表示、全局数据库的活动维数、基本硬件的机动性、多种推理机制（如假想推理、非单调推理和近似推理）以及开放式的可扩充结构等。

（4）控制与处理的灵活性。包括控制策略的灵活性、数据管理的灵活性、经验表示的灵活性、解释说明的灵活性、模式匹配的灵活性、过程连接的灵活性等。

（5）拟人能力。专家控制系统的控制水平必须达到人类专家的水准。

专家控制系统的控制要求是根据应用情况指定的。例如，有个过程控制对其专家控制器的具体要求与下列情况有关：连续操作，对不同工作档级采用多重专家操作，输入材料质量的不相容性，随时间逐渐改变的过程，非常复杂的装置结构，多传感器，对不同的控制任务采用适当的与不同的装置描述级别，以及装置的模型可能具有不同的形式等。

2. 专家控制器的设计原则

根据上述讨论，可以进一步提出以下专家控制器的设计原则。

（1）模型描述的多样性。在设计过程中，对被控对象和控制器的模型应采用多样化的描述形式，不应拘泥于单纯的解析模型。现有的控制理论对控制系统的设计都依赖于受控对象的数学解析模型。在专家式控制器的设计中，由于采用了专家系统技术，能够处理各种定性的与定量的、精确的与模糊的信息，因而允许对模型采用多种形式的描述。这些描述形式主要有：

1）解析模型。主要表达方式有：微分方程、差分方程、传递函数、状态空间表达式和脉冲传递函数等。

2）离散事件模型。用于离散系统，并在复杂系统的设计和分析方面找到更多的应用。

3）模糊模型。在不知道对象的准确数学模型而只掌握了受控过程的一些定性知识时，用模糊数学的方法建立系统的输入和输出模糊集以及它们之间的模糊关系则较为方便。

4）规则模型。产生式规则的基本形式为

IF（条件） THEN（操作或结论） （3.1）

这种基于规则的符号化模型特别适于描述过程的因果关系和非解析的映射关系等。它具有较强的灵活性，可方便地对规则加以补充或修改。

5）基于模型的模型。对于基于模型的专家系统，其知识库含有不同的模型，其中包括物理模型和心理模型（如神经网络模型和视觉知识模型等），而且通常是定性模型。这种方法能够通过离线预计算来减少在线计算，产生简化模型使之与所执行的任务逐一匹配。

此外，还可根据不同情况采用其他类型的描述方式。例如，用谓词逻辑来建立系统的因果模型，用符号矩阵来建立系统的联想记忆模型等。

总之，在专家式控制器的设计过程中，应根据不同情况选择一种或几种恰当的描述方式，以求更好地反映过程特性，增强系统的信息处理能力。

专家式控制器一般模型可用如下形式表示：

$$U = f(E,K,I,G) \tag{3.2}$$

式中，f为智能算子。其基本形式为

$$\text{IF} \quad E \quad \text{AND} \quad K \quad \text{THEN}\ (\text{IF} \quad I \quad \text{THEN}\ U) \tag{3.3}$$

式中，E 为控制器输入集，$E = \{e_1,e_2,\cdots,e_m\}$；$K$ 为知识库中的经验数据与事实集，$K = \{k_1,k_2,\cdots,k_n\}$；$I$ 为推理机构的输出集，$I = \{i_1,i_2,\cdots,i_p\}$；$U$ 为控制器输出集，$U = \{u_1,u_2,\cdots,u_q\}$。

智能算子的基本含义是：根据输入信息 E 和知识库中的经验数据 K 与规则进行推理，然后根据推理结果 I 输出相应的控制行为 U。智能算子的具体实现方式可采用前面介绍的各种方式（包括解析型和非解析型）。图 3.8 中给出了这些参量的位置。

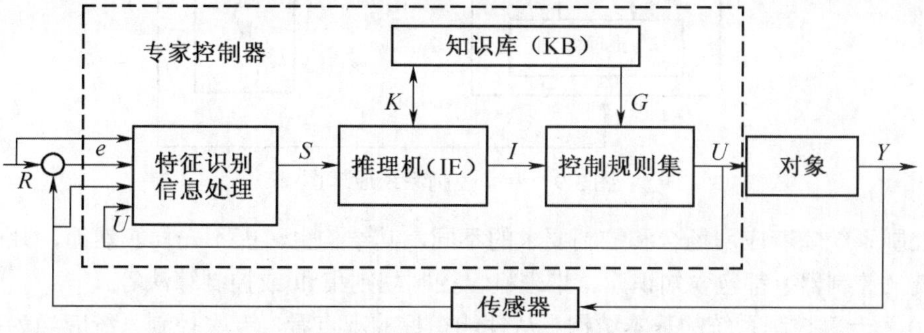

图 3.8　工业专家控制器简化结构图

（2）在线处理的灵巧性。智能控制系统的重要特征之一就是能够以有用的方式来划分和构造信息。在设计专家式控制器时应十分注意对过程在线信息的处理与利用。在信息存储方面，应对对作出控制决策有意义的特征信息进行记忆，对于过时的信息则应加以遗忘；在信息处理方面，应把数值计算与符号运算结合起来；在信息利用方面，应对各种反映过程特性的特征信息加以抽取和利用，不要仅限于误差和误差的一阶导数。灵活地处理与利用在线信息将提高系统的信息处理能力和决策水平。

（3）控制策略的灵活性。控制策略的灵活性是设计专家式控制器所应遵循的一条重要原则。工业对象本身的时变性与不确定性以及现场干扰的随机性要求控制器采用不同形式的开环与闭环控制策略，并能通过在线获取的信息灵活地修改控制策略或控制参数，以保证获得优良的控制品质。此外，专家式控制器中还应设计异常情况处理的适应性策略，以增强系统的应变能力。

（4）决策机构的递阶性。人的神经系统是由大脑、小脑、脑干、脊髓组成的一个递阶决策系统。以仿智为核心的智能控制，其控制器的设计必然要体现递阶原则，即根据智能水平的不同层次构成分级递阶的决策机构。

（5）推理与决策的实时性。对于设计用于工业过程的专家式控制器，这一原则必不可少。这就要求知识库的规模不宜过大，推理机构应尽可能简单，以满足工业过程的实时性要求。

由于专家式控制器在模型的描述上采用多种形式，就必然导致其实现方法的多样性。虽然构造专家式控制器的具体方法各不相同，但归纳起来，其实现方法可分为两类：一类是保留控制专家系统的结构特征，但其知识库的规模小，推理机构简单；另一类是以某种控制算法（例如 PID 算法）为基础，引入专家系统技术，以提高原控制器的决策水平。专家式控制器虽然功能不如专家控制系统完善，但结构较简单，研制周期短，实时性好，具有广阔的应用前景。

3.3.2　专家控制系统的结构

图 3.9 给出了专家控制系统的原理图。从图 3.9 中可见，以专家控制器取代传统控制，如反馈控制系统中的 PID 控制器，即可构成专家控制系统。如同专家系统一样，知识库和推理机是专家控制器的核心组成部分。

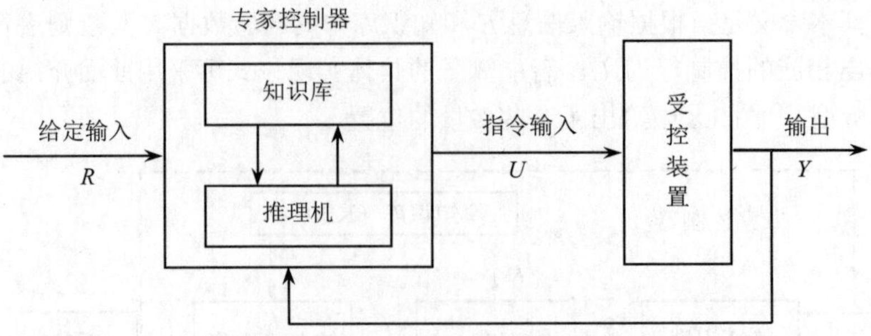

图 3.9　专家控制系统原理图

专家控制系统随着应用场合和控制要求的不同，其结构也可能不一样。然而，几乎所有的专家控制系统（控制器）都包含知识库、推理机、控制规则集和/或控制算法等。

图 3.10 为专家控制系统的基本结构。从性能指标的观点看，专家控制系统应当为控制目标提供同师傅或专家操作时得到的一样或十分相似的性能指标。

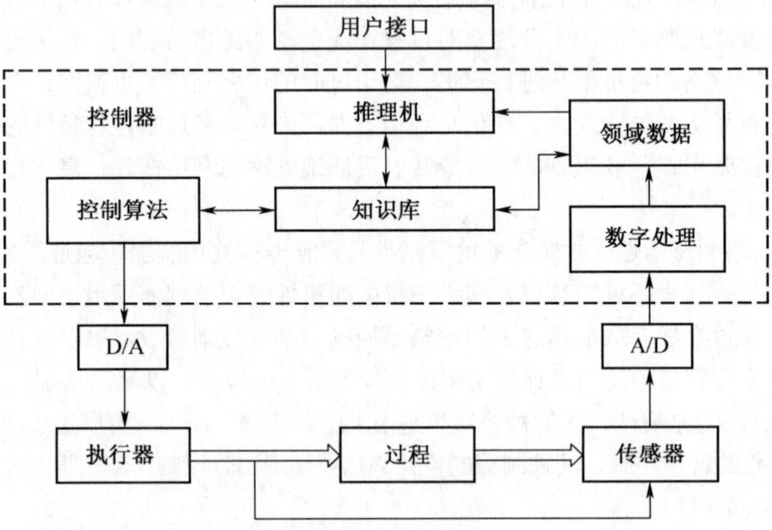

图 3.10　专家控制系统基本结构

下面讨论两种专家控制器的具体结构。

1. 工业专家控制器

专家控制器（EC）的基础是知识库（KB），知识库存放工业过程控制的领域知识，由经验数据库（DB）和学习与适应装置（LA）组成。经验数据库主要存储经验和事实。学习与适应装置的功能就是根据在线获取的信息补充或修改知识库内容，改进系统性能，以便提高问题求解能力。图 3.11 给出了一种工业专家控制器的结构图。

建立知识库的主要问题是如何表达已获取的知识。EC 的知识库用产生式规则来建立，这种表达方式具有较高的灵活性，每条产生式规则都可独立地增删、修改，使知识库的内容便于更新。

控制规则集（CRS）是对受控过程的各种控制模式和经验的归纳与总结。由于规则条数不多，搜索空间很小，推理机（IE）就十分简单，采用向前推理方法逐次判别各种规则的条件，满足则执行，否则继续搜索。

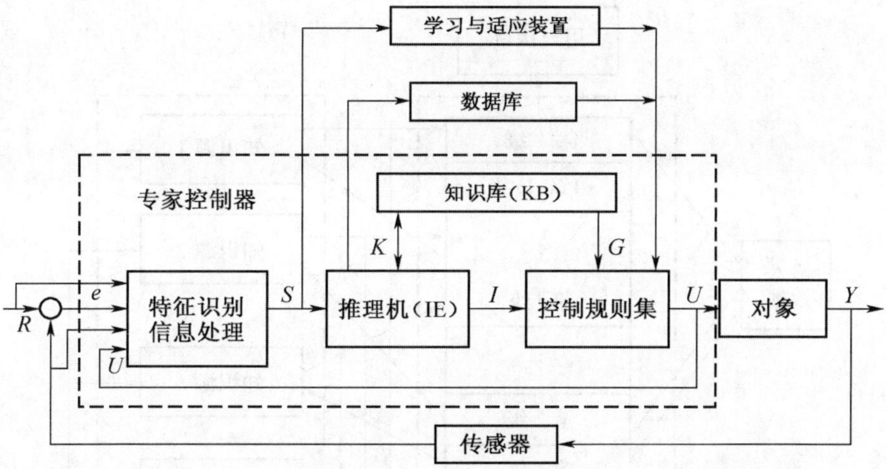

图 3.11　工业专家控制器结构图

特征识别与信息处理（FR&IP）部分的作用是实现对信息的提取与加工，为控制决策和学习适应提供依据。它主要包括抽取动态过程的特征信息，识别系统的特征状态，并对这些特征信息进行必要的加工。

专家控制器的输入集为

$$E=(R,e,Y,U) \tag{3.4}$$

$$e=R-Y \tag{3.5}$$

式中，R 为参考控制输入；e 为误差信号；Y 为受控输出；U 为控制器的输出集。

I、G、U、K 和 E 之间的关系已由式（3.2）表示，即

$$U=f(E,K,I,G)$$

式中，智能算子 f 为几个算子的复合运算：

$$f=g\cdot h\cdot p \tag{3.6}$$

式中，g、h、p 也是智能算子，而且有：

$$\left.\begin{aligned} g&:E\to S\\ h&:S\times K\to I\\ p&:I\times G\to U\end{aligned}\right\} \tag{3.7}$$

式中，S 为特征信息输出集；G 为规则修改指令。

这些算子具有下列形式：

$$\text{IF } A \quad \text{THEN } B \tag{3.8}$$

其中，A 为前提或条件，B 为结论。A 与 B 之间的关系也可以包括解析表达式、模糊关系、因果关系和经验规则等多种形式。B 还可以是一个规则子集。

2. 黑板专家控制系统

另一种专家控制系统，即黑板专家控制系统的结构如图 3.12 所示。

黑板结构是一种强功能的专家系统结构和问题求解模型，它能够处理大量不同的、错误的和不完全的知识，以求解问题。基本黑板结构是由一个黑板（BB）、一套独立的知识源（KSs）和一个调度器组成。黑板为一个共享数据区；知识源存储各种相关知识；调度器起控制作用。黑板系统提供了一种用于组织知识应用和知识源之间合作的工具。

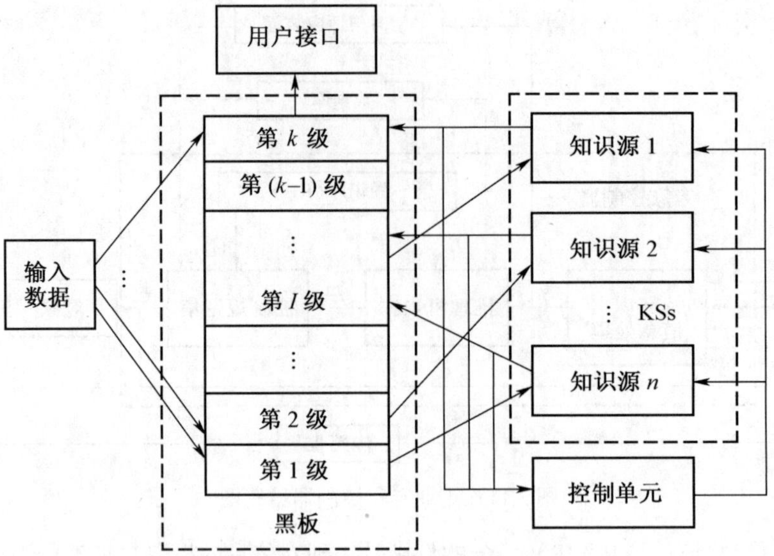

图 3.12 黑板专家控制系统结构

黑板系统的最大优点在于它能够提供控制的灵活性及综合各种不同的知识表示和推理技术。黑板控制系统由三个部分组成：

（1）黑板（BB）。黑板用于存储所有知识源可访问的知识，它的全局数据结构被用于组织问题求解数据，并处理各知识源之间的通信问题。放在黑板上的对象可以是输入数据、局部结果、假设、选择方案和最后结果等。各知识源之间的交互作用是通过黑板执行的。一个黑板可被分割为无数个子黑板。也就是说，按照求解问题的不同方面，可把黑板分为几个黑板层，如图 3.12 中的第 1 层至第 k 层。因此，各种对象可被递阶地组织进不同的分析层级。

在黑板上的每一记录条目可有个相关的置信因子，这是系统处理知识不确定性的一种方法。黑板的机理能够保证在每个知识源与已求得的局部解之间存在一个统一的接口。

（2）知识源（KSs）。知识源是领域知识的自选模块。每个知识源可视为专门用于处理一定类型的较窄领域信息或知识的独立程序，而且具有决定是否应当把自身信息提供给问题求解过程的能力。黑板系统中的知识源是独立分开的，每个知识源具有自己的工作过程或规则集合和自有的数据结构，包含知识源正确运行所必需的信息。知识源的动作部分执行实际的问题求解，并产生黑板的变化。知识源能够遵循各种不同的知识表示方法和推理机制。因此，知识源的动作部分可为一个含有正向/逆向搜索的产生式规则系统，或者是一个具有填槽过程的基于框架的系统。

（3）控制器。黑板系统的主要求解机制是由某个知识源向黑板增添新的信息开始的。然后，这一事件触发其他对新送来的信息感兴趣的知识源。接着，对这些被触发的知识源执行某些测试过程，以决定它们是否能够被合法执行。最后，一个被触发了的知识源被选中，执行向黑板增添信息的任务。这个循环不断进行下去。

控制黑板是一个含有控制数据项的数据库，控制器应用这些数据项从一组潜在可执行的知识源中挑选出一个供执行用的知识源。高层规划和策略应在程序执行前以最适合问题状况的方式决定和选择。一组控制知识源能够不断建构规划以达到系统性能。这些规划描述了求解控制问题所需的作用。规划执行后，控制黑板上的信息得以增补或修改。然后，控制器应用任何一个记录在控制黑板上的启发性控制方法实现控制作用。

黑板的控制结构使得系统能够对那些与当前挑选的中心问题相匹配的知识源给予较高的优先权。这些注意的中心可在控制黑板上变化。因此，该系统能够探索和决定各种问题求解策略，并把注意力集中到最有希望的可能解答上。

3.3.3　专家控制系统的类型

我们曾根据系统结构的复杂性把专家控制系统分为两种形式，即专家控制系统和专家控制器。现在将按照系统的作用机理来讨论专家控制系统的结构类型。

专家控制器有时又称基于知识控制器。以基于知识控制器在整个系统中的作用为基础，可把专家控制系统分为直接专家控制系统和间接专家控制系统两种。在直接专家控制系统中，控制器向系统提供控制信号，并直接对受控过程产生作用，如图 3.13（a）所示。在间接专家控制系统中，控制器间接地对受控过程产生作用，如图 3.13（b）所示。间接专家控制系统又可称监控式专家控制系统或参数自适应控制系统。

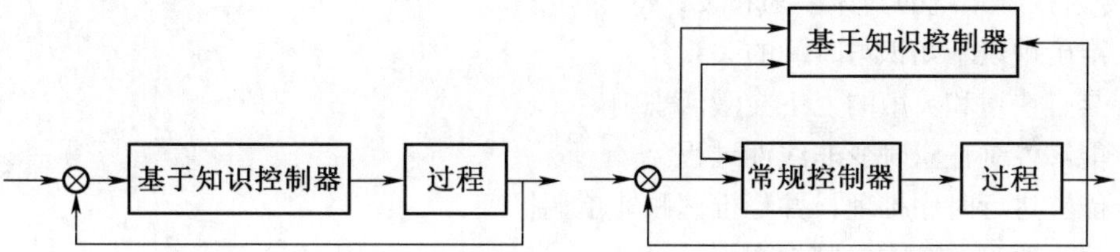

（a）控制器直接对受控制过程产生作用　　（b）控制器间接对受控制过程产生作用

图 3.13　两种专家控制系统

上述两种控制系统的主要区别体现在知识的设计目标上。直接专家控制系统的基于知识控制器直接模仿人类专家或人类的认知能力，并为控制器设计两种规则：训练规则和机器规则。训练规则由一系列产生式规则组成，它们把控制误差直接映射为受控对象的作用。机器规则是由积累和学习人类专家/师傅的控制经验得到的动态规则，并用于实现机器的学习过程。在间接专家系统中，智能（基于知识）控制器用于调整常规控制器的参数，监控受控对象的某些特征，如超调、上升时间和稳定时间等，然后拟定校正 PID 参数的规则，以保证控制系统处于稳定的和高质量的运行状态。

3.4　专家控制系统应用举例

近十年来，在过程（流程）工业中开发和应用专家系统的兴趣与日俱增，其中大部分涉及监控和故障诊断，而且越来越多的专家系统被用于实时过程控制。

3.4.1　实时控制系统的特点与要求

定义 3.4　实时控制系统

如果一个控制系统对受控过程表现出预定的足够快的实时行为，且具有严格的响应时间限制而与所用算法无关，那么这种系统就称为实时控制系统。

实时系统与非实时系统（如医疗诊断系统）的根本区别在于，实时系统具有与外部环境及时交互作用的能力。换句话说，实时系统得出结论要比装置（对象、过程）快。某些常见的实时控制系统包括简单的控制器（如家用电器）和监控系统（如报警系统）等。在飞行模拟、导弹制导、机器人控制和工业过程等系统中，已经应用许多比较复杂的实时系统。这些系统都具有一个共性，即当它们与变化的外部环境交互作用时，都受到处理（控制）时间的约束。实时约束意味着专家控制系统应当自动适应受控过程。

专家系统与实时系统在控制上的集成是开发专家系统技术和实时系统技术的一个合乎逻辑的步骤。实时专家控制系统能够在广泛范围内代替或帮助操作人员进行工作。支持开发实时专家控制系统的一个理由是能够减轻操作者识别负担，从而提高生产效率。

为了提高实时专家控制系统的执行速度，需要采用特别技术。要实现实时推理与决策，专家控制系统的知识库的规模不应太大，推理机制应尽可能简单，一些关键规则可用较低级语言（如 C 语言或汇编语言）编写。对某些软件包采用调试监督程序。知识库可被分区，使得不同类型的知识能分别由单独的处理器执行处理，这就是已介绍过的黑板技术；每一单独处理器可看作独立专家，各处理器之间通过把各自的推理过程结果置于黑板来实现通信；在黑板上，另一专家系统能够获得与应用这些结果。

实时专家控制系统的具体要求和设计特点如下：

（1）准确地表示知识与时间的关系。

（2）具有快速和灵敏的上下文激活规则。

（3）能够控制任意时变非线性过程。

（4）能够进行时序推理、并行推理和非单调推理。

（5）修正序列的基本控制知识。

（6）具有中断过程和异步事件处理能力。

（7）及时获取动态和静态过程信息，以便对控制系统进行实时序列诊断。

（8）有效回收不再需要的存储元件，并保持传感器的过程。

（9）接受来自操作者的交互指令序列。

（10）连接常规控制器和其他应用软件。

（11）能够进行多专家系统之间以及专家系统与用户之间的通信。

下面以高炉监控专家系统为例，讨论实时专家控制系统的设计和应用问题。

3.4.2 高炉监控专家系统

1. 高炉控制概况

高炉生产过程的操作是一个十分复杂的过程。铁矿和焦炭从炉顶加入，而鼓风机则由底部吹风。为保证生铁冶炼的质量，高炉安装了几百个传感器，从采集的数据中观察高炉内的状况。早已采用计算机对炼铁的高炉进行控制和管理，这种管理控制系统往往采用复杂的数学模型，具有以下三个主要的功能（图 3.14）：

（1）数据分析：分析和采集传感器的数据。

（2）炉内静态状况分析：当操作约束条件改变很大时，要根据分析结果来寻求最合适的操作方法。

（3）炉况诊断：控制操作过程基本上是基于传感器数据的采集、分析和过程模型的建立。当炉况比较稳定时，这种操作是比较有效的。但是，当炉内状况非常复杂，发生不正常工况而严重干扰炉子运行时，许多操作还是要依靠有经验的操作员或专家的知识和经验。因此有必要引入专家系统或智能控制系统来改善高炉运行条件，以求提高生铁的质量。

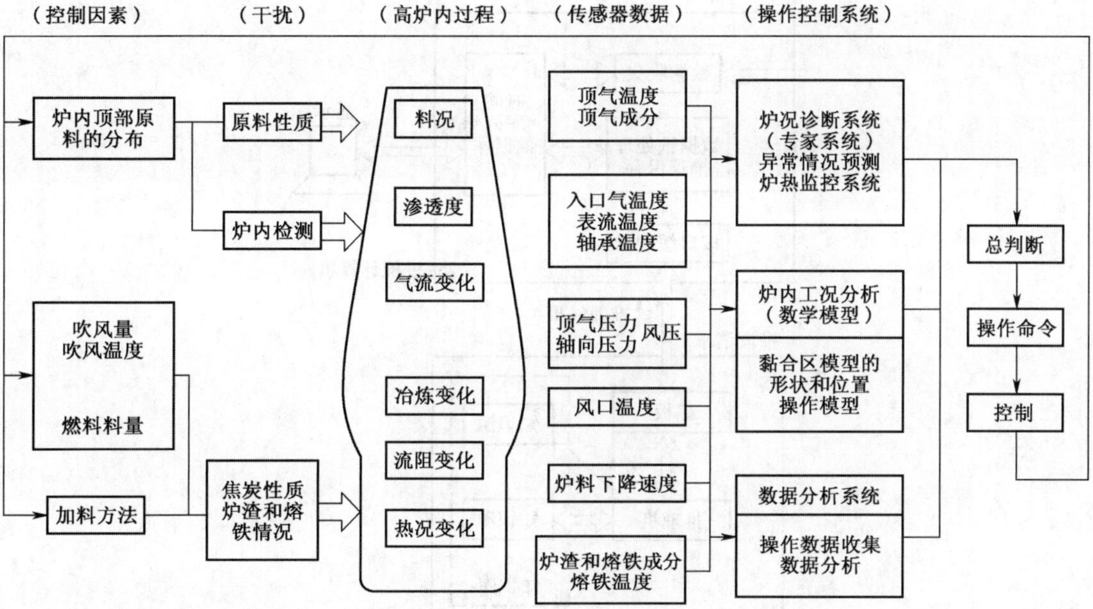

图 3.14　高炉监控的操作及功能

开发和建立专家控制系统对高炉进行控制，其主要目的有三个：

（1）利用人工智能技术，建立准确的控制系统。

（2）将高炉操作技术标准化和规范化。

（3）灵活处理经常性的系统变化要求。

2. 高炉监控专家系统的结构与功能

该监控系统由两部分组成：一是异常炉况预测系统（AFS），用于预测炉内炉料滑动和沟道的产生情况；二是高炉熔炼监控系统（HCS），用于判断炉内熔炼过程并指导操作员对高炉进行合理的操作。

这是一个观察和控制型的专家系统，能够处理时间序列数据，具有实时性。为了实现这些特性，系统应具有两部分功能（图 3.15）：一是推理的预处理部分，它用常规的方法在过程计算机上执行；二是推理部分，它用知识工程技术在人工智能（AI）处理器上实现。前者采集传感器的数据，并把它们寄存在时间序列数据库中，经预处理后形成推理所需的事实数据，且显示推理结果。后者利用从前者所产生的事实数据和知识库的规则对高炉的状况进行推理。

3. 监控专家系统开发过程

本专家系统的开发工具基于 LISP 语言，常规算法的开发采用 FORTRAN 语言。

对于高炉控制与诊断这样具体的专家系统，其开发过程大体如图 3.16 所示。图中各阶段的工作内容说明如下：

（1）决定目标：明确系统的功能与所涉及的范围。

（2）获取知识：研究有关高炉领域的技术文献资料和高炉操作员手册；从领域专家搜集知识。

（3）知识的汇编与系统化：把专家的思维过程进行归纳整理分类；检查其合理性和存在的矛盾；传感器数据模式整理和分类、数据滤波、分级和求导（差分）；知识模糊性（不确定性）的表示。

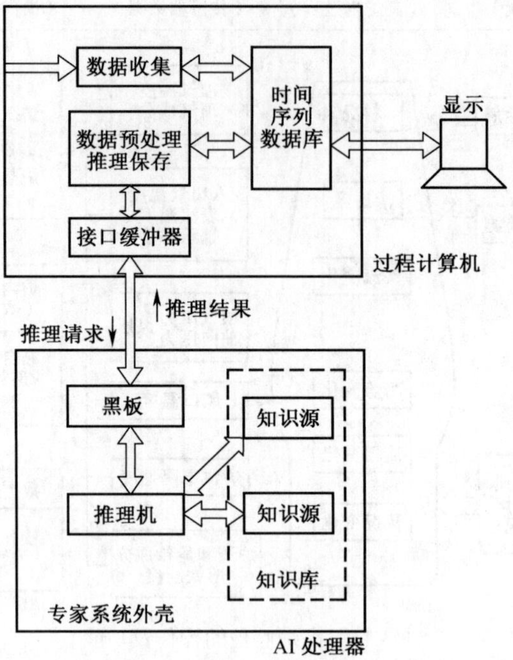

图 3.15　高炉监控专家系统的结构

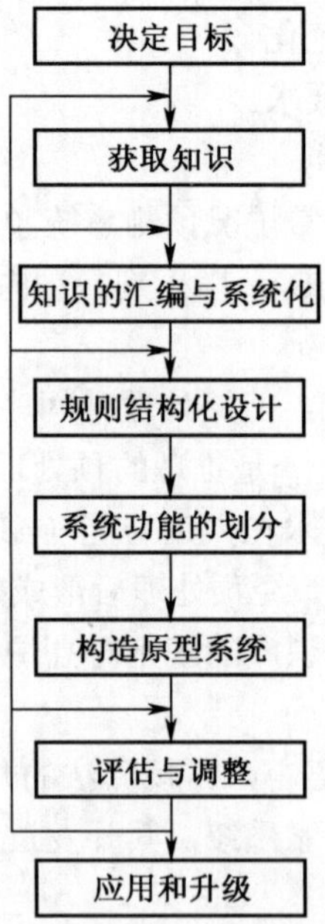

图 3.16　系统开发过程框图

（4）规则结构化设计：将规则分组和结构化，考虑推理的速度。

（5）系统功能的划分：实现在线实时处理；将系统功能划分为预处理和推理两部分。

（6）构造原型系统：描述规则和黑板模型；将实际系统和测试系统形式化。

（7）评估与调整：利用离线测试系统调试系统；检查系统的有效性；调节确定性因子的值。

（8）应用和升级：增加和校正规则。

上述各个步骤中，知识的获取是关键，它要解决的问题涉及如下内容：

（1）如何表达知识库和规则库中的经验知识的不确定性，以便构成高度准确的系统。

（2）如何获取专家自己意识不到或不很明确的知识（对专家而言这种知识也许是常识性的）。

（3）利用某些条件，对密集性知识进行分解。

在专家系统开发中必须得到专家（包括操作员和工厂职员）的全力协助。

3.5　本章小结

3.1 节研究了专家系统的基本问题，包括专家系统的定义、类型、结构和建造步骤等。

3.2 节讨论了基于不同技术建立的专家系统，即基于规则的专家系统、基于框架的专家系统和基于模型的专家系统。从这些系统的工作原理和模型可以看出，人工智能的各种技术和方法在专家系统中得到了很好的结合和应用。

3.3 节阐述专家控制系统的结构和类型，包括控制要求、设计原则、结构和类型。大多数专家控制器/控制系统具有递阶结构。根据系统的复杂性，可把专家控制系统分为两类，即专家控制器和专家控制系统。专家控制器的应用更为广泛，尤其是在工业过程控制上的应用。按照系统的控制机理，又可把专家控制系统分为直接专家控制系统和间接专家控制系统两种。前者由控制器直接向受控过程提供控制信号，后者由控制器间接对受控过程发生作用。

3.4 节举例说明了专家控制系统的应用，即用于控制炼铁高炉温度的实时监控专家系统。通过这个应用实例，读者对专家控制系统的结构、设计方法与实现会有更多和更好的了解。仿真和应用结果已经表明，专家控制系统（控制器）具有优良的性能，并具有广泛的应用领域。

习　题　3

3-1　专家系统是如何定义的？专家系统的作用是什么？

3-2　试述专家系统的构成和各部分的作用。

3-3　建造专家系统有哪些关键步骤？初始知识库是如何设计的？

3-4　基于规则的专家系统是如何工作的？其结构怎样？

3-5　基于框架的专家系统与面向目标编程有什么关系？其结构有哪些特点？其设计任务是什么？

3-6　为什么要提出基于模型的专家系统？试述神经网络专家系统的一般结构。

3-7　专家控制的理论基础是什么？

3-8　什么是专家控制和专家控制系统？

3-9　对专家控制系统有哪些要求？它应遵循哪些设计原则？

3-10　试给出专家控制系统的一般结构，举例说明专家控制系统的组成和各部分的作用。

3-11　专家控制系统有哪几种类型？它们有什么区别？

3-12　举例说明实时专家控制系统的工作原理及其实现。

第 4 章 模糊控制

人们通常把“模糊”理解为不清晰或不精确等。然而，本章所讨论的模糊技术和模糊控制却不是这种含义，其技术要比一般方法更为精确。1965 年扎德（Zadeh）提出的模糊集理论成为处理现实世界各类物体的方法。此后，对模糊集合和模糊控制的理论研究和实际应用获得广泛开展。在过去 40 多年中，模糊控制也是智能控制的一个十分活跃的研究与应用领域。

模糊控制是一类应用模糊集合理论的控制方法。一方面，模糊控制提出一种新的机制用于实现基于知识（规则）甚至语义描述的控制规律。另一方面，模糊控制为非线性控制器提出一个比较容易的设计方法，尤其是当受控装置（对象或过程）含有不确定性而且很难用常规非线性控制理论处理时更是有效。

本章将首先结合例题简述用于控制的模糊集合和模糊逻辑的基本知识；接着探讨模糊逻辑控制的原理、结构和模糊控制器的设计；然后讨论模糊控制的实现，并举例说明模糊控制系统的应用。

4.1 模糊数学基础

模糊控制是建立在模糊集合、模糊逻辑和模糊判决基础上的。本节将简要介绍模糊控制要用到的模糊数学的基本概念、运算法则等。

4.1.1 模糊集合、模糊逻辑及其运算

首先介绍模糊集合与模糊逻辑的若干定义。

设 U 为某些对象的集合，称为论域，可以是连续的或离散的；u 表示 U 的元素，记作 $U=\{u\}$。

定义 4.1 模糊集合（Fuzzy Sets）

论域 U 到[0,1]区间的任一映射 μ_F，即 $\mu_F: U \to [0,1]$，都确定 U 的一个模糊子集 F；μ_F 称为 F 的隶属函数（Membership Function）或隶属度（Grade of Membership）。也就是说，μ_F 表示 u 属于模糊子集 F 的程度或等级。在论域 U 中，可把模糊子集表示为元素 u 与其隶属函数 $\mu_F(u)$ 的序偶集合，记为

$$F = \{(u, \mu_F(u)) \mid u \in U\} \tag{4.1}$$

若 U 是连续的，则模糊集 F 可记作：

$$F = \int_U \mu_F(u)/u \tag{4.2}$$

值得指出的是，式（4.2）中的“∫”并不表示“积分”，只是借用来表示集合的一种方法。

若 U 是离散的，则模糊集 F 可记为

$$\begin{aligned} F &= \mu_F(u_1)/u_1 + \mu_F(u_2)/u_2 + \cdots + \mu_F(u_n)/u_n \\ &= \sum_{i=1}^{n} \mu_F(u_i)/u_i \qquad i = 1, 2, \cdots, n \end{aligned} \tag{4.3}$$

值得注意的是，这里的“∑”并不表示“求和”，只是借用来表示集合法；符号“/”不表示分数，只是表示元素 u_i 与其隶属度 $\mu_F(u_i)$ 之间的对应关系；符号“+”也不表示“加法”，仅仅是个记号，表示模糊集合在论域上的整体。

例 4.1 在论域 $U = \{1,2,3,4,5,6,7,8,9\}$ 中，讨论“几个”这一模糊概念。根据经验，可以定量地给出它们的隶属度函数，模糊集合“几个”可以表示为

$$F = 0/1 + 0/2 + 0.8/3 + 1/4 + 1/5 + 0.8/6 + 0.4/7 + 0/8 + 0/9$$

由上式可以看出，四个、五个的隶属度为 1，说明用“几个”表示四五个的可能性最大；而三个、六个对于“几个”这个模糊概念的隶属度为 0.8；通常不采用“几个”来表示一个、两个或八个、九个，所以它们的隶属度为 0。

定义 4.2 模糊支集及模糊单点

如果模糊集是论域 U 中所有满足 $\mu_F(u) > 0$ 的元素 u 构成的集合，则称该集合为模糊集 F 的支集。当 u 满足 $\mu_F = 1.0$ 时，则称此模糊集为模糊单点。

定义 4.3 模糊集的运算

设 A 和 B 为论域 U 中的两个模糊集，其隶属函数分别为 μ_A 和 μ_B，则对于所有 $u \in U$，存在下列运算：

（1）A 与 B 的并（逻辑或）记为 $A \cup B$，其隶属函数定义为

$$\mu_{A\cup B}(u)=\mu_A(u)\vee\mu_B(u)$$
$$=\max\{\mu_A(u),\mu_B(u)\} \tag{4.4}$$

（2）A 与 B 的交（逻辑与）记为 $A\cap B$，其隶属函数定义为

$$\mu_{A\cap B}(u)=\mu_A(u)\wedge\mu_B(u)$$
$$=\min\{\mu_A(u),\mu_B(u)\} \tag{4.5}$$

（3）A 的补（逻辑非）记为 $\overline{A}$，其传递函数定义为

$$\mu_{\overline{A}}(u)=1-\mu_A(u) \tag{4.6}$$

定义 4.4　常规集合的许多运算特性对模糊集合也同样成立。设模糊集合 A、B、$C\in U$，则其并、交和补运算满足下列基本规律：

（1）幂等律

$$A\cup A=A,\ A\cap A=A \tag{4.7}$$

（2）交换律

$$A\cup B=B\cup A,\ A\cap B=B\cap A \tag{4.8}$$

（3）结合律

$$(A\cup B)\cup C=A\cup(B\cup C)$$
$$(A\cap B)\cap C=A\cap(B\cap C) \tag{4.9}$$

（4）分配律

$$A\cup(B\cap C)=(A\cup B)\cap(A\cup C)$$
$$A\cap(B\cup C)=(A\cap B)\cup(A\cap C) \tag{4.10}$$

（5）吸收律

$$A\cup(A\cap B)=A,\ A\cap(A\cup B)=A \tag{4.11}$$

（6）同一律

$$A\cap E=A,\ A\cup E=E$$
$$A\cap\phi=\phi,\ A\cup\phi=A \tag{4.12}$$

式中，ϕ 为空集，E 为全集，即 $\phi=\overline{E}$。

（7）DeMorgan 律

$$-(A\cap B)=-A\cup-B$$
$$-(A\cup B)=-A\cap-B \tag{4.13}$$

（8）复原律

$$\overline{\overline{A}}=A\text{，即}-(-A)=A \tag{4.14}$$

（9）对偶律（逆否律）

$$\overline{A\cup B}=\overline{A}\cap\overline{B},\ \overline{A\cap B}=\overline{A}\cup\overline{B}$$

即

$$-(A\cup B)=-A\cap-B,\ -(A\cap B)=-A\cup-B \tag{4.15}$$

（10）互补律不成立，即

$$-A\cup A\neq E,\ -A\cap A\neq\phi \tag{4.16}$$

例 4.2　设论域 $U=\{u_1,u_2,u_3,u_4\}$，A、B、C 是该论域上的三个模糊集合，已知 $A=0.2/u_1+0.3/u_2+0.7/u_3+0.6/u_4$，$B=0.1/u_1+0.4/u_2+0.6/u_3+1.0/u_4$，$C=0.4/u_1+1.0/u_2+0.8/u_3+0.2/u_4$。试求模糊集合 $R=A\cap B\cap C$、$S=A\cup B\cup C$ 和 $T=A\cap B\cup C$。

解： 利用模糊集合的基本运算法则和基本定律可得

$$R=\frac{0.2\wedge 0.1\wedge 0.4}{u_1}+\frac{0.3\wedge 0.4\wedge 1.0}{u_2}+\frac{0.7\wedge 0.6\wedge 0.8}{u_3}+\frac{0.6\wedge 1.0\wedge 0.2}{u_4}$$

$$=\frac{0.1}{u_1}+\frac{0.3}{u_2}+\frac{0.6}{u_3}+\frac{0.2}{u_4}$$

$$S=\frac{0.2\vee 0.1\vee 0.4}{u_1}+\frac{0.3\vee 0.4\vee 1.0}{u_2}+\frac{0.7\vee 0.6\vee 0.8}{u_3}+\frac{0.6\vee 1.0\vee 0.2}{u_4}$$

$$=\frac{0.4}{u_1}+\frac{1.0}{u_2}+\frac{0.8}{u_3}+\frac{1.0}{u_4}$$

$$T=\frac{0.2\wedge 0.1\vee 0.4}{u_1}+\frac{0.3\wedge 0.4\vee 1.0}{u_2}+\frac{0.7\wedge 0.6\vee 0.8}{u_3}+\frac{0.6\wedge 1.0\vee 0.2}{u_4}$$

$$=\frac{0.4}{u_1}+\frac{1.0}{u_2}+\frac{0.8}{u_3}+\frac{0.6}{u_4}$$

4.1.2 模糊关系与模糊变换

1. 模糊关系

现实生活中存在很多比较含糊的关系。例如，人和人之间的“亲密”关系、儿子和父亲之间长相“相像”程度、家庭“和睦”情况等。这些关系无法简单地用“是”或者“否”来描述，而只能用“在多大程度上是”或者“在多大程度上否”来描述。这类关系称为模糊关系。可以把普通关系概念推广到模糊集合，得到模糊关系的定义。

定义 4.5 笛卡儿乘积（直积、代数积）

若 $A_1,A_2,\cdots,A_n$ 分别为论域 $U_1,U_2,\cdots,U_n$ 中的模糊集合，则这些集合的直积 $A_1\times A_2\times\cdots\times A_n$ 是乘积空间 $U_1\times U_2\times\cdots\times U_n$ 中的一个模糊集合，其隶属函数为

直积（极小算子）

$$\mu_{A_1\times\cdots\times A_n}(u_1,u_2,\cdots,u_n)=\min\{\mu_{A_1}(u_1),\mu_{A_2}(u_2),\cdots,\mu_{A_n}(u_n)\} \tag{4.17}$$

代数积

$$\mu_{A_1\times\cdots\times A_n}(u_1,u_2,\cdots,u_n)=\mu_{A_1}(u_1)\mu_{A_2}(u_2)\cdots\mu_{A_n}(u_n) \tag{4.18}$$

定义 4.6 模糊关系

若 U、V 是两个非空模糊集合，则其直积 $U\times V$ 中的一个模糊子集 R 称为从 U 到 V 的模糊关系，可表示为

$$U\times V=\{((u,v),\mu_R(u,v))\,|\,u\in U,v\in V\} \tag{4.19}$$

例 4.3 用某种模糊关系来描述父母与其子女的长相“相像”关系。设儿子与父亲的相像程度为 0.8，儿子与母亲的相像程度为 0.3；女儿与父亲的相像程度为 0.3，女儿与母亲的相像程度为 0.6，则模糊关系 R 为

$$R=\frac{0.8}{(子,父)}+\frac{0.3}{(子,母)}+\frac{0.3}{(女,父)}+\frac{0.6}{(女,母)}$$

常常用矩阵形式来描述模糊关系 R。设 $x\in U$，$y\in V$，则用矩阵描述的从 U 到 V 的模糊关系 R 为

$$R=\begin{bmatrix}\mu_R(x_1,y_1) & \mu_R(x_1,y_2) & \cdots & \mu_R(x_1,y_n)\\ \mu_R(x_2,y_1) & \mu_R(x_2,y_2) & \cdots & \mu_R(x_2,y_n)\\ \vdots & \vdots & \vdots & \vdots\\ \mu_R(x_m,y_1) & \mu_R(x_m,y_2) & \cdots & \mu_R(x_m,y_n)\end{bmatrix}$$

上例中的模糊关系 R 又可以用矩阵描述为

$$R=\begin{matrix} & \text{子} & \text{女}\\ \text{父} & 0.8 & 0.3\\ \text{母} & 0.3 & 0.6\end{matrix}$$

定义 4.7　复合关系

若 R 和 S 分别为论域 $U\times V$ 和 $V\times W$ 中的模糊关系，则 R 和 S 的复合 $R\circ S$ 是一个从 U 到 W 的新的模糊关系，记为

$$R\circ S=\{[(u,w);\sup_{v\in V}\left(\mu_R(u,v)*\mu_S(v,w)\right)]\quad u\in U,v\in V,w\in W\}\tag{4.20}$$

其隶属函数的运算法则为

$$\mu_{R\circ S}(u,w)=\vee_{v\in V}(\mu_R(v,w)\wedge\mu_S(u,w))\quad (u,w)\in(U\times W)\tag{4.21}$$

例 4.4　设模糊关系 R 描述了儿子、女儿与父亲、叔叔长相的“相像”关系，模糊关系 S 描述了父亲、叔叔与祖父、祖母长相的“相像”关系，R 和 S 可描述如下：

$$R=\begin{matrix} & \text{父} & \text{叔}\\ \text{子} & 0.8 & 0.2\\ \text{女} & 0.3 & 0.5\end{matrix},\quad S=\begin{matrix} & \text{祖父} & \text{祖母}\\ \text{父} & 0.2 & 0.7\\ \text{叔} & 0.9 & 0.1\end{matrix}$$

求子女与祖父、祖母长相的“相像”关系 C。

解：由复合运算法则得

$$\begin{aligned}\mu_C(x_2,z_1)&=[\mu_R(x_2,y_1)\wedge\mu_S(y_1,z_1)]\vee[\mu_R(x_2,y_2)\wedge\mu_S(y_2,z_1)]\\&=[0.8\wedge0.2]\vee[0.2\wedge0.9]=0.2\vee0.2=0.2\\ \mu_C(x_2,z_2)&=[\mu_R(x_2,y_1)\wedge\mu_S(y_1,z_2)]\vee[\mu_R(x_2,y_2)\wedge\mu_S(y_2,z_2)]\\&=[0.8\wedge0.7]\vee[0.2\wedge0.1]=0.7\vee0.1=0.7\\ \mu_C(x_2,z_1)&=[\mu_R(x_2,y_1)\wedge\mu_S(y_1,z_1)]\vee[\mu_R(x_2,y_2)\wedge\mu_S(y_2,z_1)]\\&=[0.3\wedge0.2]\vee[0.5\wedge0.9]=0.2\vee0.5=0.5\\ \mu_C(x_2,z_2)&=[\mu_R(x_2,y_1)\wedge\mu_S(y_1,z_2)]\vee[\mu_R(x_2,y_2)\wedge\mu_S(y_2,z_2)]\\&=[0.3\wedge0.7]\vee[0.5\wedge0.1]=0.3\vee0.1=0.3\end{aligned}$$

则

$$C=\begin{matrix} & \text{祖父} & \text{祖母}\\ \text{子} & 0.2 & 0.7\\ \text{女} & 0.5 & 0.3\end{matrix}$$

2. 模糊变换

令有限模糊集合 $X=\{x_1,x_2,\cdots,x_m\}$ 和 $Y=\{y_1,y_2,\cdots,y_n\}$，R 为 $X\times Y$ 上的模糊关系：

$$R=\begin{bmatrix} r_{11} & r_{12} & \cdots & r_{1n} \\ r_{21} & r_{22} & \cdots & r_{2n} \\ \vdots & \vdots & \vdots & \vdots \\ r_{m1} & r_{m2} & \cdots & r_{mn} \end{bmatrix}$$

设 A 和 B 分别为 X 和 Y 上的模糊集：

$$A=\{\mu_A(x_1),\mu_A(x_2),\cdots \mu_A(x_m)\},\ B=\{\mu_B(y_1),\mu_B(y_2),\cdots,\mu_B(y_n)\}$$

且满足关系 $$B=A\circ R$$

就称 B 为 A 的象，A 是 B 的原象，R 是 X 到 Y 上的一个模糊变换。

隶属函数运算规则为

$$\mu_B(y_j)=\bigvee_{i=1}^{m}[\mu_A(x_i)\wedge \mu_R(x_i,y_j)] \qquad j=1,\cdots,n$$

例 4.5 已知论域 $X=\{x_1,x_2,x_3\}$ 和 $Y=\{y_1,y_2\}$，A 是论域 X 上的模糊集：

$$A=\{0.1,0.3,0.5\}$$

R 是 X 到 Y 上的一个模糊变换：

$$R=\begin{bmatrix} 0.5 & 0.2 \\ 0.3 & 0.1 \\ 0.4 & 0.6 \end{bmatrix}$$

试通过模糊变换 R 求 A 的象 B。

解：

$$B=A\circ R=(0.1,0.3,0.5)\circ\begin{bmatrix} 0.5 & 0.2 \\ 0.3 & 0.1 \\ 0.4 & 0.6 \end{bmatrix}$$

$$=\left[(0.1\wedge 0.5)\vee(0.3\wedge 0.3)\vee(0.5\wedge 0.4),\ (0.1\wedge 0.2)\vee(0.3\wedge 0.1)\vee(0.5\wedge 0.6)\right]$$

$$=\left[0.4 \quad 0.5\right]$$

4.1.3 模糊逻辑语言

模糊逻辑是一种模拟人类思维过程的逻辑，要用[0,1]区间上的某个确切数值来描述一个模糊命题的真假程度往往是很困难的。语言是人们思维和信息交流的重要工具。有两种语言：自然语言和形式语言。人们在日常工作生活中所用的语言属于自然语言，具有语义丰富、使用灵活等特点，同时具有模糊特性，如“陈老师的个子很高”“她穿的这套衣服挺漂亮”等。计算机语言就是一种形式语言，形式语言有严格的语法和语义，一般不存在模糊性和歧义。

具有模糊性的语言叫作模糊语言，如高、低、长、短、大、小、冷、热、胖、瘦等。语言变量是自然语言中的词或句，它的取值不是通常的数，而是用模糊语言表示的模糊集合。扎德为语言变量作出了如下定义：

定义 4.8 语言变量

一个语言变量可定义为多元组 $(x,T(x),U,G,M)$。其中，x 为变量名；$T(x)$ 为 x 的词集，即语言值名称的集合；U 为论域；G 为产生语言值名称的语法规则；M 为与各语言值含义有关的语法规则。语言变量的每个语言值对应一个定义在论域 U 中的模糊数。通过语言变量的基本词集把模糊概念与精确数值联系起来，实现对定性概念的定量化以及定量数据的定性模糊化。

例如，某工业窑炉模糊控制系统把温度作为一个语言变量，其词集 T（温度）可为

T（温度）={超高，很高，较高，中等，较低，很低，过低}

上述每个模糊语言（如超高、中等、很低等）都是定义在论域 U 上的一个模糊集合。

在模糊控制中，模糊控制规则实质上是模糊蕴涵关系。下面简要讨论模糊语言控制规则中所蕴含的模糊关系。

（1）假设 u、v 是定义在论域 U 和 V 上的两个语言变量，人类的语言控制规则为"如果 u 是 A，则 v 是 B"，其蕴涵的模糊关系 R 为

$$R=(A\times B)\cup(\overline{A}\times V)$$

式中，$A\times B$ 称作 A 和 B 的笛卡儿乘积，其隶属度运算法则为

$$\mu_{A\times B}(u,v)=\mu_A(u)\wedge\mu_B(v)$$

所以，R 的运算法则为

$$\begin{aligned}\mu_R(u,v)&=[\mu_A(u)\wedge\mu_B(v)]\vee\{[1-\mu_A(u)]\wedge 1\}\\&=[\mu_A(u)\wedge\mu_B(v)]\vee[1-\mu_A(u)]\end{aligned}$$

（2）假设 u、v 是已定义的两个语言变量，人类的语言控制规则为"如果 u 是 A，则 v 是 B；否则 v 是 C"，则该规则蕴涵的模糊关系 R 为

$$R=(A\times B)\cup(\overline{A}\times C)$$

$$\mu_R(u,v)=\{\mu_A(u)\wedge\mu_B(v)\}\vee\{[1-\mu_A(u)]\wedge\mu_C(v)\}$$

4.2　模糊推理与模糊判决

在模糊逻辑应用系统中，观察到的数据通常是清晰的。由于模糊逻辑应用中的数据操作是以模糊集合为基础的，需要进行模糊推理（Fuzzification）。模糊推理执行一种从当前状态变量的物理值到规范论域的标度变换。这意味着系统输出变量的名义值对规范论域的映射。因此，将模糊推理定义为从观察到的输入空间对一定输入论域模糊集合的映射。该过程为每个模糊集合提供某个隶属函数。这些隶属函数就是从实数对区间 I=[0,1]的映射。

4.2.1　模糊逻辑推理

模糊逻辑推理是建立在模糊逻辑基础上的，它是一种不确定性推理方法，是在二值逻辑三段论基础上发展起来的。这种推理方法以模糊判断为前提，运用模糊语言规则，推导出一个近似的模糊判断结论。模糊逻辑推理方法尚在继续研究与发展之中。已经提出的典型推理方法有：Zadeh 法、Mamdani 法、Baldwin 法、Tsukamoto 法、Yager 法和 Mizumoto 法等。

1. *模糊近似推理*

在模糊逻辑和近似推理中，有两种重要的模糊推理规则，即广义取式（肯定前提）假言推理法（Generalized Modus Ponens, GMP）和广义拒式（否定结论）假言推理法（Generalized Modus Tollens，GMT），分别简称为"广义前向推理法"和"广义后向推理法"。

GMP 推理规则可表示为

前提 1：x 为 A'

前提 2：若 x 为 A，则 y 为 B
结　论：y 为 $B' = A' \circ (A \to B)$　　(4.22)

即结论 B' 可用 A' 与由 A 到 B 的推理关系进行合成而得到。其隶属函数为

$$\mu_{B'}(y) = \vee_{x \in X} \{\mu_{A'}(x) \wedge \mu_{A\to B}(x,y)\}$$

模糊关系矩阵元素 $\mu_{A\to B}(x,y)$ 的计算方法可采用 Zadeh 推理法：

$$(A \to B) = (A \wedge B) \vee (1 - A)$$

那么其隶属函数为

$$\mu_{A\to B}(x,y) = [\mu_A(x) \wedge \mu_B(y)] \vee [1 - \mu_A(x)]$$

GMT 推理规则可表示为

前提 1：y 为 B'
前提 2：若 x 为 A，则 y 为 B
结　论：x 为 $A' = (A \to B) \circ B'$　　(4.23)

即结论 A' 可用 B' 与由 A 到 B 的推理关系进行合成而得到。其隶属函数为

$$\mu_{A'}(x) = \vee_{y \in Y} \{\mu_{B'}(y) \wedge \mu_{A\to B}(x,y)\}$$

模糊关系矩阵元素 $\mu_{A\to B}(x,y)$ 的计算方法可采用 Mamdani 推理法：

$$(A \to B) = A \wedge B$$

那么其隶属函数为

$$\mu_{A\to B}(x,y) = [\mu_A(x) \wedge \mu_B(y)] = \mu_{R_{\min}}(x,y)$$

上述两式中的 A、A'、B 和 B' 为模糊集合，x 和 y 为语言变量。

当 $A = A'$ 和 $B = B'$ 时，GMP 就退化为“肯定前提的假言推理”，它与正向数据驱动推理有密切关系，在模糊逻辑控制中特别有用。当 $B' = \overline{B}$ 和 $A' = \overline{A}$ 时，GMT 退化为“否定结论的假言推理”，它与反向目标驱动推理有密切关系，在专家系统（尤其是医疗诊断）中特别有用。

2. 单输入模糊推理

对于单输入的情况，假设两个语言变量 x、y 之间的模糊关系为 R，当 x 的模糊取值为 A^* 时，与之相对应的 y 的取值 B^* 可通过模糊推理得出，如下式所示：

$$B^* = A^* \circ R$$

上式的计算方法有两种：

（1）Zadeh 推理方法。

$$B^*(y) = A^*(x) \circ R(x,y) = \vee_{x \in X} \{\mu_{A^*}(x) \wedge \mu_R(x,y)\}$$
$$= \vee_{x \in X} \{\mu_{A^*}(x) \wedge [\mu_A(x) \wedge \mu_B(y) \vee (1 - \mu_A(x))]\}$$

例 4.6　设论域 $X = Y = \{1 \;\; 2 \;\; 3 \;\; 4 \;\; 5\}$，$X$、$Y$ 上的模糊子集“低”“较低”“高”分别定义为

$$E = \text{“低”} = \frac{1}{1} + \frac{0.6}{2} + \frac{0.4}{3}$$

$$E_1 = \text{“较低”} = \frac{1}{1} + \frac{0.3}{2} + \frac{0.2}{3} + \frac{0.1}{4}$$

$$U = \text{“高”} = \frac{0.8}{4} + \frac{1}{5}$$

设当 $E =$“低”时，$U =$“高”，现已知 $E_1 =$“较低”，问 U_1 应如何？

解：首先，按照 Zadeh 推理法计算模糊关系矩阵 $R_{E\to U}$ ，其中 I 为单位阵

$$
\begin{aligned}
R_{E\to U}(x,y) &= [\mu_E(x)\wedge\mu_U(y)]\vee[(1-\mu_E(x))\wedge\mu_I] \\
&= \left(\begin{bmatrix}1\\0.6\\0.4\\0\\0\end{bmatrix}\wedge\begin{bmatrix}0&0&0&0.8&1\end{bmatrix}\right)\vee\left(\begin{bmatrix}0\\0.4\\0.6\\1\\1\end{bmatrix}\wedge\begin{bmatrix}1&1&1&1&1\end{bmatrix}\right) \\
&= \begin{bmatrix}0&0&0&0.8&1\\0&0&0&0.6&0.6\\0&0&0&0.4&0.4\\0&0&0&0&0\\0&0&0&0&0\end{bmatrix}\vee\begin{bmatrix}0&0&0&0&0\\0.4&0.4&0.4&0.4&0.4\\0.6&0.6&0.6&0.6&0.6\\1&1&1&1&1\\1&1&1&1&1\end{bmatrix} \\
&= \begin{bmatrix}0&0&0&0.8&1\\0.4&0.4&0.4&0.6&0.6\\0.6&0.6&0.6&0.6&0.6\\1&1&1&1&1\\1&1&1&1&1\end{bmatrix}
\end{aligned}
$$

其次，根据广义前向推理的近似推理规则，当模糊集合 E_1= “较低” 时，可以得到

$$
\begin{aligned}
U_1 = E_1\circ R_{E\to U} &= \begin{bmatrix}1&0.3&0.2&0.1&0\end{bmatrix}\circ\begin{bmatrix}0&0&0&0.8&1\\0.4&0.4&0.4&0.6&0.6\\0.6&0.6&0.6&0.6&0.6\\1&1&1&1&1\\1&1&1&1&1\end{bmatrix} \\
&= \begin{bmatrix}0.3&0.3&0.3&0.5&1\end{bmatrix}
\end{aligned}
$$

将 $U_1=\begin{bmatrix}0.3&0.3&0.3&0.5&1\end{bmatrix}$ 与 $U=\begin{bmatrix}0&0&0&0.5&1\end{bmatrix}$ 相比较，可以得到 U_1= “较高” 的结论。

（2）Mamdani 推理方法。与 Zadeh 法不同的是，Mamdani 推理方法用 A 和 B 的笛卡儿积来表示 $A\to B$ 的模糊蕴涵关系。

$$R = A\to B = A\times B$$

则对于单输入推理的情况，有

$$
\begin{aligned}
B^*(y) = A^*(x)\circ R(x,y) &= \bigvee_{x\in X}\{\mu_{A^*}(x)\wedge[\mu_A(x)\wedge\mu_B(y)]\} \\
&= \bigvee_{x\in X}\{\mu_{A^*}(x)\wedge\mu_A(x)\}\wedge\mu_B(y) \\
&= \alpha\wedge\mu_B(y)
\end{aligned}
$$

其中 $\alpha=\bigvee_{x\in X}\{\mu_{A^*}(x)\wedge\mu_A(x)\}$ 叫作 A^* 和 A 的适配度，表示 A^* 和 A 的交集的高度。

根据 Mamdani 推理方法，结论可以看作用 α 对 B 进行切割，所以这种方法又可以形象地称为“削顶法”，参见图 4.1。

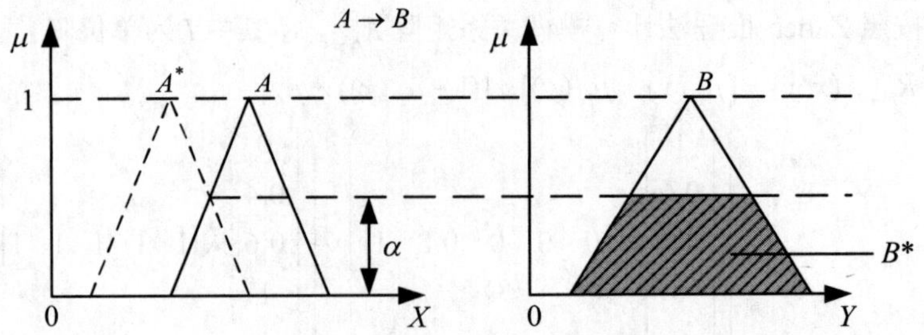

图 4.1　单输入 Mamdani 推理的图形化描述

3. 多输入模糊推理

对于语言规则含有多个输入的情况，假设输入语言变量 $x_1, x_2, \cdots, x_m$ 与输出语言变量 y 之间的模糊关系为 R，当输入变量的模糊取值分别为 $A_1^*, A_2^*, \cdots, A_m^*$ 时，与之相对应的 y 的取值 B^* 可通过下式得到：

$$B^* = (A_1^* \times A_2^* \times \cdots \times A_m^*) \circ R$$

$$\begin{aligned} B^*(y) &= [A_1^*(x_1) \times A_2^*(x_2) \times \cdots \times A_m^*(x_m)] \circ R(x_1, x_2, \cdots, x_m, y) \\ &= \bigvee_{x_1, x_2, \cdots x_m} \{\mu_{A_1^*}(x_1) \wedge \mu_{A_2^*}(x_2) \wedge \cdots \wedge \mu_{A_m^*}(x_m) \wedge \mu_R(x_1, x_2, \cdots, x_m, y)\} \end{aligned}$$

例 4.7　假设某控制系统的输入语言规则为：当误差 e 为 E 且误差变化率 ec 为 EC 时，输出控制量 u 为 U。其中模糊语言变量 E、EC、U 的取值分别为

$$E = \frac{0.8}{e_1} + \frac{0.2}{e_2}, \quad EC = \frac{0.1}{ec_1} + \frac{0.6}{ec_2} + \frac{1.0}{ec_3}, \quad U = \frac{0.3}{u_1} + \frac{0.7}{u_2} + \frac{1.0}{u_3}$$

现已知

$$E^* = \frac{0.7}{e_1} + \frac{0.4}{e_2}, \quad EC^* = \frac{0.2}{ec_1} + \frac{0.6}{ec_2} + \frac{0.7}{ec_3}$$

试求当误差 e 是 E^* 且误差变化率 ec 是 EC^* 时输出控制量 u 的模糊取值 U^*。

解：先计算模糊关系 R，其中模糊推理计算采用 Mamdani 推理法。

$$R_1 = E \times EC = \begin{pmatrix} 0.8 & 0.2 \end{pmatrix} \wedge \begin{pmatrix} 0.1 & 0.6 & 1.0 \end{pmatrix} = \begin{bmatrix} 0.1 & 0.6 & 0.8 \\ 0.1 & 0.2 & 0.2 \end{bmatrix}$$

令

$$R = R_1^{\mathrm{T}} \times U = \begin{bmatrix} 0.1 \\ 0.6 \\ 0.8 \\ 0.1 \\ 0.2 \\ 0.2 \end{bmatrix} \wedge \begin{bmatrix} 0.3 & 0.7 & 1.0 \end{bmatrix} = \begin{bmatrix} 0.1 & 0.1 & 0.1 \\ 0.3 & 0.6 & 0.6 \\ 0.3 & 0.7 & 0.8 \\ 0.1 & 0.1 & 0.1 \\ 0.2 & 0.2 & 0.2 \\ 0.2 & 0.2 & 0.2 \end{bmatrix}$$

则输出控制量 u 的模糊取值 U^* 可按下式求出：

$$U^* = (E^* \times EC^*) \circ R$$

又令

$$R_2 = E^* \times EC^* = \begin{pmatrix} 0.7 & 0.4 \end{pmatrix} \wedge \begin{pmatrix} 0.2 & 0.6 & 0.7 \end{pmatrix} = \begin{bmatrix} 0.2 & 0.6 & 0.7 \\ 0.2 & 0.4 & 0.4 \end{bmatrix}$$

把 R_2 写成行向量形式，并以 R_2^{T} 表示，则

$$R_2^{\mathrm{T}} = (0.2 \quad 0.6 \quad 0.7 \quad 0.2 \quad 0.4 \quad 0.4)$$

$$U^* = (E^* \times EC^*) \circ R = R_2^{\mathrm{T}} \circ R = (0.2 \quad 0.6 \quad 0.7 \quad 0.2 \quad 0.4 \quad 0.4) \circ \begin{bmatrix} 0.1 & 0.1 & 0.1 \\ 0.3 & 0.6 & 0.6 \\ 0.3 & 0.7 & 0.8 \\ 0.1 & 0.1 & 0.1 \\ 0.2 & 0.2 & 0.2 \\ 0.2 & 0.2 & 0.2 \end{bmatrix}$$

$$= (0.3 \quad 0.7 \quad 0.7)$$

即模糊输出值 U^*为

$$U^* = \frac{0.3}{u_1} + \frac{0.7}{u_2} + \frac{0.7}{u_3}$$

对于二输入模糊推理，也可以根据 Mamdani 方法用图形法进行描述。

二维模糊规则 R: IF x is A and y is B THEN z is C，可以看作两个单维模糊规则 R_1 和 R_2 的交集：

R_1：IF x is A THEN z is C

R_2：IF y is B THEN z is C

则当二维输入变量的模糊取值分别为 A^*和 B^*时，根据 R 推理得到的模糊输出 C^*等于根据 R_1 推理得到的模糊输出 C_1^* 和根据 R_2 推理得到的模糊输出 C_2^* 的交集。

$$C_1^* = A^* \circ (A \times C) \qquad C_2^* = B^* \circ (B \times C)$$

$$C^* = C_1^* \wedge C_2^* = \left[A^* \circ (A \times C)\right] \wedge \left[B^* \circ (B \times C)\right]$$

其运算法则为

$$\begin{aligned}
\mu_{C^*}(z) &= \left\{ \bigvee_{x \in X} \mu_{A^*}(x) \wedge \left(\mu_A(x) \wedge \mu_C(z)\right) \right\} \wedge \left\{ \bigvee_{y \in Y} \mu_{B^*}(y) \wedge \left(\mu_B(y) \wedge \mu_C(z)\right) \right\} \\
&= \left\{ \bigvee_{x \in X} \left(\mu_{A^*}(x) \wedge \mu_A(x)\right) \wedge \mu_C(z) \right\} \wedge \left\{ \bigvee_{y \in Y} \left(\mu_{B^*}(y) \wedge \mu_B(y)\right) \wedge \mu_C(z) \right\} \\
&= \{\alpha_1 \wedge \mu_C(z)\} \wedge \{\alpha_2 \wedge \mu_C(z)\} \\
&= \{\alpha_1 \wedge \alpha_2\} \wedge \mu_C(z)
\end{aligned}$$

上式的图形化意义在于用α_1 和α_2 的最小值对 C 进行削顶，如图 4.2 所示。

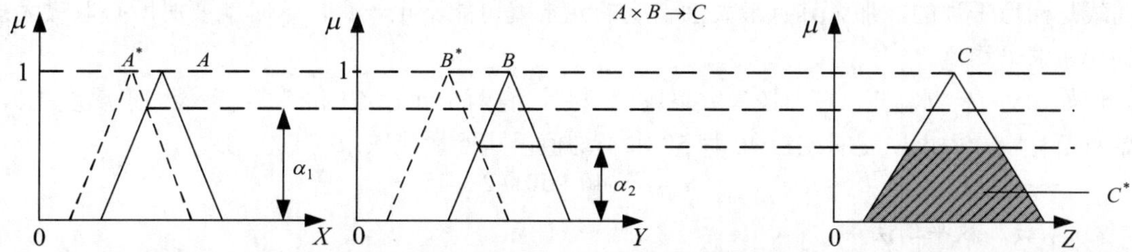

图 4.2　二输入 Mamdani 推理的图形化描述

4.2.2　模糊判决方法

通过模糊推理得到的结果是一个模糊集合或者隶属函数，但在实际使用中，特别是在模糊逻

辑控制中，必须用一个确定的值才能去控制伺服机构。在推理得到的模糊集合中取一个相对最能代表这个模糊集合的单值的过程就称为解模糊或模糊判决（Defuzzification）。模糊判决可以采用不同的方法，用不同的方法所得到的结果也是不同的。理论上用重心法比较合理，但是计算比较复杂，因而在实时性要求较高的系统中不采用这种方法。最简单的方法是最大隶属度方法，这种方法取所有模糊集合或者隶属函数中隶属度最大的那个值作为输出，但是这种方法未考虑其他隶属度较小的值的影响，代表性不好，所以它往往用于比较简单的系统。介于这两者之间的还有几种平均法，如加权平均法、隶属度限幅（α–cut）元素平均法等。下面介绍各种模糊判决方法，并以“水温适中”为例说明不同方法的计算过程。

这里假设“水温适中”的隶属函数为

$$\mu_N(x_i)=\{X: 0.0/0+0.0/10+0.33/20+0.67/30+1.0/40+1.0/50$$
$$+0.75/60+0.5/70+0.25/80+0.0/90+0.0/100\}$$

1. 重心法

重心法就是取模糊隶属函数曲线与横坐标轴围成面积的重心作为代表点。理论上应该计算输出范围内一系列连续点的重心，即

$$u=\frac{\int_x x\mu_N(x)\mathrm{d}x}{\int_x \mu_N(x)\mathrm{d}x} \tag{4.24}$$

但实际上是计算输出范围内整个采样点（即若干离散值）的重心。这样，在不花太多时间的情况下，用足够小的取样间隔来提供所需要的精度，这是一种最好的折中方案，即

$$\begin{aligned}u&=\sum x_i\cdot\mu_N(x_i)\Big/\sum\mu_N(x_i)\\&=(0\cdot 0.0+10\cdot 0.0+20\cdot 0.33+30\cdot 0.67+40\cdot 1.0+50\cdot 1.0\\&\quad+60\cdot 0.75+70\cdot 0.5+80\cdot 0.25+90\cdot 0.0+100\cdot 0.0)/\\&\quad(0.0+0.0+0.33+0.67+1.0+1.0+0.75+0.5+0.25+0.0+0.0)\\&=48.2\end{aligned}$$

在隶属函数不对称的情况下，其输出的代表值是 48.2℃。如果模糊集合中没有 48.2℃，那么就选取最靠近的一个温度值 50℃输出。

2. 最大隶属度法

这种方法最简单，只要在推理结论的模糊集合中取隶属度最大的那个元素作为输出量即可。不过，要求这种情况下其隶属函数曲线一定是正规凸模糊集合（即其曲线只能是单峰曲线）。如果该曲线是梯形平顶的，那么具有最大隶属度的元素就可能不止一个，这时就要对所有取最大隶属度的元素求平均值。

例如，对于“水温适中”，按最大隶属度原则，有两个元素 40 和 50 具有最大隶属度 1.0，那就要对所有取最大隶属度的元素 40 和 50 求平均值，执行量应取：

$$u_{\max}=(40+50)/2=45$$

3. 系数加权平均法

系数加权平均法的输出执行量由下式决定：

$$u=\sum k_i\cdot x_i\Big/\sum k_i \tag{4.25}$$

式中，系数 k_i 的选择要根据实际情况而定，不同的系统就决定系统有不同的响应特性。当该系数选择 $k_i=\mu_N(x_i)$ 时，即取其隶属函数时，这就是重心法。在模糊逻辑控制中，可以通过选择和调

整该系数来改善系统的响应特性。因而这种方法具有灵活性。

4. 隶属度限幅元素平均法

用所确定的隶属度值α对隶属度函数曲线进行切割，再对切割后等于该隶属度的所有元素进行平均，用这个平均值作为输出执行量，这种方法就称为隶属度限幅元素平均法。

例如，当取α为最大隶属度值时，表示“完全隶属”关系，这时α=1.0。在“水温适中”的情况下，40℃和 50℃的隶属度是 1.0，求其平均值得到输出代表量：

$$u=(40+50)/2=45$$

这样，当“完全隶属”时，其代表量为 45℃。

如果当α=0.5 时，表示“大概隶属”关系，切割隶属度函数曲线后，这时从 30℃到 70℃的隶属度值都包含在其中，所以求其平均值得到输出代表量：

$$u=(30+40+50+60+70)/5=50$$

这样，当“大概隶属”时，其代表量为 50℃。

4.3 模糊控制系统的原理与结构

开发模糊逻辑控制器（FLC）与开发基于知识的应用系统一样，在确定设计要求和进行系统辨识之后，建立知识库（KB），以包括规则库、结构、条件集合定义和比例系数等。有效的知识库能够使存储要求和运行搜索时间最小，并在目标微处理器上进行开发。知识库可由下列途径来建立：

（1）与过程操作人员进行知识工程对话，包括分析观察到的操作人员响应。

（2）已发表的用于标准控制策略（如 PI 和 PD 等）的规则库。

（3）开环和闭环系统的语言模型。

4.3.1 模糊控制原理

在理论上，模糊控制器由 N 维关系 R 表示。关系 R 可视为受约于[0,1]区间的 N 个变量的函数。r 是几个 N 维关系 R_i 的组合，每个 R_i 代表一条规则 r_i：IF $\rightarrow$ THEN。控制器的输入 x 被模糊化为一关系 X，对于多输入单输出（MISO）控制时 X 为(N−1)维。模糊输出 Y 可应用合成推理规则进行计算。对模糊输出 Y 进行模糊判决（解模糊），可得精确的数值输出 y。图 4.3 表示具有输入和输出的理论模糊控制器原理示意图。由于采用多维函数来描述 X、Y 和 R，所以该控制方法需要许多存储器，用于实现离散逼近。

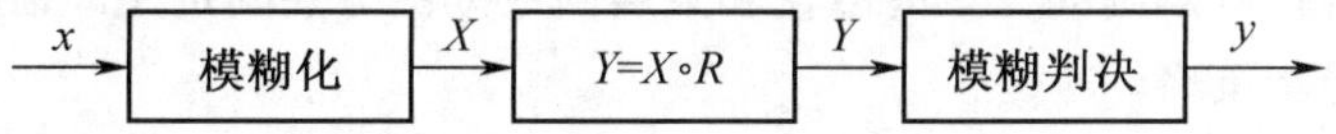

图 4.3 模糊控制原理示意图

图 4.4 为模糊逻辑控制器的一般原理框图，它由输入定标、输出定标、模糊化、模糊决策和模糊判决（解模糊）等部分组成。比例系数（标度因子）实现控制器输入和输出与模糊推理所用标准时间间隔之间的映射。模糊化（量化）使所测控制器输入在量纲上与左侧信号（LHS）一致。这一步不损失任何信息。模糊决策过程由一推理机来实现，该推理机使所有 LHS 与输入匹配，检查每条规则的匹配程度，并聚集各规则的加权输出，产生一个输出空间的概率分布值。模糊判决（解模糊）把这一概率分布归纳于一点，供驱动器定标后使用。

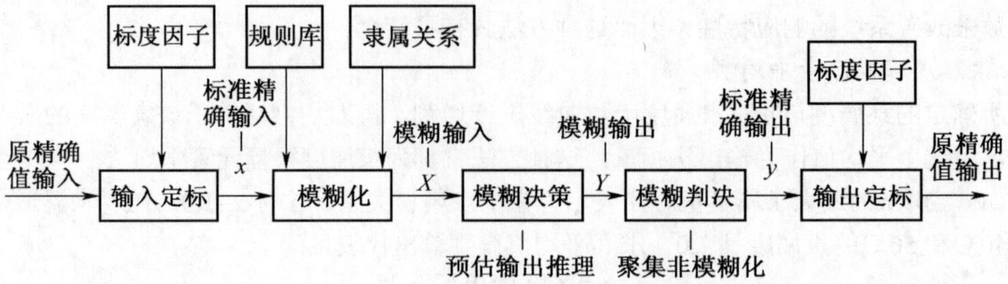

图 4.4　模糊逻辑控制器的一般原理框图

4.3.2　模糊控制系统的工作原理

模糊控制系统的原理结构如图 4.5 所示。其中，模糊控制器由模糊化接口、知识库、推理机和模糊判决接口四个基本单元组成。

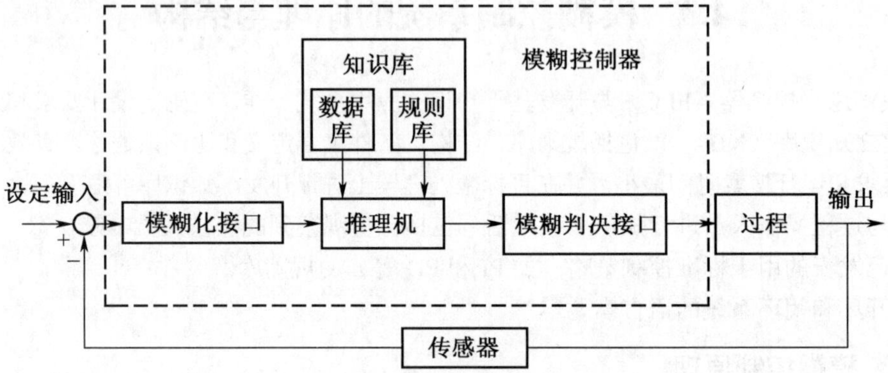

图 4.5　模糊控制系统的工作原理

它们的作用说明如下：

（1）模糊化接口。测量输入变量（设定输入）和受控系统的输出变量，并把它们映射到一个合适的响应论域的量程，然后精确的输入数据被变换为适当的语言值或模糊集合的标识符。本单元可视为模糊集合的标记。

（2）知识库。涉及应用领域和控制目标的相关知识，它由数据库和语言（模糊）控制规则库组成。数据库为语言控制规则的论域离散化和隶属函数提供必要的定义。语言控制规则标记控制目标和领域专家的控制策略。

（3）推理机。推理机是模糊控制系统的核心。以模糊概念为基础，模糊控制信息可通过模糊蕴涵和模糊逻辑的推理规则来获取，并可实现拟人决策过程。根据模糊输入和模糊控制规则，模糊推理求解模糊关系方程，获得模糊输出。

（4）模糊判决接口。起到模糊控制的推断作用，并产生一个精确的或非模糊的控制作用。此精确控制作用必须进行逆定标（输出定标），这一作用是在对受控过程进行控制之前通过量程变换来实现的。

4.4　模糊控制器的设计

本节将把注意力集中到模糊控制器的设计问题上。在讨论模糊控制系统的设计问题之前，首先来概括一下模糊控制器的设计内容与设计原则。

4.4.1　模糊控制器的设计内容与原则

在设计模糊控制器时，必须考虑下列各项内容与原则：

（1）选择模糊控制器的结构。为模糊控制器选择与确定一种合理的结构，是设计模糊控制器的第一步。选择模糊控制器的结构就是确定模糊控制器的输入变量和输出变量。一般选取误差信号 E（或 e）和误差变化信号 EC（或 ec）作为模糊控制器的输入变量，而把受控变量的变化 y 作为输出变量。由于模糊控制器的结构对受控系统的性能有很大影响，因而必须根据受控对象的具体情况合理地选择模糊控制器的结构。

（2）选取模糊控制规则。模糊控制规则是模糊控制器的核心，必须精心选取这些规则，并考虑下列问题：

1）选定描述控制器输入和输出变量的语义词汇。我们称这些变量的语义词汇为变量的模糊状态。如果选择比较多的词汇，即用较多的状态来描述每个变量，那么制定规则就比较灵活，形成的规则就比较精确。不过，这种控制规则比较复杂，且不易制定。因此，在选择模糊状态时，必须兼顾简单性和灵活性。在实际应用中，通常选取 7～9 个模糊状态，即正大（PB）、正中（PM）、正小（PS）、负小（NS）、负中（NM）、负大（NB）和平均零（AZ）或者零（ZO）七个模糊状态加上正零（PO）和负零（NO）两个模糊状态。

2）规定模糊集。模糊集表示各模糊状态。在规定模糊集时必须首先考虑模糊集隶属函数曲线的形状。当输入误差在高分辨度的模糊子集上变化时，由输入误差引起的输出变化比较剧烈。反之，当输入误差在低分辨度的模糊子集上变化时，所引起的输出变化比较平缓。因此，对于误差变化范围较大的情况，应采用分辨度较低的模糊子集，而当误差接近零时采用分辨度较高的模糊子集。对应于误差 E 的语言变量（模糊状态）A，可分为下列八个模糊状态：PB、PM、PS、PO、NO、NS、NM、NB，它们对应的模糊集 $A_1, A_2, \cdots, A_8$ 一般可按表 4.1 取值。

表 4.1　模糊集 A 的隶属函数赋值

模糊集	模糊状态	−6	−5	−4	−3	−2	−1	−0	+0	+1	+2	+3	+4	+5	+6
A_1	PB	0	0	0	0	0	0	0	0	0	0	0.1	0.4	0.8	1.0
A_2	PM	0	0	0	0	0	0	0	0	0	0.2	0.7	1.0	0.7	0.2
A_3	PS	0	0	0	0	0	0	0	0.3	0.8	1.0	0.5	0.1	0	0
A_4	PO	0	0	0	0	0	0	0	1.0	0.6	0.1	0	0	0	0
A_5	NO	0	0	0	0	0.1	0.6	1.0	0	0	0	0	0	0	0
A_6	NS	0	0	0.1	0.5	1.0	0.8	0.3	0	0	0	0	0	0	0
A_7	NM	0.2	0.7	1.0	0.7	0.2	0	0	0	0	0	0	0	0	0
A_8	NB	1.0	0.8	0.4	0.1	0	0	0	0	0	0	0	0	0	0

在本节及以后各节，变量 E、ΔE、$\Delta^2 E$ 或 e、de、d^2e 被规定在（−100→+100）范围内变化，然后通过对数变换（0,1,2.36,5,10.8,23.4,100）→（0,1,2,3,4,5,6）把变量的变化范围映射为 13 个整数量化级别（−6→6）。这种非线性量化提供设定点附近较大的控制灵敏度，能够改善信噪比。

误差变化 EC 所对应的语言变量 B 一般选为下列七个模糊状态：PB、PM、PS、AZ、NS、NM、NB，其所对应的模糊集 $B_1, B_2, \cdots, B_7$ 列于表 4.2。

表 4.2 模糊集 B 的隶属函数赋值

模糊集	模糊状态	−6	−5	−4	−3	−2	−1	0	+1	+2	+3	+4	+5	+6
B_1	PB	0	0	0	0	0	0	0	0	0	0.1	0.4	0.8	1.0
B_2	PM	0	0	0	0	0	0	0	0	0.2	0.7	1.0	0.7	0.2
B_3	PS	0	0	0	0	0	0	0	0.9	1.0	0.7	0.2	0	0
B_4	AZ	0	0	0	0	0	0.5	1.0	0.5	0	0	0	0	0
B_5	NS	0	0	0.2	0.7	1.0	0.9	0	0	0	0	0	0	0
B_6	NM	0.2	0.7	1.0	0.7	0.2	0	0	0	0	0	0	0	0
B_7	NB	1.0	0.8	0.4	0.1	0	0	0	0	0	0	0	0	0

模糊控制器通常采用双输入单输出模型，如图 4.6 所示，它对应于下列语言公式：

IF A AND B THEN C

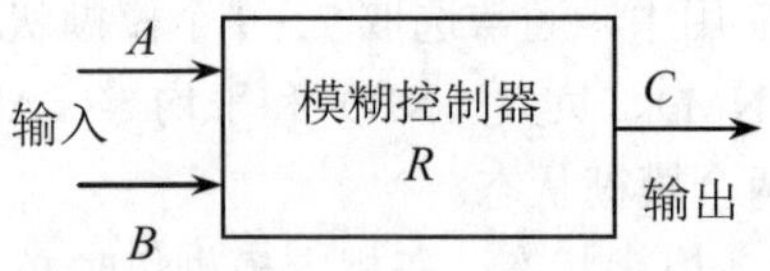

图 4.6 双输入单输出模糊控制器模型

其对应的结构如图 4.7 所示。

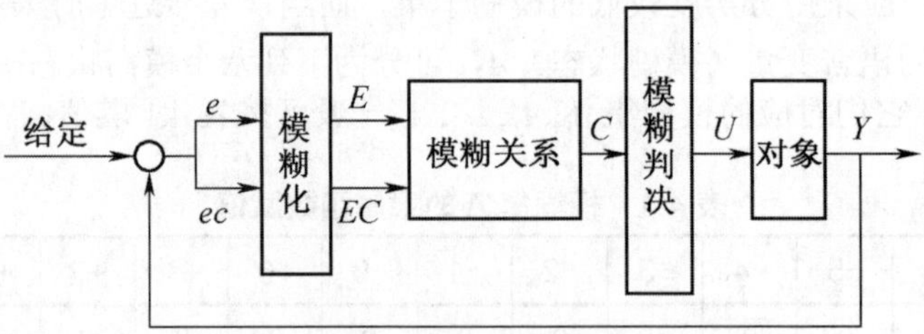

图 4.7 双输入单输出模糊控制系统的结构

对应于控制决策 U 的语言变量 C 一般分为七个模糊状态（与 B 的模糊状态一样），其对应的模糊集 $C_1, C_2, \cdots, C_7$ 按表 4.3 取值。

3）确定模糊控制状态表。通常根据控制过程中人的实际经验把推理语义规则，即模糊条件语句，写成一个模糊控制状态表，见表 4.4。

一般说来，模糊控制器控制规则的设计原则为：当误差较大时，控制量应当尽可能快地减小误差；当误差较小时，除了消除误差外，还必须考虑系统的稳定性，以求避免不需要的超调和振荡。

表 4.3　模糊集 C 的隶属函数赋值

模糊集	模糊状态	−7	−6	−5	−4	−3	−2	−1	0	+1	+2	+3	+4	+5	+6	+7
C_1	PB	0	0	0	0	0	0	0	0	0	0	0	0.1	0.4	0.8	1.0
C_2	PM	0	0	0	0	0	0	0	0	0	0.2	0.7	1.0	0.7	0.2	0
C_3	PS	0	0	0	0	0	0	0	0.4	1.0	0.8	0.4	0.1	0	0	0
C_4	AZ	0	0	0	0	0	0	0.5	1.0	0.5	0	0	0	0	0	0
C_5	NS	0	0	0	0.1	0.4	0.8	1.0	0.4	0	0	0	0	0	0	0
C_6	NM	0	0.2	0.7	1.0	0.7	0.2	0	0	0	0	0	0	0	0	0
C_7	NB	1.0	0.8	0.4	0.1	0	0	0	0	0	0	0	0	0	0	0

表 4.4　模糊控制规则状态

E	ΔE		
	NB　NM　NS	AZ　PS	PM　PB
NB NM	PB	PM	AZ
NS	PM	PM　AZ	NS
AZ	PM　PS	AZ　NS	NS
PS	PS　AZ	NM	NM
PM PB	AZ	NM	NB

对表 4.4 的确定原则举例说明如下：对于负误差情况，如果误差为 NB 或 NM，而且误差变化也是负的（NB、NM 或 NS），那么选择 PB 作为控制量，以便尽快消除误差，足够快地加速控制响应；如果误差变化为正，这表明误差趋于减小，那么应选择较小的控制量，即误差变化为 PS 时，控制量取 PM，而误差变化为 PM 或 PB 时，可不增加控制量，所取控制量为 AZ。

当误差较小（NS、AZ 或 PS）时，主要问题是使控制系统尽快趋向稳定，并防止发生超调现象。这时的控制量是根据误差变化确定的。例如，若误差为 NS，误差变化为 PB，则取控制量为 NS。根据系统的运行特点，当控制系统的误差和误差变化同时改变正负号时，控制量也必须变号。因此，对于正误差，相应控制量可被对称地确定，见表 4.4。根据表 4.4 能够写出相应的模糊条件语句。

（3）确定模糊化的解模糊策略和制定控制表。在求得误差和误差变化的模糊集 E 和 EC 之后，控制量的模糊集 U 可由模糊推理综合算法获得：

$$U = E \times EC \circ R \tag{4.26}$$

式中，R 为模糊关系矩阵。控制量的模糊集 U 可被变换为精确值，见表 4.5。

在建造模糊控制系统时，首先需要把全部误差和误差变化由精确输入变换为模糊输入。这个过程就是我们已经知道的模糊化。而经过综合计算的控制量模糊集合 U 最后要变换为精确输出，供执行控制用。我们已经知道，这个过程叫作解模糊或模糊判决。可以根据实际情况，采用有关模糊集和模糊控制参考书中的任何方法实现模糊化和模糊判决。

表 4.5 模糊集 U 隶属函数的赋值——模糊控制表

E	EC												
	−6	−5	−4	−3	−2	−1	0	+1	+2	+3	+4	+5	+6
−6	7	6	7	6	7	7	7	4	4	2	0	0	0
−5	6	6	6	6	6	6	6	4	4	2	0	0	0
−4	7	6	7	6	7	7	7	4	4	2	0	0	0
−3	6	6	6	6	6	6	6	3	2	0	−1	−1	−1
−2	4	4	4	5	4	4	4	1	0	0	−1	−1	−1
−1	4	4	4	5	4	4	1	0	0	0	−3	−2	−1
−0	4	4	4	5	1	1	0	−1	−1	−1	−4	−4	−4
+0	4	4	4	5	1	1	0	−1	−1	−1	−4	−4	−4
+1	2	2	2	2	0	0	−1	−4	−4	−3	−4	−4	−4
+2	1	1	1	−2	0	−3	−4	−4	−4	−3	−4	−4	−4
+3	0	0	0	0	−3	−3	−6	−6	−6	−6	−6	−6	−6
+4	0	0	0	−2	−4	−4	−7	−7	−7	−6	−7	−6	−7
+5	0	0	0	−2	−4	−4	−6	−6	−6	−6	−6	−6	−6
+6	0	0	0	−2	−4	−4	−7	−7	−7	−6	−7	−6	−7

（4）确定模糊控制器的参数。控制系统中误差和误差变化的实际范围称为量化变量的基本论域。在设计某个具体的模糊控制器的过程中，所有输入变量和输出变量的论域都必须予以确定。譬如，对于一个液位模糊控制器，需要首先确定液面位置的控制范围以及阀门的最大和最小容量等。这些控制要求将决定模糊控制器中 A/D 和 D/A 变换器的电压和电流变化范围。由于模糊控制器的量化因子和比例因子对模糊控制器的静态和动态特性影响较大，因此必须合理地选择这两种因子。假设误差的基本论域为$[-x,+x]$，误差的模糊集论域为$\{-n, -n+1,\cdots,0,\cdots,n-1,n\}$，那么误差量化因子 k_1 可由下式确定：

$$k_1 = \frac{n}{x} \tag{4.27}$$

误差变化的量化因子 k_2 和输出控制量的比例因子 k_3 可按上述同样的方法确定。

4.4.2 模糊控制器的控制规则形式

现有的模糊逻辑控制器（FLC），其控制规则一般具有下列形式：

IF（过程状态） THEN（控制作用） （4.28）

这里（…）表示基本变量的一些模糊命题。这种语言虽然对于简单的、行为良好的过程是可以胜任的，但在表达控制知识方面却受到很大限制。不管怎样，按常规控制理论类推，以这种方式构成的 FLC 不过是一个将过程状态映射到控制作用的非线性增益控制器。

专家模糊控制器（EFC）则容许更复杂的分层规则，如：

IF（过程状态） THEN（中间变量 1） （4.29）

⋮ ⋮

IF（中间变量 N） THEN（控制作用） （4.30）

这里，中间变量代表一些隐含的不可测状态，它们能影响所采用的控制作用。以这种方式构成的规则使得用于确定控制作用的推理更清楚了一些，从而使简单的“激励－响应”控制系统前进了一步。

在更复杂层次，EFC 容许包含策略性知识。因此，就可以确定应用哪一低层规则的中间规则，即

$$\begin{array}{ll} \text{IF（过程状态 1）} & \text{THEN（应用规则集}\ A\text{）} \\ \vdots & \vdots \\ \text{IF（过程状态}\ N\text{）} & \text{THEN（应用规则集}\ B\text{）} \end{array} \tag{4.31}$$

也可有这类规则，它们被用来确定低层规则的某一时间次序，即

$$\begin{array}{ll} \text{IF（过程状态）} & \text{THEN（首先应用规则集}\ A\text{）} \\ & \text{（然后应用规则集}\ B\text{）} \end{array} \tag{4.32}$$

上面所描述的规则全都是“事件驱动规则”的例子，都以正向链接的模式处理，即这些规则只有在过程的状态同预先确定的条件相“匹配”时才加以应用。

此外，EFC 还容许问题的目标及约束函数作为规则的可能。这些目标驱动规则用于改变控制器的结构，比如从一种控制模式转换为另一种控制模式。例如，希望将过程从一个稳定状态驱动到另一个稳定状态（也许是为了响应生产上所需的变化），那么就需要这类形式的规则：

IF（新目标） THEN（初始化规则组 1）

这里（新目标）是当前目标同新目标之间差别的某种描述，而（初始化规则组 1）则指出应当采用完全不同的低层规则集。

此外，还有其他一些模糊控制规则的表示形式。

4.5 模糊控制系统的设计方法

随着求解对象不同（如受控系统的不同），其问题要求、系统性质、知识类型、输入-输出条件和函数形式也不尽相同，因而对模糊系统（含模糊控制系统）的设计方法也可能不同。例如，对任意输入确定输出的系统，可按给定的逼近精度设计一个模糊系统，使其逼近某一给定函数，或者按所需精度用二阶边界设计模糊系统。又如，对于由输入-输出数据对描述的系统，可用查表法、梯度下降法、递推最小二乘法和聚类法等方法来设计模糊系统。再如，可用试错法设计非自适应模糊系统。此外，还有语言平面法、专家系统法、CAD 工具法和遗传进化算法等模糊系统设计方法，均可用来设计模糊控制系统。

下面介绍其中几种模糊系统的设计方法。

4.5.1 模糊系统设计的查表法

假设给出如下输入-输出数据对：

$$(x_0^p;y_0^p) \qquad p=1,2,\cdots,N \tag{4.33}$$

式中，$x_0^p \in U=[\alpha_1,\beta_1]\times\cdots\times[\alpha_n,\beta_n]\subset R^n$，$y_0^p \in V=[\alpha_y,\beta_y]\subset R$。根据以上 N 对输入-输出数据设计一个模糊系统 $f(x)$。用查表法设计模糊系统的步骤如下：

（1）把输入和输出空间划分为模糊空间。在每个区间 $[\alpha_i,\beta_i]$（i=1,2,⋯,n）上定义 N_i 个模糊

集 A_i^j（j=1,2,…,N_i），且 A_i^j 在 $[\alpha_i,\beta_i]$ 上是完备模糊集，即对任意 $x\in[\alpha_i,\beta_i]$ 都存在 A_i^j 使得 $\mu_{A_i^j}(x_i)\neq 0$。比如，可选择 $\mu_{A_i^j}(x_i)$ 为四边形隶属度函数：

$$\mu_{A_i^j}(x_i)=\mu_{A_i^j}(x_i;a_i^j,b_i^j,c_i^j,d_i^j)$$

其中，$a_i^1=b_i^1=a_i$，$c_i^j=a_i^{j+1}<b_i^{j+1}=d_i^j$（$j$=1,2,…,$N_i$−1），$a^{N_i}=d^{N_i}=\beta_i$。

类似地，定义 N_y 个模糊集 B^j，j=1,2,…,N_y，它们在 $[\alpha_i,\beta_i]$ 上也是完备模糊集。也选择 $\mu_{B^j}(y)$ 为四边形隶属度函数：

$$\mu_{B^j}(y)=\mu_{B^j}(y;a^j,b^j,c^j,d^j)$$

其中，$a^1=b^1=a_j$，$c^j=a^{j+1}<b^{j+1}=d^j$（j=1,2,…,N_y−1），$a^{N_y}=d^{N_y}=\beta_y$。

（2）由一个输入-输出数据对产生一条模糊规则。

首先，根据每个输入-输出数据对 $(x_{01}^p,\cdots,x_{0n}^p;\ y_0^p)$ 确定 x_{0i}^p（i=1,2,…,n）隶属于模糊集 A_i^j（$i=1,2,\cdots,N_i$）的隶属度值和 y_0^p 隶属于模糊集 B^l 的隶属度值（$l=1,2,\cdots,N_y$），即计算 $\mu_{A_i^j}(x_{0i}^p)$（$j=1,2,\cdots,N_i$，$i=1,2,\cdots,n$）和 $\mu_{B^l}(y_0^p)$（$l=1,2,\cdots,N_y$）。

然后，对每个输入变量 x_i（$i=1,2,\cdots,n$）确定使 x_{0i}^p 有最大隶属度值的模糊集，即确定 A^{j^*} 使得 $\mu_{A_i^{j^*}}(y_{0i}^p)\geqslant\mu_{A_i^j}(y_{0i}^p)$（$j=1,2,\cdots,N_y$）。类似地，确定 B^{l^*} 使得 $\mu_{B^{l^*}}(y_0^p)\geqslant\mu_{B^l}(y_0^p)$（$l=1,2,\cdots,N_y$）。最后可以得到下面的模糊 IF-THEN 规则：

$$\text{如果 } x_1 \text{ 为 } A_1^{j^*} \text{ 且}\cdots\text{且 } x_n \text{ 为 } A_n^{j^*}\text{，那么 } y \text{ 为 } B^{l^*} \tag{4.34}$$

（3）对步骤（2）中的每条规则赋予一个强度。由于输入-输出数据对的数量通常都比较大，且每对数据都会产生一条规则，所以很可能会出现有冲突的规则，即规则的 IF 部分相同，而 THEN 部分不同。为了解决这一冲突，可赋予步骤（2）中的每条规则一个强度，从而使得一个冲突群中仅有一条规则具有最大强度。这样，不仅冲突问题解决了，而且规则数量也大大减少了。

规则的强度定义如下，假设规则（4.34）是由输入-输出数据对 $(x_0^p;y_0^p)$ 产生的，则其强度可定义为

$$D(\text{规则})=\prod_{i=1}^{n}\mu_{A_i^{j^*}}(x_{0i}^p)\mu_{B^{l^*}}(y_0^p) \tag{4.35}$$

如果输入-输出数据对具有不同的可靠性且能用一个数来评价它的话，则可以把这一个信息也合并到规则强度中。具体来说，假定输入-输出数据对 $(x_0^p;y_0^p)$ 的可靠程度为 μ^p（$\in[0,1]$），则由 $(x_0^p;y_0^p)$ 产生的规则强度可定义为

$$D(\text{规则})=\prod_{i=1}^{n}\mu_{A_i^{j^*}}(x_{0i}^p)\mu_{B^{l^*}}(y_0^p)\mu^p \tag{4.36}$$

（4）创建模糊规则库。模糊规则库由以下三个规则集合组成：

- 步骤（2）中产生的与其他规则不发生冲突的规则。
- 一个冲突规则群体中具有最大强度的规则，其中冲突规则群体是指那些具有相同的 IF 部分的规则。
- 来自于专家的语言规则（主要指专家的显性知识）。

由于前两个规则集合是由隐性知识得到的，所以最终的规则库是由显性知识和隐性知识组成的。

直观上，可以把一个模糊规则库描述成一个二维输入情况下的可查询的表格。每个格子代表$[\alpha_1,\beta_1]$中的模糊集和$[\alpha_2,\beta_2]$中的模糊集的一个组合，由此可得到一条可能的规则。一个冲突规则群体是由同一个格子中的规则组成的。该方法也可以看作用恰当的规则来填充这个表格，这就是称其为查表法的原因。

（5）基于模糊规则库构造模糊系统。根据步骤（4）中产生的模糊规则库来构造模糊系统。例如，可以选择带有乘积推理机、单值模糊器、中心平均解模糊器的模糊系统。

4.5.2　模糊系统设计的梯度下降法

查表法第（1）步中的隶属函数是固定不变的，且不必根据输入-输出对进行优化。当对隶属函数进行优化后而选定时，就是模糊系统的另一种设计方法——梯度下降法。

1. 系统结构选择

采用查表法设计模糊系统时，首先由输入-输出数据对产生模糊 IF-THEN 规则，然后根据这些规则和选定的模糊推理机、模糊器、解模糊器来构造模糊系统。而采用梯度下降法设计模糊系统时，首先描述模糊系统的结构，然后允许模糊系统结构中的一些参数自由变化，最后根据输入-输出数据对确定这些自由参数。

设计模糊系统的结构就是选定模糊系统的形式。假定将要设计的模糊系统形式选为

$$f(x)=\frac{\sum_{l=1}^{M}\bar{y}^{l}\left[\prod_{i=1}^{n}\exp\left(-\left(\frac{x_i-\bar{x}_i^l}{\sigma_i^l}\right)^2\right)\right]}{\sum_{l=1}^{M}\left[\prod_{i=1}^{n}\exp\left(-\left(\frac{x_i-\bar{x}_i^l}{\sigma_i^l}\right)^2\right)\right]} \tag{4.37}$$

式中，M 是固定不变的，$\bar{y}^l$、$\bar{x}_i^l$ 和σ_i^l 是自由变化的参数（令$\sigma_i^l=1$）。尽管模糊系统的结构已经选定为式（4.37），但是由于参数$\bar{y}^l$、$\bar{x}_i^l$ 和σ_i^l 还未确定，所以模糊系统并未设计好。一旦参数$\bar{y}^l$、$\bar{x}_i^l$ 和σ_i^l 确定了，模糊系统也就设计好了，即设计模糊系统和确定$\bar{y}^l$、$\bar{x}_i^l$ 和σ_i^l 是等价的。

把式（4.37）中的模糊系统表述为一个前馈网络有助于以某种最优的方式确定这些参数。具体来讲，从输入 $x\in U\subset R^n$ 到输出 $f(x)\in V\subset R$ 的映射可以根据下面的运算得到。首先，输入 x 根据一个乘积高斯算子运算而变成了 $z^l=\sum_{l=1}^{M}\left[\prod_{i=1}^{n}\exp\left(-\left(\frac{x_i-\bar{x}_i^l}{\sigma_i^l}\right)^2\right)\right]$；然后，$z^l$ 再通过一个求和运算和一个加权求和运算得到$b=\sum_{l=1}^{M}z^l$ 和 $a=\sum_{l=1}^{M}\bar{y}^l z^l$；最后，计算模糊系统的输出 $f(x)=a/b$ 。

2. 系统参数设计

参数设计就是由式（4.33）给定的输入-输出数据对设计出一个形如式（4.37）的模糊系统 $f(x)$，使得下面的拟合误差最小：

$$e^p=\frac{1}{2}\left[f(x_0^p)-y_0^p\right]^2 \tag{4.38}$$

设计任务是确定参数 $\overline{y}^l$、$\overline{x}_i^l$ 和 σ_i^l 使式（4.38）中的 e^p 最小。接下来，分别用 e、f 和 y 来表示 e^p、$f(x_0^p)$ 和 y_0^p。

下面用梯度下降法来确定参数，具体地讲，就是用下面的算法来确定 $\overline{y}^l$：

$$\overline{y}^l(q+1)=\overline{y}^l(q)-a\frac{\partial e}{\partial \overline{y}^l}\Big|_q \tag{4.39}$$

式中，l=1,2,⋯,M，q=1,2,3,⋯,a 为定步长。如果 q 趋于无穷时，$\overline{y}^l(q)$ 收敛，则由式（4.39）可知，在收敛的 $\overline{y}^l$ 处有 $\frac{\partial e}{\partial \overline{y}^l}=0$，这表明收敛点 $\overline{y}^l$ 是 e 的一个局部极小点。由图 4.8 可知，f（于是 e 亦如此）仅通过 a 依赖于 $\overline{y}^l$，其中，f=a/b，$a=\sum_{l=1}^{M}\overline{y}^l z^l$，$b=\sum_{l=1}^{M}z^l$，$z^l=\prod_{i=1}^{n}\exp\left(-\left(\frac{x_i-\overline{x}_i^l}{\sigma_i^l}\right)^2\right)$，因此根据复合函数求导规则有：

$$\frac{\partial e}{\partial \overline{y}^l}=(f-y)\frac{\partial f}{\partial a}\frac{\partial a}{\partial \overline{y}^l}=(f-y)\frac{1}{b}z^l \tag{4.40}$$

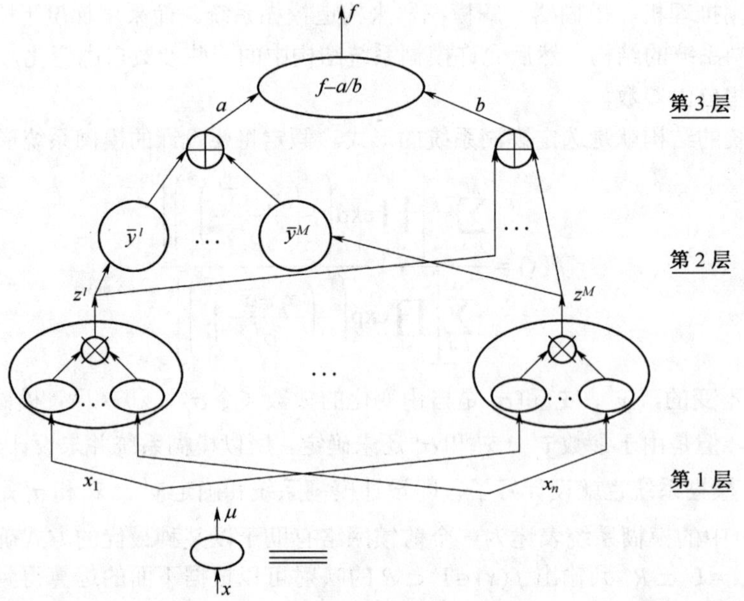

图 4.8　模糊系统的网络示意图

把式（4.40）代入式（4.39）中，即可得 $\overline{y}^l$ 的学习算法为

$$\overline{y}^l(q+1)=\overline{y}^l(q)-a\frac{f-y}{b}z^l \tag{4.41}$$

式中，l=1,2,⋯,M，q=0,1,2,⋯。

用下式确定 $\overline{x}_i^l$：

$$\overline{x}_i^l(q+1)=\overline{x}_i^l(q)-a\frac{\partial e}{\partial \overline{x}_i^l}\Big|_q \tag{4.42}$$

式中，i=1,2,⋯,n，l=1,2,⋯,M，q=0,1,2,⋯。由图 4.8 可以看出，f（于是 e 亦如此）仅通过 z^l 依赖于 $\overline{x}_i^l$，所以根据复合函数求导规则，有：

$$\frac{\partial e}{\partial \overline{x}_i^l}=(f-y)\frac{\partial f}{\partial z^l}\frac{\partial z^l}{\partial \overline{x}_i^l}=(f-y)\frac{\overline{y}^l-f}{b}z^l\,\frac{2(x_{0i}^p-\overline{x}_i^l)}{\sigma_i^{l2}} \tag{4.43}$$

把式（4.49）代入式（4.48），可得$\overline{x}_i^l$的学习算法为

$$\overline{x}_i^l(q+1)=\overline{x}_i^l(q)-\frac{f-y}{b}(\overline{y}^l(q)-f)z^l\,\frac{2(x_{0i}^p-\overline{x}_i^l(q))}{\sigma_i^{l2}(q)} \tag{4.44}$$

式中，i=1,2,⋯,n，l=1,2,⋯,M，q=0,1,2,⋯。

用同样的步骤，可得σ_i^l的学习算法为

$$\begin{aligned}\sigma_i^l(q+1)&=\sigma_i^l(q)-a\frac{\partial e}{\partial \sigma_i^l}\Big|_q\\&=\sigma_i^l(q)-a\frac{f-y}{b}(\overline{y}^l(q)-f)z^l\,\frac{2(x_{0i}^p-\overline{x}_i^l(q))^2}{\sigma_i^{l3}(q)}\end{aligned} \tag{4.45}$$

式中，i=1,2,⋯,n，l=1,2,⋯,M，q=0,1,2,⋯。

学习算法（4.41）、（4.44）和（4.45）完成的是一个误差反向传播程序。为了训练$\overline{y}^l$，标准误差$(f-y)/b$被反向传播到$\overline{y}^l$所在层，则$\overline{y}^l$可用式（4.41）来调整，这里z^l是$\overline{y}^l$的输入（参见图 4.6），为了训练$\overline{x}_i^l$和σ_i^l，标准误差$(f-y)/b$与$\overline{y}^l-f$及z^l的乘积被反向传播到第 1 层的处理单元（其输出为z^l），则$\overline{x}_i^l$和σ_i^l可分别用式（4.44）和式（4.45）来调整，余下变量$\overline{x}_i^l$、x_{0i}^p和σ_i^l［即式（4.44）和式（4.45）右边的除$\dfrac{f-y}{b}(\overline{y}^l-f)z^l$以外的变量］也可被局部地得到。因此，也称这一算法为误差反向传播学习算法。

3. 设计步骤

用梯度下降法设计模糊系统的步骤如下：

（1）结构的确定和初始参数的设置。选择形如式（4.37）的模糊系统并确定 M。M 越大，产生的参数越多，运算也就越复杂，但给出的逼近精度越高。设定初始参数$\overline{y}^l(0)$、$\overline{x}_i^l(0)$和$\sigma_i^l(0)$。这些初始参数可能是根据专家的语言规则确定的，也可能是由均匀的覆盖输入-输出空间的相应的隶属度函数确定的。

（2）给出输入数据并计算模糊系统的输出。对于给定的输入-输出数据对(x_0^p, y_0^p)，p=1,2,⋯，在学习的第 q（q=0,1,2,⋯）阶段，把输入x_0^p作为图 4.6 中的模糊系统的输入层，然后计算第 1 层至第 3 层的输出，即计算

$$z^l=\prod_{i=1}^{n}\exp\left(-\left(\frac{x_{0i}^p-\overline{x}_i^l(q)}{\sigma_i^l(q)}\right)^2\right) \tag{4.46}$$

$$b=\sum_{l=1}^{M}z^l \tag{4.47}$$

$$a=\sum\overline{y}^l(q)z^l \tag{4.48}$$

$$f=a/b \tag{4.49}$$

（3）调整参数。采用学习算法（4.41）、（4.44）和（4.45）计算要调整的参数$\overline{y}^l(q+1)$、$\overline{x}_i^l(q+1)$、$\sigma_i^l(q+1)$，其中$y=y_0^p$，z^l、b、a、f 等都属于步骤（2）中算出的z^l、b、a、f。

（4）令 $q=q+1$ 返回步骤（2）重新计算，直至误差$\left|f-y_0^p\right|$小于一个很小的常数 ε，或直至 q 等于一个预先指定的值。

（5）令 $p=p+1$ 返回步骤（2）重新计算，即用下一个输入-输出数据对(x_0^{p+1},y_0^{p+1})来调整参数。

（6）如果有必要的话，令 $p=1$，并重新计算步骤（2）至步骤（5），直至所设计的模糊系统令人满意。对于在线控制和动态辨识问题，这一步是不可行的，因为该问题给出的输入-输出数据对是以实时方式一一对应的；而对于模式识别问题，因为其输入-输出数据对是离线的，所以这一步是可行的。

4.5.3 模糊系统设计的递推最小二乘法

梯度下降算法试图使式（4.38）中的 e^p 达到最小，但它仅考虑了某一输入-输出数据对$(x_0^p;y_0^p)$的拟和误差，即这种学习算法是在某一时刻通过调整参数以拟和输入-输出数据对的。另一种学习算法能使所有由 1 至 p 的输入-输出数据对的拟和误差之和达到最小。现在的目标是设计一个模糊系统 $f(x)$，使得下式最小：

$$J_p=\sum_{j=1}^{p}[f(x_0^j)-y_0^j]^2 \tag{4.50}$$

此外，还要递推地设计该模糊系统，即如果 f_p 就是使 J_p 最小的模糊系统，则 f_p 应该可以被表述为 f_{p-1} 的函数。

用递推最小二乘法设计模糊系统的步骤如下：

（1）假设$U=[\alpha_1,\beta_1]\times\cdots\times[\alpha_n,\beta_n]\subset R^n$。在每个区间$[\alpha_i,\beta_i]$（$i=1,2,\cdots,n$）上定义 N_i 个模糊集 $A_i^{l_i}$（$l_i=1,2,\cdots,N_i$），它们在$[\alpha_i,\beta_i]$是完备模糊集。如果可选 $A_i^{l_i}$ 为四边形模糊集：$\mu_{A_i^{l_i}}(x_i)=\mu_{A_i^{l_i}}(x_i;a_i^{l_i},b_i^{l_i},c_i^{l_i},d_i^{l_i})$，其中，$a_i^1=b_i^1=a_i$，$c_i^j\leqslant a_i^{j+1}<d_i^j\leqslant b_i^{j+1}$（$j=1,2,\cdots,N_i-1$），$c_i^{N_i}=d_i^{N_i}=\beta_i$。

（2）根据如下形式的$\prod_{i=1}^{n}N_i$条模糊 IF-THEN 规则来构造模糊系统：

$$\text{如果 } x_1 \text{ 为 } A_1^{l_1}\text{，且 } x_n \text{ 为 } A_n^{l_n}\text{，则 } y \text{ 为 } B^{l_1\cdots l_n} \tag{4.51}$$

其中，$l_i=1,2,\cdots,N_i$（$i=1,2,\cdots,n$），$B^{l_1\cdots l_n}$是中心为$\overline{y}^{l_1\cdots l_n}$（可自由变化）的任意模糊集。具体地讲，就是选择带有乘积推理机、单值模糊器、中心平均解模糊器的模糊系统，即所设计的模糊系统为

$$f(x)=\frac{\sum_{l_1=1}^{N_1}\cdots\sum_{l_n=1}^{N_n}\overline{y}^{l_1\cdots l_n}\left[\prod_{i=1}^{n}\mu_{A_i^{l_i}}(x_i)\right]}{\sum_{l_1=1}^{N_1}\cdots\sum_{l_n=1}^{N_n}\left[\prod_{i=1}^{n}\mu_{A_i^{l_i}}(x_i)\right]} \tag{4.52}$$

其中，$\overline{y}^{l_1\cdots l_n}$是要设计的自由参数，$A_i^{l_i}$ 在步骤（1）中给定。然后将自由参数$\overline{y}^{l_1\cdots l_n}$放到$\prod_{i=1}^{n}N_i$维向量中

$$\theta=(\overline{y}^{1\cdots1},\cdots,\overline{y}^{N_1 1\cdots 1},\overline{y}^{121\cdots1},\cdots,\overline{y}^{N_1 21\cdots 1},\cdots,\overline{y}^{1N_2\cdots N_n},\cdots,\overline{y}^{N_1N_2\cdots N_n})^{\mathrm{T}} \tag{4.53}$$

则式（4.52）可变为

$$f(x)=b^{\mathrm{T}}(x)\theta \tag{4.54}$$

其中

$$\begin{aligned}b(x)=(&b^{1\cdots1}(x),\cdots,b^{N_1 1\cdots1}(x),b^{121\cdots1}(x),\cdots,b^{N_1 21\cdots1}(x),\cdots,\\&b^{1N_2\cdots N_n}(x),\cdots,b^{N_1N_2\cdots N_n}(x))^{\mathrm{T}}\end{aligned} \tag{4.55}$$

$$b^{l_1\cdots l_n}(x)=\frac{\prod_{i=1}^{n}\mu_{A_i^{l_i}}(x_i)}{\sum_{l_1=1}^{N_1}\cdots\sum_{l_n=1}^{N_n}\left[\prod_{i=1}^{n}\mu_{A_i^{l_i}}(x_i)\right]} \tag{4.56}$$

（3）根据以下过程选择初始参数 $\theta(0)$：如果专家（显性知识）能提供与式（4.51）的 IF 部分相同的语言规则，则选择 $\overline{y}^{l_1\cdots l_n}(0)$为这些语言规则的 THEN 部分的模糊集中心；否则，在输出空间 $V\subset R$ 上任意选择 $\theta(0)$（如选定 $\theta(0)=0$ 或 $\theta(0)$中的元素在 V 上的均匀分布）。由此可知，最初的模糊系统是由显性知识组建而成的。

（4）当 p=1,2,…时，用以下递推最小二乘法计算参数 θ：

$$\theta(p)=\theta(p-1)+K(p)[y_0^p-b^{\mathrm{T}}(x_0^p)\theta(p-1)] \tag{4.57}$$

$$K(p)=P(p-1)b(x_0^p)[b^{\mathrm{T}}(x_0^p)P(p-1)b(x_0^p)+1]^{-1} \tag{4.58}$$

$$\begin{aligned}P(p)=&P(p-1)-P(p-1)b(x_0^p)\\&[b^{\mathrm{T}}(x_0^p)P(p-1)b(x_0^p)+1]^{-1}b^{\mathrm{T}}(x_0^p)P(p-1)\end{aligned} \tag{4.59}$$

式中，$\theta(0)$是在步骤（3）中选定的，$P(0)=\sigma I$（σ 是一个很大的常数）。在所设计的形如式（4.52）的模糊系统的参数 $\overline{y}^{l_1\cdots l_n}$ 等于 $\theta(p)$中的对应元素。

4.5.4 模糊系统设计的聚类法

聚类法意味着把一个数据集合分割成不相交的子集或组，一组中的数据应具有同其他数据区分开来的性质。首先，应对输入-输出数据对按输入点的分布进行分组，然后每组仅用一条规则来描述。例如，把 6 对输入-输出数据分成两组，每组分别为 2 对和 4 对，然后产生出两条用于构造模糊系统的规则。

最近邻聚类法是一种最简单的聚类算法。在此算法中，首先把第一个数据作为第一组的聚类中心。接下来，如果一个数据距该聚类中心的距离小于某个预定值，就把这个数据放到此组中，即该组的聚类中心应是和这个数据最接近的；否则，把该数据设为新一组的聚类中心。

用最近邻聚类法设计模糊系统的步骤如下：

（1）从第一个输入-输出数据对 $(x_0^1;y_0^1)$ 开始，把 x_0^1 设为一个聚类中心 x_c^1，并令 $A^1(1)=y_0^1$，$B^1(1)=1$，设定半径 r。

（2）假定考虑第 k 对输入-输出数据 $(x_0^k;y_0^k)$（k=2,3,…）时，已经存在聚类中心分别为 $x_c^1,x_c^2,\cdots,x_c^M$ 的 M 个聚类。分别计算 x_0^k 到这 M 个聚类中心的距离$\left|x_0^k-x_c^l\right|$（l=1,2,…,M）。设这些距离中最小的距离为$\left|x_0^k-x_c^{l_k}\right|$，即 $x_c^{l_k}$ 为 x_0^k 的最近邻原则聚类，则：

1）如果$\left|x_0^k-x_c^{l_k}\right|>r$，则把 x_0^k 设为一个新的聚类中心 $x_c^{M+1}=x_0^k$，令 $A^{M+1}(k)=y_0^k$，$B^{M+1}(k)$=1，并令 $A^l(k)=A^l(k-1)$（$l=1,2,\cdots,M$）。

2）如果$\left|x_0^k - x_c^{l_k}\right| \leqslant r$，则做如下计算：

$$A^{l_k}(k) = A^{l_k}(k-1) + y_0^k \tag{4.60}$$

$$B^{l_k}(k) = B^{l_k}(k-1) + 1 \tag{4.61}$$

当$l \neq l_k$，$l=1,2,\cdots,M$时，令

$$A^l(k) = A^l(k-1) \tag{4.62}$$

$$B^l(k) = B^l(k-1) \tag{4.63}$$

（3）如果x_0^k并未建立一个新的聚类，则根据k对输入-输出数据$(x_0^j; y_0^j)$（$j=1,2,\cdots,k$）设计如下模糊系统：

$$f_k(x) = \frac{\sum_{l=1}^{M} A^l(k)\exp\left(-\frac{\left|x - x_c^l\right|^2}{\sigma}\right)}{\sum_{l=1}^{M} B^l(k)\exp\left(-\frac{\left|x - x_c^l\right|^2}{\sigma}\right)} \tag{4.64}$$

如果x_0^k建立了一个新的聚类，则所设计的模糊系统为

$$f_k(x) = \frac{\sum_{l=1}^{M+1} A^l(k)\exp\left(-\frac{\left|x - x_c^l\right|^2}{\sigma}\right)}{\sum_{l=1}^{M+1} B^l(k)\exp\left(-\frac{\left|x - x_c^l\right|^2}{\sigma}\right)} \tag{4.65}$$

（4）令$k = k+1$，返回步骤（2）。

从式（4.60）至式（4.63）可以看出，变量$B^l(k)$等于第l组中已使用了k对输入-输出数据后的输入-输出数据对的数目，$A^l(k)$等于第l组中输入-输出数据对的输出值的总和。所以，如果每个输入-输出数据对都建立了一个聚类中心，则所设计的模糊系统（4.65）就变成了最优的模糊系统。因为最优的模糊系统可以看作用一条规则来对应一个输入-输出数据对，所以模糊系统（4.70）和（4.71）就可以看作用一条规则来对应一组输入-输出数据对。由于每个输入-输出数据对都有可能产生一个新的聚类，因此所设计的模糊系统中规则的数目在设计过程中也是不断变化的。组（或规则）的数目取决于输入-输出数据对中输入点的分布及半径r。

半径r确定了模糊系统的复杂性。r越小，所得到的组的数目就越多，从而使得模糊系统越复杂。当r较大时，所设计的模糊系统会比较简单但缺乏力度。实际中，可以通过试错法找到一个适当的半径r。

4.6 模糊控制器的设计实例与实现

上节所讨论的模糊控制器的设计内容是比较原则性的，在实际控制系统设计中，可能把设计系统分得较细（如 8 步），也可能分得比较粗（如 4 步），而在每一步骤中又包括两个以上的子步骤。不过，无论采用哪种设计方法，其指导思想和原则是一致的。众所周知，控制系统的设计是针对实际应用的受控对象进行的，其设计过程与受控对象密不可分。随着受控对象的不同和控制

要求的高低，控制系统可能比较复杂，也可能比较简单。模糊控制系统的设计也不例外。下面以造纸机模糊控制系统为例介绍模糊控制器的设计思想和方法，可供其他受控对象参考。

典型的造纸机抄造工段的工艺流程如同 4.9 所示。打浆车间送来的浓纸浆在混合箱与白水混合稀释后形成稀纸浆；经过除砂装置去除浆料中的尘埃和浆团，通过网前箱流布在铜网上。纸浆在铜网上经自然滤水，形成湿纸页，经压榨部脱水后，连续经过两组烘缸干燥，最后经压光作为正品纸，上卷筒卷取。

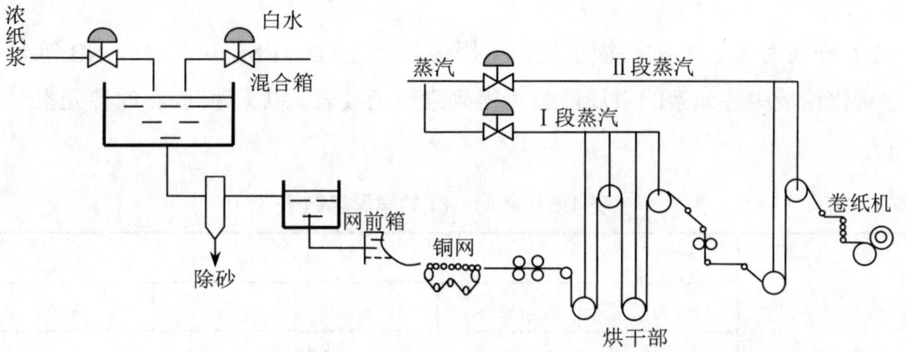

图 4.9　造纸机抄造工艺流程

成纸水分［纸页中的含水量（%）］是纸页最重要的质量指标之一。水分过高会导致水分不均匀，容易出现起泡、水斑等各种纸病；水分过低，则会导致纸页发脆，强度减弱，甚至造成断纸，同时还会多用蒸汽，使能耗增加。如果在工艺允许的条件下，将水分控制在接近国家标准的上限，就可获得明显的经济效益。

在长达数十米的纸机流程中，影响成纸水分的因素很多，其中最主要的是湿纸页在烘干过程中的热传递情况和成纸定量水分的耦合。由于蒸汽压力是可测可量的，一般将它取为成纸水分的控制变量。烘干部有 3 组共 20 多只直径为 1 米左右的烘缸，要以定量关系式准确地描述纸页在烘干过程中的机理是十分困难的，因此采用模糊控制器控制成纸水分较为合适和可行。

4.6.1　模糊控制器设计

一个实时模糊控制器的设计通常可分为离线和在线两部分。离线设计就是根据操作人员的先验知识确定模糊控制规则到生成模糊控制查询表的完整过程。它包括输入量量化，确定模糊子集和模糊关系矩阵，进行模糊判决，建立控制输出查询表等内容。

关于成纸水分控制的先验知识可定性归纳为：

（1）如果成纸水分低于给定值，就需要减少进入烘缸的蒸汽，降低烘缸温度，使水分值升高；反之，则增加蒸汽量，使水分值降低。

（2）由于湿纸页通过 I 段烘缸（第 1、2 组）后，水分值已降低到 10%以下，只是施胶后再干燥。所以在水分值偏离给定值不大时，只需调节 II 段（第 3 组）烘缸的蒸汽量；但在偏离较大时，应同时调节 I 段、II 段烘缸的蒸汽量。

（3）由于烘缸升温快而降温相对慢些，因而开汽和关汽的速度要求应该不同，关汽应快些。

根据上述先验知识，模糊控制器离线设计可按下述步骤进行：

（1）量化。设 e 和 ec 分别代表偏差和偏差变化率，取其基本论域为

$$E=[e_{\min},e_{\max}] \text{和} EC=[ec_{\min},ec_{\max}] \tag{4.66}$$

将基本论域量化为

$$\begin{cases} E \Rightarrow X=\{x_1,x_2,\cdots,x_{p_1}\} \\ EC \Rightarrow Y=\{y_1,y_2,\cdots,y_{p_2}\} \end{cases} \tag{4.67}$$

（2）确定模糊子集。得到量化论域后，对各变量定义模糊子集。令

$$X=\{\underset{\sim}{A_i}\}_{(i=1,2,\cdots,n)} \text{和} Y=\{\underset{\sim}{B_j}\}_{(j=1,2,\cdots,m)} \tag{4.68}$$

式中，A_i 和 B_j 分别为 X、Y 的模糊子集，可用语言变量PB，PM，…，$\tilde{\text{N}}$M，$\tilde{\text{N}}$B 等表示。对各模糊子集确定量化论域中各元素的隶属函数可得到隶属函数表。以 x 为例，x 的各元素对 $\{A_i\}$ 的隶属函数见表 4.6。

表 4.6　x_i 对 $\{A_i\}$ 的隶属函数表

A_i	x_i					
	x_1	x_2	…	x_i	…	x_n
	$\mu B_i(x)$					
NB	$\mu_{\text{NB}}(x_1)$	$\mu_{\text{NB}}(x_2)$	…	$\mu_{\text{NB}}(x_i)$	…	$\mu_{\text{NB}}(x_n)$
⋮	⋮	⋮	⋮	⋮	⋮	⋮
PB	$\mu_{\text{PB}}(x_1)$	$\mu_{\text{PB}}(x_2)$	…	$\mu_{\text{PB}}(x_i)$	…	$\mu_{\text{PB}}(x_n)$

设 μ_1、μ_2 分别为Ⅰ段蒸汽和Ⅱ段蒸汽的控制量，相应的论域为

$$\begin{cases} Z_1=\{\underset{\sim}{C_{1k_1}}\} \quad (k_1=1,2,\cdots,l_1) \\ Z_2=\{\underset{\sim}{C_{2k_2}}\} \quad (k_2=1,2,\cdots,l_2) \end{cases} \tag{4.69}$$

（3）确定模糊关系与控制输出模糊子集。根据操作经验，设定一组模糊控制规则为

$$\text{IF } \underset{\sim}{A_i} \text{ THEN IF } \underset{\sim}{B_j} \text{ THEN } \underset{\sim}{C_{1ij}} \text{ AND } \underset{\sim}{C_{2ij}}$$

$$(i=1,2,\cdots,n;\ j=1,2,\cdots,m) \tag{4.70}$$

或写成：IF $\underset{\sim}{A_i}$ THEN IF $\underset{\sim}{B_j}$ THEN $\underset{\sim}{C_{1ij}}$ AND IF $\underset{\sim}{A_i}$ THEN IF $\underset{\sim}{B_j}$ THEN C_{2ij}

其模糊关系为

$$\underset{\sim}{R_1}=\bigcup_{i,j}(\underset{\sim}{A_i}\times \underset{\sim}{B_j}\times \underset{\sim}{C_{1ij}}) \quad \underset{\sim}{R_2}=\bigcup_{i,j}(\underset{\sim}{A_i}\times \underset{\sim}{B_j}\times \underset{\sim}{C_{2ij}}) \tag{4.71}$$

即

$$\begin{cases} \mu_{\underset{\sim}{R_1}}(x,y,z_1)=\bigvee_{i,j}(\mu_{\underset{\sim}{A_i}}(x)\wedge \mu_{\underset{\sim}{B_j}}(y)\wedge \mu_{\underset{\sim}{c_{1ij}}}(z_1)) \\ \mu_{\underset{\sim}{R_2}}(x,y,z_2)=\bigvee_{i,j}(\mu_{\underset{\sim}{A_i}}(x)\wedge \mu_{\underset{\sim}{B_j}}(y)\wedge \mu_{\underset{\sim}{c_{2ij}}}(z_2)) \end{cases} \tag{4.72}$$

当给定 $x=\underset{\sim}{A_i}$、$y=\underset{\sim}{B_j}$ 时，则可由模糊合成规则推理得到

$$\begin{cases} \underset{\sim}{C}_{1ij} = (\underset{\sim}{A}_i \times \underset{\sim}{B}_j) \circ \underset{\sim}{R}_1 \\ \underset{\sim}{C}_{2ij} = (\underset{\sim}{A}_i \times \underset{\sim}{B}_j) \circ \underset{\sim}{R}_2 \end{cases} \tag{4.73}$$

即

$$\begin{cases} \mu_{\underset{\sim}{C}_{1ij}}(z_1) = \underset{i,j}{\vee}[(\mu_{\underset{\sim}{A}_i}(x) \wedge \mu_{\underset{\sim}{B}_j}(y)) \wedge \mu_{\underset{\sim}{R}_1}(x,y,z_1)] \\ \mu_{\underset{\sim}{C}_{2ij}}(z_1) = \underset{i,j}{\vee}[(\mu_{\underset{\sim}{A}_i}(x) \wedge \mu_{\underset{\sim}{B}_j}(y)) \wedge \mu_{\underset{\sim}{R}_2}(x,y,z_2)] \end{cases} \tag{4.74}$$

（4）进行模糊判决并生成控制输出查询表。若采用最大隶属度判决法，由模糊子集$\underset{\sim}{C}_{1ij}$、$\underset{\sim}{C}_{2ij}$确定输出μ时，即当存在z_1^*、z_2^*，且$\mu_{\underset{\sim}{C}_{1ij}}(z_1^*) \geqslant \mu_{\underset{\sim}{C}_{1ij}}(z_1)$，$\mu_{\underset{\sim}{C}_{2ij}}(z_1^*) \geqslant \mu_{\underset{\sim}{C}_{2ij}}(z_2)$，则取$\mu_1^* = z_1^*$和$\mu_2^* = z_2^*$；若有相邻多点同时为最大值，则$\mu^*$取这些点的平均值。

离线计算（3）与（4）项，便得到控制输出查询表。实时控制时直接查表得到z。

下面介绍成纸水分模糊控制的通用算法。

为了适用于那些烘干部只有 I 段蒸汽控制水分的纸机，可以先假设成纸水分只由 II 段蒸汽控制，根据式（4.71）和式（4.72）计算得到$\underset{\sim}{C}_{2ij}^* \infty$，然后得到量化值$z_2^*$。如果由 I 段、II 段蒸汽同时控制，则实际有：

$$z_i = \lambda_i z_2^* \quad （i=1，2） \tag{4.75}$$

式中，$\lambda \leqslant 1$，为调整因子，可根据实际情况进行调整。

4.6.2　模糊控制器的在线实现

在系统设计时，令

$$\begin{aligned} &x = [-6,-5,\cdots,0,\cdots,+5,+6],\ x \in X \\ &y = [-6,-5,\cdots,0,\cdots,+5,+6],\ y \in Y \\ &z_1 = [-4,-3,\cdots,0,\cdots,+3,+4],\ z_1 \in Z_1 \\ &z_2 = [-7,-6,\cdots,0,\cdots,+6,+7],\ z_2 \in Z_2 \end{aligned}$$

由于实时采样得到的偏差e_i、偏差变化率ec_i都是各自论域上的确定量，考虑到偏差在高分辨率的模糊集上变化时所引起的输出变化比较剧烈，而采用低分辨率的模糊集时，情况恰好相反，因而从实际的控制目的出发，本系统采用了“分段量化”法，即在不同论域采用不同的量化公式来量化偏差e_i。具体算式为

$$\begin{aligned} &-0.7 \leqslant e_i < 0.7 && x_i = C_{\text{int}}(4*e_i) \\ &0.7 \leqslant e_i < 1.5 && x_i = 3 \\ &1.5 \leqslant e_i < 3.5 && x_i = C_{\text{int}}(e_i) \\ &3.5 \leqslant e_i && x_i = 6 \end{aligned}$$

由于对称性，在$e_i < -0.7$的范围依次类推，不再赘述。对各模糊子集用表 4.7 所给的语言变量描述。表中偏差量x_i和偏差变化率y_i各选用了 7 个模糊子集来描述它们在论域范围内的所有可能状态。同理，控制变量z_{1i}和z_{2i}分别用 5 个和 7 个模糊子集来描述。

表 4.7　语言变量描述

变量	集合	模糊子集							论域
x_i	$\underset{\sim}{A_i}$	PB	PM	PS	ZE	NS	NM	NB	$x_i \in X$
y_i	$\underset{\sim}{B_i}$	PB	PM	PS	ZE	NS	NM	NB	$y_i \in Y$
z_{2i}	$\underset{\sim}{C_{2i}}$	PB	PM	PS	ZE	NS	NM	NB	$z_{2i} \in Z_2$
z_{1i}	$\underset{\sim}{C_{1i}}$	PB		PS	ZE	NS		NB	$z_{1i} \in Z_1$

对于模糊论域 X、Y、Z_2 上的各元素，规定它对模糊子集 $\{\underset{\sim}{A_i}\}$、$\{\underset{\sim}{B_j}\}$、$\{\underset{\sim}{C_{2k}}\}$ 的隶属函数，其中 $\mu_{\underset{\sim}{A_i}}(x)$ 见表 4.8，并根据式（4.71）至式（4.74）给出的合成推理规则进行推理运算，最后由最大隶属函数判决原则可得到供模糊控制器动态控制时在线查询用的模糊状态表 4.9。表 4.9 是假设烘干部只有Ⅱ段蒸汽的情况下得到的，要将它用于有两段蒸汽的情况，必须经过变换。取 $\lambda_1 = 0.5$、$\lambda_{21} = 0.7$、$\lambda_{22} = 0.8$，则

$$\left.\begin{aligned} z_1 &= \lambda_1 z_2^* \\ z_2 &= \begin{cases} \lambda_{21} z_2^* & z_2^* > 0 \\ \lambda_{22} z_2^* & z_2^* \leqslant 0 \end{cases} \end{aligned}\right\} \tag{4.76}$$

式中，λ_{21}、λ_{22} 的不同体现了先验知识第三点。由式（4.76）和表 4.9 可以得到Ⅰ段、Ⅱ段蒸汽的模糊控制表，见表 4.10。

表 4.8　x_i 对 $\{\underset{\sim}{A_i}\}$ 的隶属函数

A_i	x_i												
	−6	−5	−4	−3	−2	−1	0	1	2	3	4	5	6
	$\mu_{\underset{\sim}{A_i}}(x)$												
PB										0.1	0.4	0.8	1.0
PM									0.2	0.7	1.0	0.7	0.2
PS							0.3	0.8	1.0	0.5	0.1		
ZE					0.1	0.6	1.0	0.6	0.1				
NS			0.1	0.5	1.0	0.8	0.3						
NM	0.2	0.7	1.0	0.7	0.2								
NB	1.0	0.8	0.4	0.1									

表 4.9　模糊状态表

<table>
<tr><th rowspan="3">y_i</th><th colspan="7">x_i</th></tr>
<tr><th>NB</th><th>NM</th><th>NS</th><th>ZE</th><th>PS</th><th>PM</th><th>PB</th></tr>
<tr><th colspan="7">c_2^*</th></tr>
<tr><td>NB</td><td colspan="2" rowspan="4">PB</td><td colspan="2" rowspan="2">PM</td><td rowspan="2">PS</td><td colspan="2" rowspan="2">ZE</td></tr>
<tr><td>NM</td></tr>
<tr><td>NS</td><td rowspan="2"></td><td>PS</td><td>ZE</td><td colspan="2">NM</td></tr>
<tr><td>ZE</td><td>ZE</td><td rowspan="2"></td><td colspan="2" rowspan="4">NB</td></tr>
<tr><td>PS</td><td colspan="2">PM</td><td>ZE</td><td>NS</td></tr>
<tr><td>PM</td><td colspan="2" rowspan="2">ZE</td><td rowspan="2">NS</td><td colspan="2" rowspan="2">NM</td></tr>
<tr><td>PB</td></tr>
</table>

表 4.10　模糊控制表

<table>
<tr><th rowspan="3">y_i</th><th colspan="13">x_i</th></tr>
<tr><th>−6</th><th>−5</th><th>−4</th><th>−3</th><th>−2</th><th>−1</th><th>0</th><th>+1</th><th>+2</th><th>+3</th><th>+4</th><th>+5</th><th>+6</th></tr>
<tr><th colspan="13">z_2^*</th></tr>
<tr><td>−6</td><td>+7</td><td>+7</td><td>+6</td><td>+6</td><td>+4</td><td>+4</td><td>+4</td><td>+2</td><td>+1</td><td>+1</td><td>0</td><td>0</td><td>0</td></tr>
<tr><td>−5</td><td>+7</td><td>+7</td><td>+6</td><td>+6</td><td>+4</td><td>+4</td><td>+4</td><td>+2</td><td>+1</td><td>+1</td><td>0</td><td>0</td><td>0</td></tr>
<tr><td>−4</td><td>+7</td><td>+7</td><td>+6</td><td>+6</td><td>+4</td><td>+4</td><td>+4</td><td>+2</td><td>+1</td><td>+1</td><td>0</td><td>0</td><td>0</td></tr>
<tr><td>−3</td><td>+6</td><td>+6</td><td>+6</td><td>+6</td><td>+5</td><td>+5</td><td>+5</td><td>+2</td><td>+2</td><td>0</td><td>−2</td><td>−2</td><td>−2</td></tr>
<tr><td>−2</td><td>+6</td><td>+6</td><td>+6</td><td>+6</td><td>+4</td><td>+4</td><td>+1</td><td>0</td><td>0</td><td>−3</td><td>−4</td><td>−4</td><td>−4</td></tr>
<tr><td>−1</td><td>+6</td><td>+6</td><td>+6</td><td>+6</td><td>+4</td><td>+4</td><td>+1</td><td>0</td><td>−3</td><td>−3</td><td>−4</td><td>−4</td><td>−4</td></tr>
<tr><td>0</td><td>+6</td><td>+6</td><td>+6</td><td>+6</td><td>+4</td><td>+1</td><td>0</td><td>−1</td><td>−4</td><td>−6</td><td>−6</td><td>−6</td><td>−6</td></tr>
<tr><td>+1</td><td>+4</td><td>+4</td><td>+4</td><td>+3</td><td>−1</td><td>0</td><td>−1</td><td>−4</td><td>−4</td><td>−6</td><td>−6</td><td>−6</td><td>−6</td></tr>
<tr><td>+2</td><td>+4</td><td>+4</td><td>+4</td><td>+2</td><td>0</td><td>0</td><td>−1</td><td>−4</td><td>−4</td><td>−6</td><td>−6</td><td>−6</td><td>−6</td></tr>
<tr><td>+3</td><td>+2</td><td>+2</td><td>+2</td><td>0</td><td>0</td><td>0</td><td>−1</td><td>−3</td><td>−3</td><td>−6</td><td>−6</td><td>−6</td><td>−6</td></tr>
<tr><td>+4</td><td>0</td><td>0</td><td>0</td><td>−1</td><td>−1</td><td>−3</td><td>−4</td><td>−4</td><td>−4</td><td>−6</td><td>−6</td><td>−7</td><td>−7</td></tr>
<tr><td>+5</td><td>0</td><td>0</td><td>0</td><td>−1</td><td>−1</td><td>−2</td><td>−4</td><td>−4</td><td>−4</td><td>−6</td><td>−6</td><td>−7</td><td>−7</td></tr>
<tr><td>+6</td><td>0</td><td>0</td><td>0</td><td>−1</td><td>−1</td><td>−1</td><td>−4</td><td>−4</td><td>−4</td><td>−6</td><td>−6</td><td>−7</td><td>−7</td></tr>
</table>

从模糊控制表得到的只是控制量的等级 z ，在实时控制时， z 乘上比例因子 k_n 加上原稳态输出值作为控制器的输出。比例因子的选择直接影响到模糊控制器的性能。由于在生产不同纸张品种时所需的蒸汽量不同，加上各种因素的影响，控制变量的静态工作点并非一成不变，因而取

$$k_u=\begin{cases}|J_0/N_u| & J_0\geqslant 5\text{mA}\\ |(10-J_0)/N_u| & J_0<5\text{mA}\end{cases} \tag{4.77}$$

式中，J_0 为静态工作点；N_u 为控制量在模糊论域中的最大值。

在小偏差时，为消除余差，应考虑积分作用。整个成纸水分模糊控制系统结构图如图 4.10 所示。

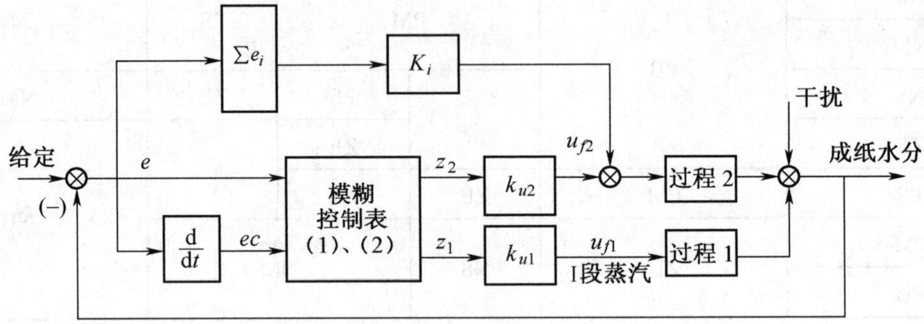

图 4.10　成纸水分控制系统结构图

4.7　本章小结

本章讨论了模糊集、模糊逻辑的主要概念及其用于控制时的表示方法。

4.1 节着重介绍模糊控制的数学基础，包括模糊集合、模糊逻辑及其运算、模糊关系、模糊变换和模糊逻辑语言。

4.2 节介绍了模糊逻辑推理和模糊判决方法，包括模糊近似推理的 GMP 法和 GMT 法，单输入模糊推理的 Zadeh 法和 Mamdani 法以及多输入模糊推理等方法。

4.3 节讨论模糊控制和模糊控制系统的原理与结构。在理论上，模糊控制器由 N 维关系 R 表示。模糊逻辑控制器一般由输入定标、输出定标、模糊化、模糊决策和模糊判决（解模糊）等部分组成。模糊控制系统中的模糊控制器由模糊化接口、知识库、推理机和模糊判决接口四个基本单元组成。

4.4 节探讨模糊控制器的设计问题，其设计步骤包括选择模糊控制器的结构、选取模糊控制规则、确定解模糊策略和制定控制表及确定模糊控制器的参数等。现有的模糊逻辑控制器的控制规则一般具有 IF（过程状态）-THEN（控制作用）或其扩展形式。

4.5 节特别关注模糊控制器的设计方法。随着求解对象不同（如受控系统的不同），其问题要求、系统性质、知识类型、输入-输出条件和函数形式也不尽相同，因而对模糊系统（含模糊控制系统）的设计方法也可能不同。例如，对任意输入确定输出的系统，可按给定的逼近精度设计一个模糊系统，使其逼近某一给定函数，或者按所需精度用二阶边界设计模糊系统。又如，对于由输入-输出数据对描述的系统，可用查表法、梯度下降法、递推最小二乘法和聚类法等方法来设计模糊系统。再如，可用试错法设计非自适应模糊系统。此外，还有语言平面法、专家系统法、CAD 工具法和遗传进化算法等模糊系统设计方法，均可用来设计模糊控制系统。

4.6 节通过一个实例，即造纸机模糊控制系统，讨论了模糊控制器的设计与实现问题，给出的控制试验结果显示出模糊控制技术的有效性。

通过本章的学习，读者能够对模糊控制器的结构有一个比较全面的了解。通过不同控制思想的集成来构造新的控制器结构，不但是重要的，而且也是有效的。

习　题　4

4-1　什么是模糊性？它的对立含义是什么？试举例说明。

4-2　模糊控制的理论基础是什么？什么是模糊逻辑？它与二值逻辑有何关系？

4-3　什么是模糊集合和隶属函数？模糊集合有哪些基本运算？满足哪些规律？

4-4　什么是模糊推理？它有哪些推理方法？

4-5　何谓模糊判决？常用的模糊判决方法有哪些？

4-6　若把此语言变量 hot 定义为

$$\mu_{\text{hot}}(x)=\begin{cases}0 & 0\leqslant x<50\\ [1+(x-10)^{-2}]^{-1} & 50\leqslant x<100\end{cases}$$

试确定“Not So Hot”“Very Hot”及“More Or Less Hot”的隶属函数。

4-7　试介绍模糊控制器的组成部分及其作用。

4-8　设计一个模糊控制器应包括哪些内容？

4-9　模糊控制器控制规则的形式是什么？试举例建立模糊规则。

4-10　模糊系统有哪几种设计方法？

4-11　在对某种产品的质量进行抽查评估时，随机选出 5 个产品 x_1、x_2、x_3、x_4、x_5 进行检验，它们的质量情况分别为

$$x_1=80,\ x_2=72,\ x_3=65,\ x_4=98,\ x_5=53$$

这就确定了一个模糊集合 Q，表示该组产品的“质量水平”这个模糊概念的隶属程度。试写出该模糊集。

4-12　设有下列两个模糊关系：

$$R_1=\begin{bmatrix}0.2 & 0.8 & 0.4\\ 0.4 & 0 & 1\\ 1 & 0.5 & 0\\ 0.7 & 0.6 & 0.5\end{bmatrix}\qquad R_2=\begin{bmatrix}0.7 & 0.3\\ 0.4 & 0.8\\ 0.2 & 0.9\end{bmatrix}$$

试求出 R_1 与 R_2 的复合关系 $R_1\circ R_2$。

4-13　给出一个实例，说明模糊控制系统的应用。

第2篇

基于数据的智能控制

第5章 神经控制

把神经网络机理用于控制神经控制，是近30年发展起来的一种新的智能控制系统。随着人工神经网络（Artificial Neural Networks，ANN）的研究取得新的进展，它已成为动态系统辨识、建模和控制的一种新的和令人感兴趣的工具。

本章首先介绍人工神经网络的特性、结构、模型、算法及神经网络的知识表示与推理；接着讨论神经控制的典型结构；然后研讨神经控制系统的设计。

5.1　人工神经网络的初步知识

本节将简要介绍和讨论人工神经网络（ANN）的特性、神经网络与智能控制、人工神经网络的基本类型和学习算法、人工神经网络的典型模型、基于神经网络的知识表示与推理等。

人工神经网络研究的先锋麦卡洛克（McCulloch）和皮茨（Pitts）曾于 1943 年提出一种叫作“似脑机器”（Mindlike Machine）的思想，这种机器可由基于生物神经元特性的互连模型来制造，这就是神经学网络的概念。他们构造了一个表示大脑基本组分的神经元模型，对逻辑操作系统表现出通用性。随着大脑和计算机研究的进展，研究目标已从“似脑机器”变为“学习机器”，为此一直关心神经系统适应律的赫布（Hebb）提出了学习模型。罗森布拉特（Rosenblatt）命名感知器，并设计一个引人注目的结构。到 20 世纪 60 年代初期，关于学习系统的专用设计指南有威德罗（Widrow）等提出的自适应线性元（Adaptive Linear Element，Adaline）以及斯坦巴克（Steinbuch）等提出的学习矩阵。由于感知器的概念简单，因而在开始介绍时对它寄托很大希望。然而，不久之后明斯基（Minsky）和帕伯特（Papert）从数学上证明了感知器不能实现复杂逻辑功能。

到了 20 世纪 70 年代，格罗斯伯格（Grossberg）和科霍恩（Kohonen）对神经网络研究做出重要贡献。以生物学和心理学证据为基础，格罗斯伯格提出几种具有新颖特性的非线性动态系统结构。该系统的网络动力学由一阶微分方程建模，而网络结构为模式聚集算法的自组织神经实现。基于神经元组织自己来调整各种各样的模式的思想，科霍恩发展了他在自组织映射方面的研究工作。沃博斯（Werbos）在 20 世纪 70 年代开发了一种反向传播算法。霍普菲尔德（Hopfield）在神经元交互作用的基础上引入一种递归型神经网络，这种网络就是有名的 Hopfield 网络。在 20 世纪 80 年代中叶，作为一种前馈神经网络的学习算法，帕克（Parker）和鲁姆尔哈特（Rumelhart）等重新发现了反回传播（BP）算法。近 20 多年来，神经网络已在从家用电器到工业对象的广泛领域中找到它的用武之地。

5.1.1　神经元及其特性

神经网络的结构是由基本处理单元及其互连方法决定的。

连接机制结构的基本处理单元与神经生理学类比往往称为神经元。每个构造起网络的神经元模型模拟一个生物神经元，如图 5.1 所示。该神经元单元由多个输入 x_i（i=1,2,⋯,n）和一个输出 y 组成。中间状态由输入信号的权和表示，而输出为

$$y_j(t) = f\left(\sum_{i=1}^{n} w_{ji} x_i - \theta_j\right) \tag{5.1}$$

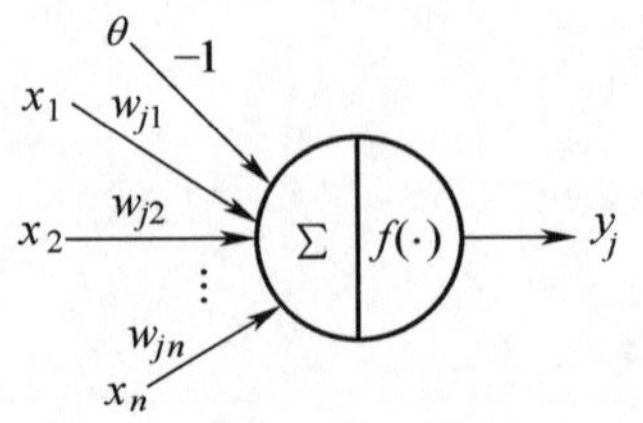

图 5.1　神经元模型

式中，θ_j 为神经元单元的偏置（阈值）；w_{ji} 为连接权系数（对于激发状态，w_{ji} 取正值；对于抑制状态，w_{ji} 取负值）；n 为输入信号数目；y_j 为神经元输出；t 为时间，$f()$ 为输出变换函数，有时叫作激发或激励函数，往往采用 0 和 1 二值函数或 S 形函数，如图 5.2 所示，这三种函数都是连续和非线性的。一种二值函数可由下式表示：

$$f(x)=\begin{cases}1, & x \geqslant x_0 \\ 0, & x < x_0\end{cases} \tag{5.2}$$

如图 5.2（a）所示。一种常规的 S 形函数如图 5.2（b）所示，可由下式表示：

$$f(x)=\frac{1}{1+\mathrm{e}^{-ax}},\ 0<f(x)<1 \tag{5.3}$$

常用双曲正切函数［图 5.2（c）］来取代常规 S 形函数，因为 S 形函数的输出均为正值，而双曲正切函数的输出值可为正或负。双曲正切函数如下式所示：

$$f(x)=\frac{1-\mathrm{e}^{-ax}}{1+\mathrm{e}^{-ax}},\ -1<f(x)<1 \tag{5.4}$$

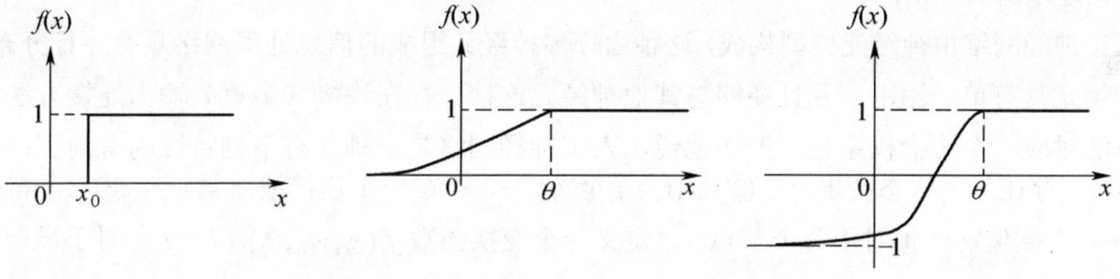

图 5.2　神经元中的某些变换（激发）函数

5.1.2　神经网络与智能控制

人工神经网络的下列特性对控制是至关重要的：

（1）并行分布处理。神经网络具有高度的并行结构和并行实现能力，因而能够有较好的耐故障能力和较快的总体处理能力。这特别适于实时控制和动态控制。

（2）非线性映射。神经网络具有固有的非线性特性，这源于其近似任意非线性映射（变换）能力。这一特性给非线性控制问题带来新的希望。

（3）通过训练进行学习。神经网络是通过所研究系统过去的数据记录进行训练的。一个经过适当训练的神经网络具有归纳全部数据的能力。因此，神经网络能够解决那些由数学模型或描述规则难以处理的控制过程问题。

（4）适应与集成。神经网络能够适应在线运行，并能同时进行定量和定性操作。神经网络的强适应和信息融合能力使得网络过程可以同时输入大量不同的控制信号，解决输入信息间的互补和冗余问题，并实现信息集成和融合处理。这些特性特别适于复杂、大规模和多变量系统的控制。

（5）硬件实现。神经网络不仅能够通过软件而且可借助硬件实现并行处理。近年来，一些超大规模集成电路实现硬件已经问世，而且可从市场上购买到。这使得神经网络具有快速和大规模处理能力的实现网络。

十分显然，由于神经网络具有学习和适应、自组织、函数逼近和大规模并行处理等能力，因而具有用于智能控制系统的潜力，特别适用于非线性控制系统和解决含有不确定性的控制问题。

神经网络在模式识别、信号处理、系统辨识和优化等方面的应用已有广泛研究。在控制领域，已经做出许多努力，把神经网络应用于控制系统，处理控制系统的非线性和不确定性以及逼近系统的辨识函数等。

根据控制系统的结构，可把神经控制的应用研究分为几种主要方法，如监督式控制、逆控制、神经自适应控制和预测控制等。

5.1.3 人工神经网络的基本类型和学习算法

1. 人工神经网络的基本特性和结构

人脑内含有极其庞大的神经元（有人估计约为一千多亿个），它们互连组成神经网络，并执行高级的问题求解智能活动。

人工神经网络由神经元模型构成，这种由许多神经元组成的信息处理网络具有并行分布结构。每个神经元具有单一输出，并且能够与其他神经元连接；存在许多（多重）输出连接方法，每种连接方法对应一个连接权系数。严格地说，人工神经网络是一种具有下列特性的有向图：①对于每个节点 i 存在一个状态变量 x_i；②从节点 j 至节点 i，存在一个连接权系数 w_{ij}；③对于每个节点 i，存在一个阈值 θ_i；④对于每个节点 i，定义一个变换函数 $f_i(x_i, w_{ji}, \theta_i)$，$i \neq j$；对于最一般的情况，此函数取 $f_i\left(\sum_j w_{ij}x_j - \theta_i\right)$ 形式。

人工神经网络的结构基本上分为两类，即递归（反馈）网络和前馈网络。

（1）递归网络。在递归网络中，多个神经元互连以组织一个互连神经网络，如图 5.3 所示。有些神经元的输出被反馈至同层或前层神经元。因此，信号能够从正向和反向流通。Hopfield 网络、Elmman 网络和 Jordan 网络是递归网络有代表性的例子。

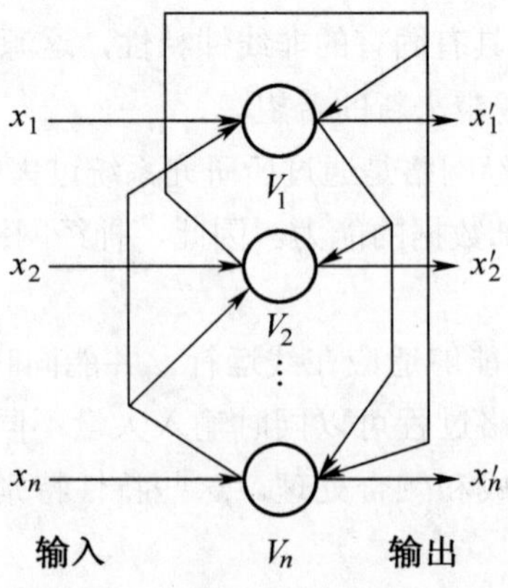

图 5.3 递归（反馈）网络

图 5.3 中，V_i 为节点的状态；x_i 为节点的输入（初始）值；x_i' 为收敛后的输出值，$i=1,2,\cdots,n$。

（2）前馈网络。前馈网络具有递阶分层结构，由一些同层神经元间不存在互连的层级组成。从输入层至输出层的信号通过单向连接流通；神经元从一层连接至下一层，不存在同层神经元间的连接，如图 5.4 所示。图 5.4 中，实线指明实际信号流通，虚线表示反向传播。前馈网络的例子有多层感知器（MLP）、学习矢量量化（LVQ）网络、小脑模型连接控制（CMAC）网络和数据处理方法（GMDH）网络等。

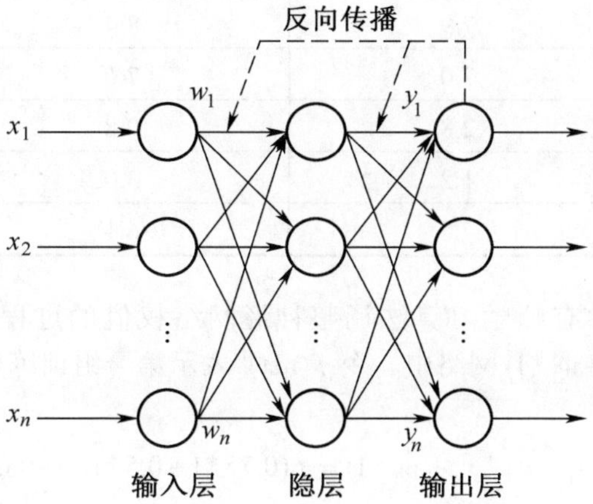

图 5.4　前馈（多层）网络

2. 人工神经网络的主要学习算法

神经网络主要通过两种学习算法进行训练，即指导式（有师）学习算法和非指导式（无师）学习算法。此外，还存在第三种学习算法，即增强学习算法，可把它看作有师学习的一种特例。

（1）有师学习。有师学习算法能够根据期望的和实际的网络输出（对应于给定输入）间的差来调整神经元间连接的强度或权。因此，有师学习需要有个老师或导师来提供期望或目标输出信号。有师学习算法的例子包括 Delta 规则、广义 Delta 规则或反向传播算法、LVQ 算法等。

例 5.1　已知网络结构如图 5.5 所示，网络输入输出见表 5.1。其中，$f(x)$为 x 的符号函数，$f(\text{net})=f(w_1*x_1+w_2*x_2+w_3*1)$，bias 取常数 1，设初始值随机取成(0.75,0.5,−0.6)。利用误差传播学习算法调整神经网络权值。

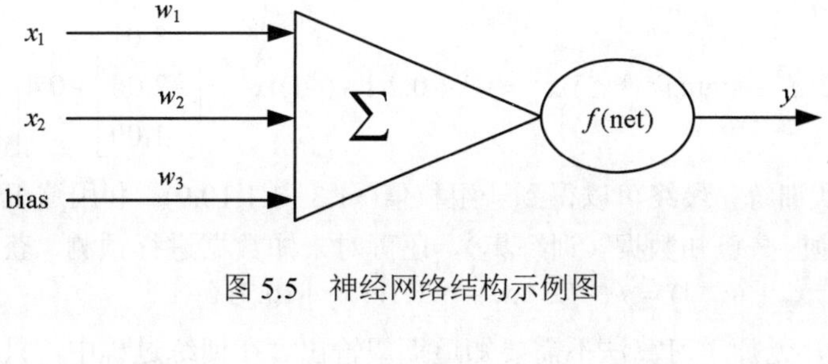

图 5.5　神经网络结构示例图

表 5.1　输入输出训练参数表

训练序号	x_1	x_2	y
1	1.0	1.0	1
2	9.4	6.4	−1
3	2.5	2.1	1
4	8.0	7.7	−1
5	0.5	2.2	1
6	7.9	8.4	−1
7	7.0	7.0	−1
8	2.8	0.8	1
9	1.2	3.0	1
10	7.8	6.1	−1

解　本例说明了一种有师学习算法调整神经网络权值的过程，将第一组训练数据代入 $f(\text{net})=f(w_1*x_1+w_2*x_2+w_3*1)$ 网络中。令 $f(\text{net})^1$ 表示第一组训练数据经过 $f(\text{net})$ 网络计算后的输出，则

$$f(\text{net})^1=f(w_1*x_1+w_2*x_2+w_3*1)=f(0.75*1+0.5*1+(-0.6)*1)=f(0.65)=1$$

与输出 y 值相符，权值无须调整。

同理，将第二组训练数据代入 $f(\text{net})=f(w_1*x_1+w_2*x_2+w_3*1)$ 网络中，令 $f(\text{net})^2$ 表示第二组训练数据经过 $f(\text{net})$ 网络计算后的输出，则

$$f(\text{net})^2=f(0.75*9.4+0.5*6.4+(\text{-}0.6)*1)=f(9.65)=1$$

而输出 y 值为−1，需要用有师学习算法 $w^t=w^{t-1}+c(d^{t-1}-\text{sign}(w^{t-1}*\ x^{t-1}))\ x^{t-1}$ 调整神经网络权值。其中 c 为学习因子，这里取 0.2；x 和 w 为输入和权值向量；t 为迭代次数；d^{t-1} 为第 $t-1$ 代的理想输出值。于是

$$w^3=w^2+0.2(d^2-\text{sign}(w^2*x^2))x^2=w^2+0.2((-1)-1)x^2=\begin{bmatrix}0.75\\0.50\\-0.60\end{bmatrix}-0.4\begin{bmatrix}9.4\\6.4\\1.0\end{bmatrix}=\begin{bmatrix}-3.01\\-2.06\\-1.00\end{bmatrix}$$

将第三组训练数据代入 $f(\text{net})=f(w_1*x_1+w_2*x_2+w_3*1)$ 网络中，其中 $f(\text{net})^3$ 表示第三组训练数据代入 $f(\text{net})$ 网络计算的训练输出。$f(\text{net})^3=f(-3.01*2.5+(-2.06)*2.1+(-1.0)*1)=f(-12.84)=-1$，与输出 y 中的理想值不符，所以需要调整权值：

$$w^4=w^3+0.2(d^3-\text{sign}(w^3*x^3))x^3=w^3+0.2(1-(-1))x^3=\begin{bmatrix}-3.01\\-2.06\\-1.00\end{bmatrix}+0.4\begin{bmatrix}2.5\\2.1\\1.0\end{bmatrix}=\begin{bmatrix}-2.01\\-1.22\\-0.60\end{bmatrix}$$

经过 500 次迭代训练，最终可以得到一组权值(−1.3,−1.1,10.9)。利用这组权值和相应的网络模型，不仅可以准确地区分已知数据（训练集），还可对未知数据进行预测，获得该神经网络的输出为 $y=f(w_1*x_1+w_2*x_2+w_3*1)=f(-1.3*x_1+(-1.1)*x_2+10.9)$。

（2）无师学习。无师学习算法不需要知道期望输出。在训练过程中，只要向神经网络提供输

入模式，神经网络就能够自动地适应连接权，以便按相似特征把输入模式分组聚集。无师学习算法的例子包括 Kohonen 算法和 Carpenter-Grossberg 自适应谐振理论（ART）等。无师学习规则主要为 Hebb 联想式学习规则，基于学习行为的突触联系和神经网络理论。突触前端与突触后端同时兴奋，活性度高的神经元之间的连接强度将得到增加。在 Hebb 学习规则的基础上，依据学习算法自行调整权重，其数学基础是输入输出间的某种相关计算。因此，Hebb 学习又称为相关学习或并联学习。

（3）增强学习。如前所述，增强学习是有师学习的特例，它不需要老师给出目标输出。增强学习算法采用一个“评论员”来评价与给定输入相对应的神经网络输出的优度（质量因数）。增强学习算法的一个例子是遗传算法（GA）。

5.1.4　人工神经网络的典型模型

迄今为止，有数十种人工神经网络模型被开发和应用，其中很多神经网络模型被经常用于控制，下面给出常见的 10 种：

（1）自适应谐振理论（ART）。由 Carpenter-Grossberg 提出，是一个根据可选参数对输入数据进行粗略分类的网络。ART-1 用于二值输入，而 ART-2 用于连续值输入。ART 的不足之处在于过分敏感，输入有小的变化时，输出变化很大。

（2）双向联想存储器（BAM）。由 Kosko 开发，是一种单状态互连网络，具有学习能力。BAM 的缺点为存储密度较低，且易于振荡。

（3）Boltzmann 机（BM）。由 Hinton 等提出，是建立在 Hopfield 网基础上的，具有学习能力，能够通过一个模拟退火过程寻求解答。不过，其训练时间比 BP 网络要长。

（4）反向传播（BP）网络。最初由 Werbos 开发的反向传播训练算法是一种迭代梯度算法，用于求解前馈网络的实际输出与期望输出间的最小均方差值。BP 网络是一种反向传递并能修正误差的多层映射网络。当参数适当时，此网络能够收敛到较小的均方差，是目前应用最广的网络之一。BP 网络的短处是训练时间较长，且易陷于局部极小。

（5）对流传播网络（CPN）。由 Hecht-Nielson 提出，是一个通常由五层结构组成的连接网。CPN 可用于联想存储，其缺点是要求较多的处理单元。

（6）Hopfield 网络。由 Hopfield 提出，是一类不具有学习能力的单层自联想网络。Hopfield 网络模型由一组可使某个能量函数最小的微分方程组成。其短处为计算代价较高，而且需要对称连接。

（7）Madaline 算法。是 Adaline 算法的一种发展，是一组具有最小均方差线性网络的组合，能够调整权值使得期望信号与输出间的误差最小。此算法是自适应信号处理和自适应控制的得力工具，具有较强的学习能力，但是输入输出之间必须满足线性关系。

（8）认知机（Neocogntion）。由 Fukushima 提出，是迄今为止结构上最为复杂的多层网络。通过无师学习，认知机具有选择能力，对样品的平移和旋转不敏感。不过，认知机所用节点及其互连较多，参数也多且较难选取。

（9）自组织映射网（SOM）。由 Kohonen 提出，是以神经元自行组织以校正各种具体模式的概念为基础的。SOM 能够形成簇与簇之间的连续映射，起到矢量量化器的作用。

（10）感知器（Perceptron）。由 Rosenblatt 开发，是一组可训练的分类器，是最古老的 ANN

之一，现在已很少使用。主要原因在于单层感知器具有自身的局限性，若输入模式为线性不可分集合，则感知器的学习算法将无法收敛，即不能进行正确的分类。为此，结合 Matlab 仿真环境设计一种线性可分集合来理解感知器分类能力。

例 5.2 采用单一感知器神经元解决一个分类问题，将四个输入矢量分为两类。其中两个矢量对应的目标值为 1，另两个矢量对应的目标值为 0，即输入矢量为 ***P***=[−0.5,−0.5,0.3,0.0; −0.5,0.5,−0.5,1.0]，目标分类矢量为 ***T***=[1,1,0,0]。

解 设 ***P*** 为输入矢量，***T*** 为目标矢量：

P=[−0.5,−0.5,0.3,0.0; −0.5,0.5,−0.5,1.0];

T=[1,1,0,0];

定义感知器神经元并对其进行初始化：

```
net=newp([-0.5,0.5;-0.5,1],1);
net.initFcn='initlay';
net.layers{1}.initFcn='initwb';
net.inputWeights{1,1}.initFcn='rands';
net.layerWeights{1,1}.initFcn='rands';
net.biases{1},initFcn='rands';
net=init(net);
echo off
k=pickic;
if k==2
    net.iw{1,1}=[-0.8161,0.3078];
    net.b{1}=[-0.1680];
end
echo on
plotpc(net.iw{1,1},net.b{1})
pause
```

训练感知器神经元：

```
net=train(net,P,T);
pause
```

利用训练完的感知器神经元分类：

```
p=[-0.5;0];
a=sim(net,p)
echo off
```

待程序运行结束后，可得当输入为 p=[−0.5;0]时，其输出 a 的分类结果为 1。在该单一感知器神经元分类过程中，图 5.6（a）表示以 ***P*** 为输入的矢量示意图，图 5.6（b）为单一感知器神经元对四个输入矢量分为两类的分类结果，其误差收敛和变化趋势如图 5.6（c）所示。

根据 W.T.Illingworth 提供的综合资料，最典型的 ANN 模型（算法）及其学习规则和应用领域见表 5.2。

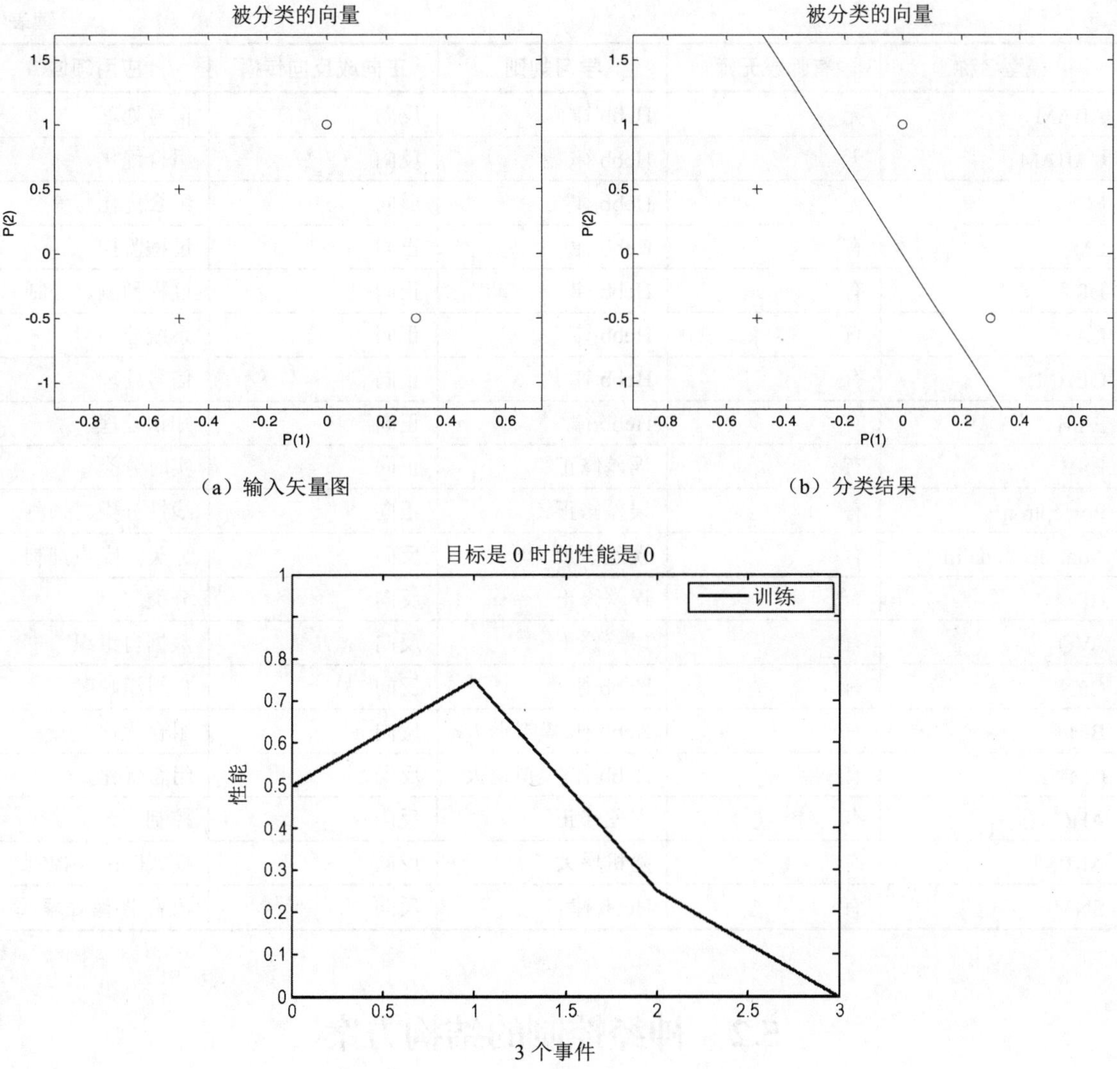

（a）输入矢量图　　（b）分类结果

（c）误差变化曲线

图 5.6　单一感知器神经元分类

表 5.2　人工神经网络的典型模型

模型名称	有师或无师	学习规则	正向或反向传播	应用领域
AG	无	Hebb 律	反向	数据分类
SG	无	Hebb 律	反向	信息处理
ART-I	无	竞争律	反向	模式分类
DH	无	Hebb 律	反向	语音处理
CH	无	Hebb 律/竞争律	反向	组合优化
BAM	无	Hebb 律/竞争律	反向	图像处理
AM	无	Hebb 律	反向	模式存储

续表

模型名称	有师或无师	学习规则	正向或反向传播	应用领域
ABAM	无	Hebb 律	反向	信号处理
CABAM	无	Hebb 律	反向	组合优化
FCM	无	Hebb 律	反向	组合优化
LM	有	Hebb 律	正向	过程监控
DR	有	Hebb 律	正向	过程预测、控制
LAM	有	Hebb 律	正向	系统控制
OLAM	有	Hebb 律	正向	信号处理
FAM	有	Hebb 律	正向	知识处理
BSB	有	误差修正	正向	实时分类
Perceptron	有	误差修正	正向	线性分类、预测
Adaline/Madaline	有	误差修正	反向	分类、噪声抑制
BP	有	误差修正	反向	分类
AVQ	有	误差修正	反向	数据自组织
CPN	有	Hebb 律	反向	自组织映射
BM	有	Hebb 律/模拟退火	反向	组合优化
CM	有	Hebb 律/模拟退火	反向	组合优化
AHC	有	误差修正	反向	控制
ARP	有	随机增大	反向	模式匹配、控制
SNMF	有	Hebb 律	反向	语音/图像处理

5.2 神经控制的结构方案

神经控制器的结构随其分类方法的不同而有所不同。本节将举例简要介绍神经控制结构的典型方案。

5.2.1 NN 学习控制

当受控系统的动态特性是未知的或者仅有部分是已知时，需要寻找某些支配系统动作和行为的规律，使得系统能被有效地控制。在有些情况下，可能需要设计一种能够模仿人类作用的自动控制器。基于规则的专家控制和模糊控制是实现这类控制的两种方法，而神经网络（NN）控制是另一种方法，我们称它为基于神经网络的学习控制、监督式神经控制或 NN 监督式控制。图 5.7 给出了一个 NN 学习控制的结构，其中包括一个导师（监督程序）和一个可训练的神经网络控制器（NNC）。在控制初期，监督程序作用较大；随着 NNC 训练的成熟，NNC 将对控制起到较大作用。控制器的输入对应于由人接收（收集）的传感输入信息，而用于训练的输出对应于人对系统的控制输入。

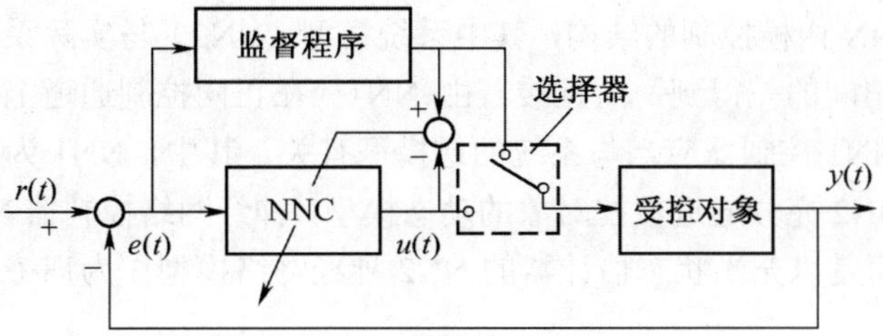

图 5.7　基于神经网络的监督式控制

实现 NN 监督式控制的步骤如下：

（1）通过传感器和传感信息处理来调用必要的和有用的控制信息。

（2）构造神经网络，选择 NN 类型、结构参数和学习算法等。

（3）训练 NN 控制器，实现输入和输出间的映射，以便进行正确的控制。在训练过程中，可采用线性律、反馈线性化或解耦变换的非线性反馈作为导师（监督程序）来训练 NN 控制器。

NN 监督式控制已被用于标准的倒摆小车控制系统。

5.2.2　NN 直接逆模控制与内模控制

1. NN 直接逆模控制

NN 直接逆模控制，顾名思义，采用受控系统的一个逆模型。它与受控系统串接以便使系统在期望响应（网络输入）与受控系统输出间得到一个相同的映射。因此，该网络（NN）直接作为前馈控制器，而且受控系统的输出等于期望输出。本控制方案已用于机器人控制，即在 Miller 开发的 CMAC 网络中应用直接逆模控制来提高 PUMA 机器人操作手（机械手）的跟踪精度，使之达到10^{-2}。这种方法在很大程度上依赖于作为控制器的逆模型的精确程度。由于不存在反馈，因此本法的鲁棒性不足。逆模型参数可通过在线学习调整，以期把受控系统的鲁棒性提高至一定程度。

图 5.8 给出了 NN 直接逆模控制的两种结构方案。在图 5.8（a）中，网络 NN1 和 NN2 具有相同的逆模型网络结构，而且采用同样的学习算法。NN1 和 NN2 的结构是相同的，二者应用相同的输入、隐含层和输出神经元数目。对于未知对象，NN1 和 NN2 的参数将同时调整，NN1 和 NN2 将是对象逆动态的一个较好的近似。图 5.8（b）为 NN 直接逆模控制的另一种结构方案，采用一个评价函数（EF）。

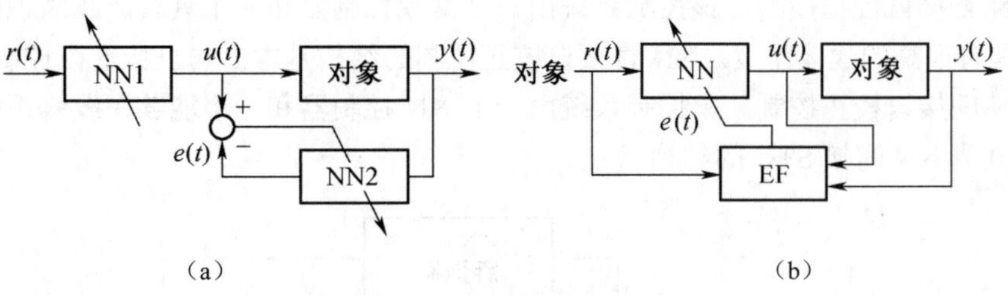

图 5.8　NN 直接逆模控制

2. NN 内模控制

在常规内模控制（IMC）中，受控系统的正模型和逆模型被用作反馈回路内的单元。IMC 经过全面检验表明其可用于鲁棒性和稳定性分析，而且是一种新的和重要的非线性系统控制方法，具有在线调整方便、系统品质好、采样间隔不出现纹波等特点，常用于纯滞后、多变量、非线性等系统。

图 5.9 表示基于 NN 内模控制的结构，其中系统模型（NN2）与实际系统并行设置。反馈信号由系统输出与模型输出间的差得到，而且接着由 NN1（在正向控制通道上一个具有逆模型的 NN 控制器）进行处理，NN1 控制器应当与系统的逆模型有关。其中，NN1 为神经网络控制器，NN2 为神经网络估计器。NN2 充分逼近被控对象的动态模型，神经网络控制器 NN1 不是直接学习被控对象的逆动态模型，而是以充当状态估计器的 NN2 神经网络模型作为训练对象，间接学习被控对象的逆动态特性。

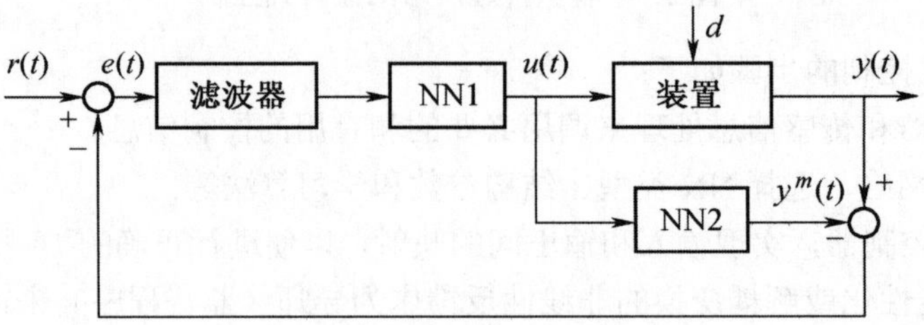

图 5.9　NN 内模控制

图 5.9 中，NN2 也是基于神经网络的，但具有系统的正向模型。图 5.9 中的滤波器通常为一线性滤波器，而且可被设计满足必要的鲁棒性和闭环系统跟踪响应。

5.2.3　NN 自适应控制

NN 自适应控制与常规自适应控制一样，也分为两类，即自校正控制（STC）和模型参考自适应控制（MRAC）。STC 和 MRAC 之间的差别在于：STC 根据受控系统的正和/或逆模型辨识结果直接调节控制器的内部参数，以期能够满足系统的给定性能指标；在 MRAC 中，闭环控制系统的期望性能是由一个稳定的参考模型描述的，而该模型又是由输入-输出对 $\{r(t), y^r(t)\}$ 确定的。本控制系统的目标在于使受控装置的输入 $y(t)$ 与参考模型的输出渐近地匹配，即

$$\lim_{t\to\infty}\left\|y^r(t)-y(t)\right\|\leqslant\varepsilon \tag{5.5}$$

式中，ε 为一指定常数。

1. NN 自校正控制（STC）

基于 NN 的 STC 有两种类型：直接 STC 和间接 STC。

（1）NN 直接自校正控制。该控制系统由一个常规控制器和一个具有离线辨识能力的识别器组成，后者具有很高的建模精度。NN 直接自校正控制的结构基本上与直接逆模控制相同。

（2）NN 间接自校正控制。本控制系统由一个 NN 控制器和一个能够在线修正的 NN 识别器组成，图 5.10 为 NN 间接 STC 的结构。

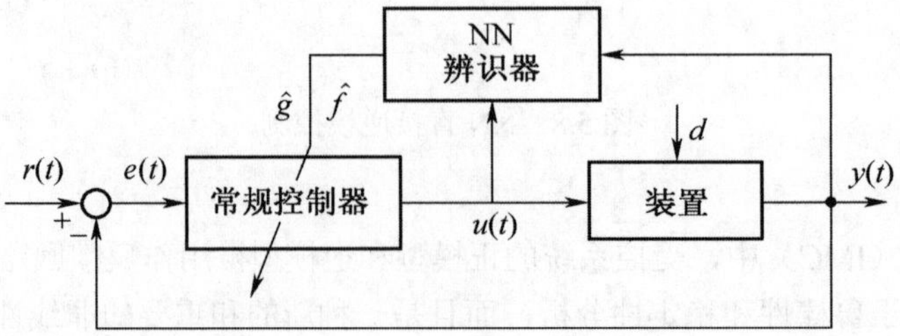

图 5.10　NN 间接自校正控制

一般地，假设受控对象（装置）为式（5.6）所示的单变量非线性系统：

$$y_{k+1}=f(y_k)+g(y_k)u_k \tag{5.6}$$

式中，$f(y_k)$ 和 $g(y_k)$ 为非线性函数。令 $\hat{f}(y_k)$ 和 $\hat{g}(y_k)$ 分别代表 $f(y_k)$ 和 $g(y_k)$ 的估计值。如果 $f(y_k)$ 和 $g(y_k)$ 是由神经网络离线辨识的，那么能够得到足够近似精度的 $\hat{f}(y_k)$ 和 $\hat{g}(y_k)$，而且可以直接给出常规控制律：

$$u_k=\left[y_{d,k+1}-\hat{f}(y_k)\right]\Big/\hat{g}(y_k) \tag{5.7}$$

式中，$y_{d,k+1}$ 为在(k+1)时刻的期望输出。

2. NN 模型参考自适应控制

基于 NN 的 MRAC 也分为两类：NN 直接 MRAC 和 NN 间接 MRAC。

（1）NN 直接模型参考自适应控制。从图 5.11 的结构可知，直接 MRAC 神经网络控制器力图维持受控对象输出与参考模型输出间的差 $e_c(t)=y(t)-y^m(t)\to\infty$。由于反向传播需要知道受控对象的数学模型，因而该 NN 控制器的学习与修正已遇到许多问题。

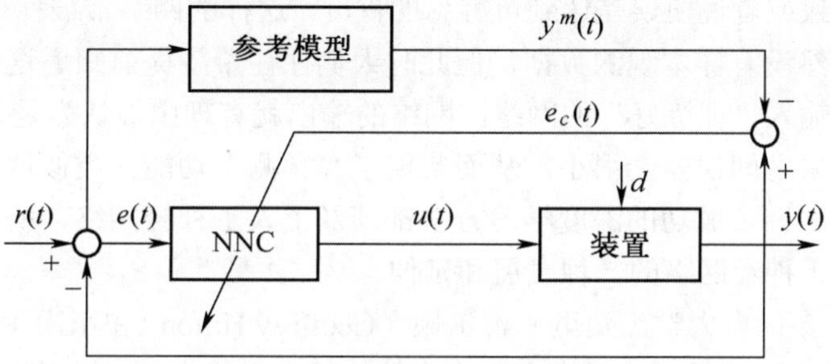

图 5.11　NN 直接模型参考自适应控制

（2）NN 间接模型参考自适应控制。该控制系统结构如图 5.12 所示，NN 识别器（NNI）首先离线辨识受控对象的前馈模型，然后由 $e_i(t)$ 进行在线学习与修正。显然，NNI 能提供误差 $e_c(t)$ 或者其变化率的反向传播。

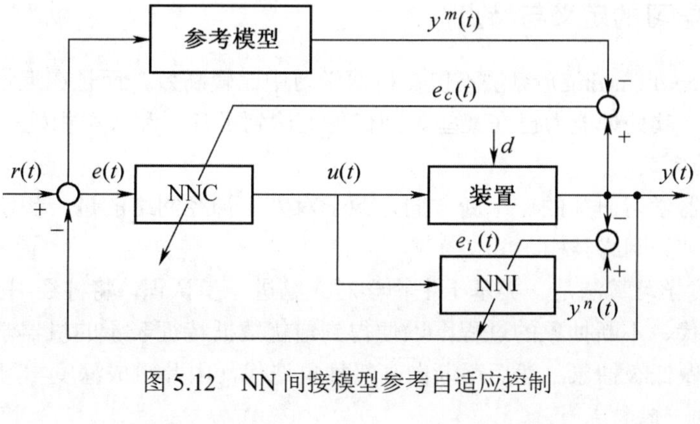

图 5.12　NN 间接模型参考自适应控制

5.3 深层神经网络与深度学习

5.3.1 深层神经网络

深度学习与人工智能的分布式表示和传统人工神经网络模型有十分密切的关系。

1. 深度学习与分布式表示

分布式表示（Distributed Representation）是深度学习的基础，其前提是假定观测值由不同因子相互作用。深度学习采用多重抽象的学习模型，进一步假定上述的相互作用关系可细分为多个层次：从低层次的概念学习得到高层次的概念，概念抽象的程度直接反映在层次数目和每一层的规模上。贪婪算法常被用来逐层构建该类层次结构，并从中选取有助于机器学习更有效的特征。

2. 深度学习与人工神经网络

人工神经网络受生物学发现的启发，其网络模型被设计为不同节点之间的分层模型。训练过程是通过调整网络参数和每一层的权重，使得网络输入特征数据时，其输出的网络计算结果与已有的样本观测结果一致或者说使误差达到可容忍的程度。这样的网络常被称为“训练好”；对于还没有发生的结果，自然没有样本观测数据，但此时人们往往希望提前知道这些结果的分布规律。此刻，若将合法数据输入“训练好”的网络，网络的输出就有理由被认为是“可信的”，或者说，与将要发生的真实结果之间误差会很小，从而实现了“预测”功能。类似地，也可以实现网络对数据的“分类”功能。许多成功的深度学习方法都涉及了人工神经网络，所以，不少研究者认为深度学习就是传统人工神经网络的一种发展和延伸。

2006 年，加拿大多伦多大学杰费里·希尔顿（Geoffrey Hilton）提出了两个观点：

（1）多隐含层的人工神经网络具有非常突出的特征学习能力。如果用机器学习算法得到的特征来刻画数据，可以更加深层次地描述数据的本质特征，在可视化或分类应用中非常有效。

（2）深度神经网络在训练上存在一定难度，但这些可以通过“逐层预训练”（Layer-wise Pre-training）来有效克服。

这些深层神经网络的思想促进了机器学习算法的发展，开启了深度学习在学术界和产业界的研究与应用热潮。

5.3.2 深度学习的定义与特点

深度学习（Deep Learning）算法不仅在机器学习中比较高效，而且在近年来的云计算、大数据并行处理研究中，其处理能力已在某些识别任务上达到了几乎和人类相媲美的水平。

1. 深度学习的定义

深度学习是机器学习研究的一个新方向，源于对人工神经网络的进一步研究，通常采用包含多个隐含层的深层神经网络结构。

定义 5.1 深度学习算法是一类基于生物学对人脑进一步认识，将神经-中枢-大脑的工作原理设计成一个不断迭代、不断抽象的过程，以便得到最优数据特征表示的机器学习算法；该算法从原始信号开始，先做低级抽象，然后逐渐向高级抽象迭代，由此组成深度学习算法的基本框架。

2. 深度学习的一般特点

一般说来，深度学习算法具有如下特点：

（1）使用多重非线性变换对数据进行多层抽象。该类算法采用级联模式的多层非线性处理单元来组织特征提取以及特征转换。在这种级联模型中，后继层的数据输入由其前一层的输出数据充当。按学习类型，该类算法又可归为有监督学习，例如分类（Classification）；无监督学习，例如模式分析（Pattern Analysis）。

（2）以寻求更适合的概念表示方法为目标。这类算法通过建立更好的模型来学习数据表示方法。对于学习所用的概念特征值或者数据的表示，一般采用多层结构进行组织，这也是该类算法的一个特色。高层的特征值由低层特征值通过推演归纳得到，由此组成了一个层次分明的数据特征或者抽象概念的表示结构；在这种特征值的层次结构中，每一层的特征数据对应着相关整体知识或者概念在不同程度或层次上的抽象。

（3）形成一类具有代表性的特征表示学习（Learning Representation）方法。在大规模无标识的数据背景下，一个观测值可以使用多种方式来表示。例如，一幅图像、人脸识别数据、面部表情数据等，而某些特定的表示方法可以让机器学习算法学习起来更加容易。所以，深度学习算法的研究也可以看作在概念表示基础上，对更广泛的机器学习方法的研究。深度学习一个很突出的前景便是它使用无监督的或者半监督的特征学习方法，加上层次性的特征提取策略，来替代过去手工方式的特征提取。

3. 深度学习的优点

深度学习具有如下优点：

（1）采用非线性处理单元组成的多层结构，使得概念提取可以由简单到复杂。

（2）每一层中非线性处理单元的构成方式取决于要解决的问题；同时，每一层学习模式可以按需求调整为有监督学习或无监督学习。这样的架构非常灵活，有利于根据实际需要调整学习策略，从而提高学习效率。

（3）学习无标签数据优势明显。不少深度学习算法通常采用无监督学习形式来处理其他算法很难处理的无标签数据。现实生活中，无标签数据比有标签数据存在更普遍。因此，深度学习算法在这方面的突出表现，更突显出其实用价值。

5.5.3 深度学习的常用模型

实际应用中，用于深度学习的层次结构通常由人工神经网络和复杂的概念公式集合组成。在某些情形下，也采用一些适用于深度生成模式的隐性变量方法。例如，深度信念网络、深度波尔兹曼机等。至今已有多种深度学习框架，如深度神经网络、卷积神经网络和深度概念网络。

深度神经网络是一种具备至少一个隐含层的神经网络。与浅层神经网络类似，深度神经网络也能够为复杂非线性系统提供建模，但多出的层次为模型提供了更高的抽象层次，因而提高了模型的能力。此外，深度神经网络通常都是前馈神经网络。常见的深度学习模型包含以下几类。

1. 卷积神经网络

卷积神经网络（Convolutional Neural Network，CNN）在本质上是一种输入到输出的映射。CNN 是一种特殊的深层神经网络模型，其特殊性主要体现在两个方面：一是它的神经元间的连接是非全连接的；二是同一层中神经元之间的连接采用权值共享的方式。其学习过程如图 5.13 所示。其中，input 到 C_1、S_4 到 C_5、C_5 到 output 是全连接，C_1 到 S_2、C_3 到 S_4 是一一对应的连接，S_2 到 C_3 为了消除网络对称性，去掉了一部分连接，可以让特征映射更具多样性。需要注意的是，C_5 卷积核的尺寸要和 S_4 的输出相同，只有这样才能保证输出是一维向量。

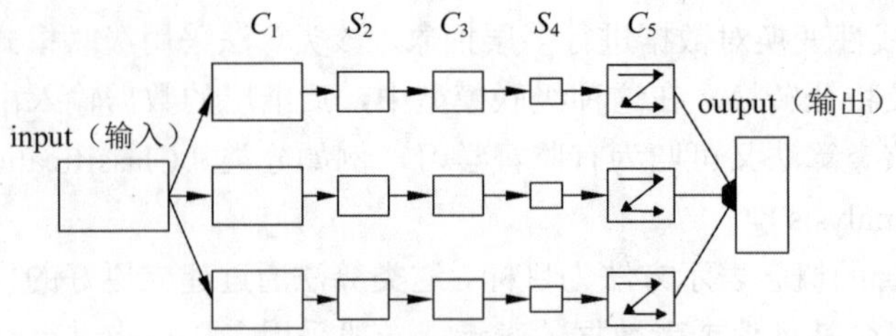

图 5.13　卷积神经网络的原理图

CNN 的基本结构包括两层，即特征提取层和特征映射层。在特征提取层 C 中，每个神经元的输入与前一层的局部接受域相连，并提取该局部的特征。一旦该局部特征被提取后，它与其他特征间的位置关系也随之确定下来；每一个特征提取层后都紧跟着一个计算层，对局部特征求加权平均值与二次提取，这种特有的两次特征提取结构使网络对平移、比例缩放、倾斜或者其他形式的变形具有高度不变性。计算层由多个特征映射组成，每个特征映射是一个平面，平面上采用权值共享技术，大大减少了网络的训练参数，使神经网络的结构变得更简单，适应性更强。另外，图像可以直接作为网络的输入，因此它需要的预处理工作非常少，避免了传统识别算法中复杂的特征提取和数据重建过程。特征映射结构采用影响函数核小的 sigmoid 函数作为卷积网络的激活函数，使得特征映射具有位移不变性。S 层是特征映射层，网络中的计算层由多个特征映射组成，每个特征映射是一个平面，平面上采用权值共享技术，大大减少了网络的训练参数，使神经网络的结构变得更简单，适应性更强。

在很多情况下，有标签的数据是很稀少的，但正如前面所述，作为神经网络的一个典型，卷积神经网络也存在局部性、层次深等深度网络具有的特点。卷积神经网络的结构使得其处理过的数据中有较强的局部性和位移不变性。Ranzato 等人将卷积神经网络和逐层贪婪无监督学习算法相结合，提出了一种无监督的层次特征提取方法。CNN 被广泛应用于人脸检测、文献识别、手写字体识别、语音检测等领域。

2. 循环神经网络

循环神经网络（Recurrent Neural Networks，RNNs）是深度网络中的常用模型，它的输入为序列数据，网络中节点之间的连接沿时间序列形成一个有向图，使其能够显示时间动态行为。

基本的循环神经网络如图 5.14 所示，它是结构为连续层的类神经元节点的网络。给定层中的每个神经元节点定向地与下一个连续层中的每个其他神经元节点连接，每个神经元节点具有随时间变化的实值激活函数，同时每处连接具有可修改的实值权重。RNNs 输入单元的输入集为 $\{x_0,x_1,\cdots,x_t,x_{t+1},\cdots\}$，输出单元的输出集为 $\{o_0,o_1,\cdots,o_t,o_{t+1},\cdots\}$，隐藏单元的状态集为 $\{h_0,h_1,\cdots,h_t,h_{t+1},\cdots\}$，能够捕捉序列信息。隐藏层之间是有连接的且隐藏层的输入不仅包括输入层的输入还包括上一时刻隐藏层的输出，隐藏层的神经元节点可以自连，也可以互连。h_t 是隐藏层在 t 时间步的状态，也是 RNNs 的记忆单元，其计算公式为 $h_t = f(U_* x_t + V_* h_{t-1})$，式中 f 是一般的非线性激活函数，如 Tanh 函数等。传统神经网络中的参数是不共享的，而在 RNNs 中，每一层都各自共享参数 $\boldsymbol{U},\boldsymbol{V},\boldsymbol{W}$，即 x_t 与 h_t 之间的 $\boldsymbol{U}$ 矩阵和 x_{t-1} 与 h_{t-1} 之间的 $\boldsymbol{U}$ 矩阵是一样的。权值共享大大降低了网络中需要学习的参数，降低了网络复杂度。

RNNs 使用时间序列信息，可以处理任意长度的输入输出数据。且不同于反馈神经网络，RNNs 可以使用它们的内部存储器来处理任意输入序列，这使得它广泛应用于手写体识别、自然语言处理和语音识别任务。但 RNNs 存在“梯度消失”“梯度爆炸”、长时依赖等问题。梯度爆炸会导致权重震荡，降低网络质量，且随着网络层数增加，问题会更加严重。为了解决上述问题，对 RNNs 进行改进，Hochreiter 和 Schmidhuber 提出了长短时记忆模型（Long Short-term Memory，LSTM）。

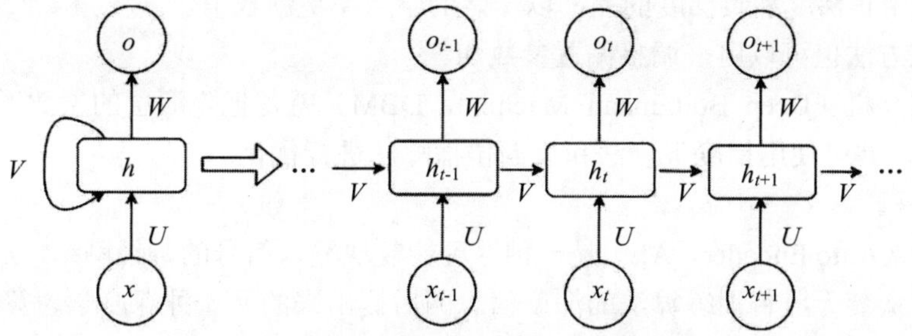

图 5.14　基本循环神经网络结构

3. 受限波尔兹曼机

受限波尔兹曼机（Restricted Boltzmann Machine，RBM）是一类可通过输入数据集学习概率分布的随机生成神经网络，是一种波尔兹曼机的变体，但限定模型必须为二分图。如图 5.15 所示，模型中包含：可视层，对应输入参数，用于表示观测数据；隐含层，可视为一组特征提取器，对应训练结果，该层被训练发觉在可视层表现出来的高阶数据相关性；每条边必须分别连接一个可视单元和一个隐含层单元，为两层之间的连接权值。受限波尔兹曼机大量应用在降维、分类、协同过滤、特征学习和主题建模等方面。根据任务的不同，受限波尔兹曼机可以使用监督学习或无监督学习的方法进行训练。

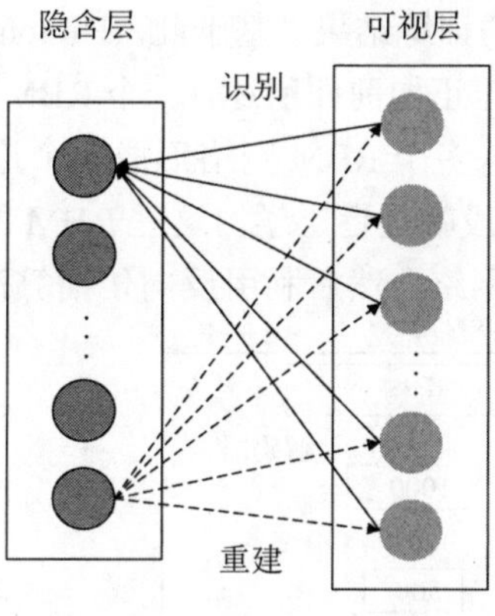

图 5.15　受限波尔兹曼机

训练 RBM，目的就是要获得最优的权值矩阵，最常用的方法最初由 Geoffrey Hinton 在训练“专家乘积”中提出，被称为对比分歧（Contrast Divergence，CD）算法。对比分歧提供了一种最大似然的近似，被理想地用于学习 RBM 的权值训练。该算法在梯度下降的过程中使用吉布斯采样完成对权重的更新，与训练前馈神经网络中使用反向传播算法类似。

针对一个样本的单步对比分歧算法步骤可被总结为：

步骤 1　取一个训练样本，计算隐含层节点的概率，在此基础上从这一概率分布中获取一个隐层节点激活向量的样本。

步骤 2　计算和的外积，称为“正梯度”。

步骤 3　获取一个重构的可视层节点的激活向量样本，此后从隐含层节点再次获得一个激活的向量样本。

步骤 4 计算和的外积，称为“负梯度”。

步骤 5 使用正梯度和负梯度的差，以一定的学习率更新权值。

类似地，该方法也可以用来调整偏置参数和。

深度波尔兹曼机（Deep Boltzmann Machine，DBM）就是把隐藏层的层数增加，可以看作多个 RBM 的堆砌，并可使用梯度下降法和反向传播算法进行优化。

4. 自动编码器

自动编码器（Auto Encoder，AE）是一种尽可能复现输入信号的神经网络，是 Geoffrey Hinton 等人继基于逐层贪婪无监督训练算法的深度信念网后提出来的又一种深度学习算法模型。AE 的基本单元有编码器和解码器；编码器是将输入映射到隐含层的映射函数，解码器是将隐含层表示映射回对输入的一个重构。

设定自编码网络一个训练样本 $x=\{x^1,\cdots,x^t\}$，编码激活函数和解码激活函数分别为 S_f 和 S_g，其训练机制就是通过最小化训练样本 D_n 的重构误差来得到参数 θ，也就是最小化目标函数

$$f_\theta(x)=S_f(b+Wx)$$

$$g_\theta(h)=S_g(d+W^{\mathrm{T}}h)$$

$$J_{AE}(\theta)=\sum_{x\in D_n}L(x^t,g(f(x^t)))$$

式中，$\theta=\{W,b,W^{\mathrm{T}},d\}$；$b$ 和 d 分别为编码器和解码器的偏置向量，W 和 W^{T} 分别为编码器和解码器的权重矩阵，S 为 Sigmoid 函数。对于具有多个隐含层的非线性自编码网络，如果初始权重选得好，运用梯度下降法可以达到很好的训练结果。基于此，Hinton 和 Salakhutdinov 提出了用 RBM 网络来得到自编码网络的初始权值。但正如前面所述，一个 RBM 网络只含有一个隐含层，其对连续数据的建模效果并不是很理想。引入多个 RBM 网络形成一个连续随机再生模型。自编码系统的网络结构如图 5.16 所示。其预训练阶段就是逐层学习这些 RBM 网络，预训练过后，这些 RBM 网络就被“打开”形成一个深度自编码网络。然后利用反向传播算法进行微调，得到最终的权重矩阵。

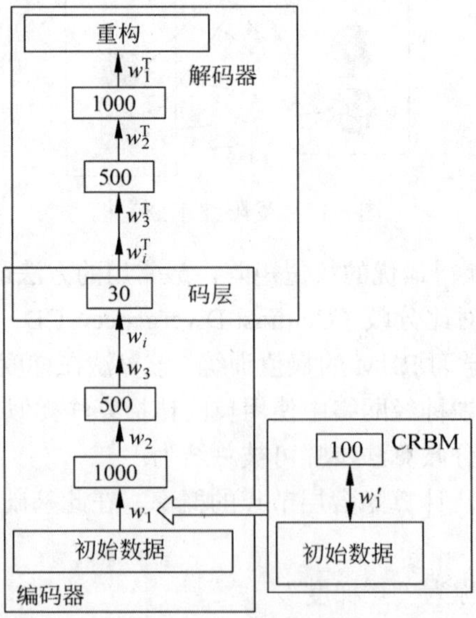

图 5.16 自编码系统的网络结构

实际上，自编码网络也可以看作是由编码部分和解码部分构成的，编码部分对输入进行降维，即将原始高维连续的数据降到具有一定维数的低维结构上；解码部分则将低维上的点还原成高维连续数据。编码部分与解码部分之间的交叉部分是整个连续自编码网络的核心，能够反映具有嵌套结构的高维连续数据集的本质规律，并确定高维连续数据集的本质维数。

自动编码器的一个典型应用就是用来对数据进行降维。随着计算机技术、多媒体技术的发展，在实际应用中经常会碰到高维数据，这些高维数据通常包含许多冗余，其本质维数往往比原始的数据维数要小得多，因此要通过相关的降维方法减少一些不太相关的数据而降低它的维数，然后用低维数据的处理办法进行处理。传统的降维方法可以分为线性和非线性两类，线性降维方法如主成分分析法（Principal Component Analysis，PCA）、独立分量分析法（Independent Component Analysis，ICA）和因子分析法（Factor Analysis，FA）在高维数据集具有线性结构和高斯分布时能有较好的效果。但当数据集在高维空间呈现高度扭曲时，这些方法则难以发现嵌入在数据集中的非线性结构以及恢复内在的结构。自编码机作为一种典型的非线性降维方法，在图像重构、丢失数据的恢复等领域中得到了广泛应用。

5. 深度信念网络

深度信念网络（Deep Belief Networks，DBNs）是一个贝叶斯概率生成模型，由多层随机隐变量组成，其结构如图 5.17 所示。上面的两层具有无向对称连接，下面的层得到来自上一层的自顶向下的有向连接，最底层单元构成可视层。也可以这样理解，深度信念网络就是在靠近可视层的部分使用贝叶斯信念网络（即有向图模型），并在最远离可见层的部分使用受限波尔兹曼机的复合结构，也常常被视为多层简单学习模型组合而成的复合模型。

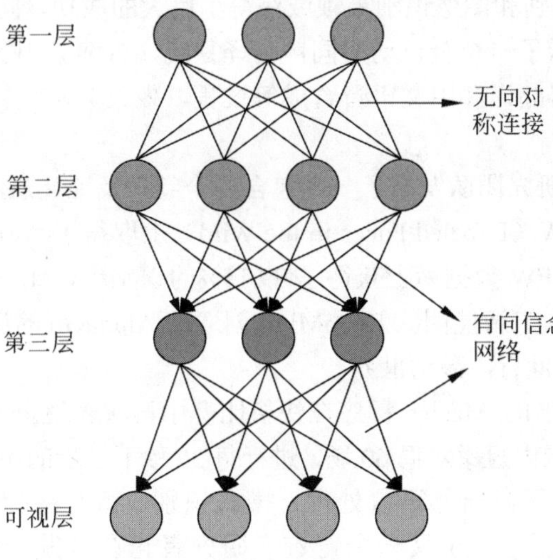

图 5.17　深度信念网络结构

深度信念网络可以作为深度神经网络的预训练部分，并为网络提供初始权重，再使用反向传播或者其他判定算法作为调优的手段。这在训练数据较为缺乏时很有价值，因为不恰当的初始化权重会显著影响最终模型的性能，而预训练获得的权重在权值空间中比随机权重更接近最优的权重。这不仅提升了模型的性能，也加快了调优阶段的收敛速度。

深度信念网络中的内部层都是典型的 RBM，可以使用高效的无监督逐层训练方法进行训练。当单层 RBM 被训练完毕后，另一层 RBM 可被堆叠在已经训练完成的 RBM 上，形成一个多层模型。每次堆叠时，原有的多层网络输入层被初始化为训练样本，权重为先前训练得到的权重，该网络的输出作为后续 RBM 的输入，新的 RBM 重复先前的单层训练过程，整个过程可以持续进行，直到达到某个期望中的终止条件。

尽管对比分歧是对最大似然的近似十分粗略，即对比分歧并不在任何函数的梯度方向上，但经验结果证实该方法是训练深度结构的一种有效的方法。

5.3.4 深度学习应用举例

深度学习获得日益广泛的应用，已在模式识别、计算机视觉、语音识别、自然语言处理等领域取得良好的应用效果。

截至 2011 年，前馈神经网络深度学习中的最新方法是交替使用卷积层（convolutional layers）和最大缓冲层（max-pooling layers）并加入单纯的分类层作为顶端，训练过程无须引入无监督的预训练。从 2011 年起，这一方法的 GPU 实现多次赢得了各类模式识别竞赛的胜利，包括 IJCNN 2011 交通标志识别竞赛和其他比赛。已有的科研成果已经表明，深度学习算法在某些识别任务上几乎或者已经达到能和人类表现相匹敌的水平。

2012 年，《纽约时报》介绍了一个由吴恩达（Andrew Ng）和杰夫·迪恩（Jeff Dean）联合主持的一个项目——Google Brain，引起了人们的广泛关注。当时他们分别是在机器学习领域和大规模计算机系统方面的专家。该项目用 16000 个 CPU Core 组成的并行计算平台训练一种称为“深度神经网络”（Deep Neural Networks）的机器学习模型。新模型没有像以往的模型那样人为设定“抽象概念”边界，而是直接把海量数据投放到算法中，让系统自动从数据中学习，从而“领悟”事物的多项特征，并在语音识别和图像识别等领域获得了巨大的成功。同年 11 月，微软公司在中国天津的一次活动上公开演示了一个全自动的同声传译系统，讲演者用英文演讲，后台的计算机自动完成语音识别、英中机器翻译和中文语音合成等过程，效果非常流畅，其采用的核心技术正是深度学习算法。

2014 年 1 月，汤晓鸥研究团队发布了一个包含四个卷积及池化层的 DeepID 深度学习模型，在户外脸部检测数据库 LFW（Labeled Faces in the Wild）上取得了当时最高 97.45%的识别率；同年 6 月，该模型改进后在 LFW 数据库上获得了 99.15%的识别率，比人眼识别更加精准。

2016 年 3 月，Google 人工智能团队 DeepMind 创造的 AlphaGo 的深度学习围棋人工智能模型以 4:1 击败国际围棋冠军李世石，轰动世界。

2017 年 DeepMind 创造的 Master 程序在快棋比赛中再次表现出了对人类棋手的绝对优势。Master 与 60 位世界冠军和国内冠军对局 60 场，进行每 30 秒下一步的快棋比赛，以 60:0 获得全胜。

到 2019 年，深度学习已在自然语言处理、模式识别、智慧医疗获得十分广泛的与成功的应用，达到了一个高潮，创造一个又一个奇迹。研究者正在开发一些新的算法，如模仿人脑视觉处理强度的胶囊网络算法、与环境互动解决业务问题的深度增强学习、以配对神经网络加速学习并减轻处理负担的生成对抗性网络、没有编程的模型创建自动机器学习以及类脑计算算法等。其中某些算法可望能够超过深度学习算法。

5.4 神经控制器的设计

对神经控制系统和神经控制器尚缺乏规范的设计方法。在实际应用中，根据受控对象及其控制要求，人们应用神经网络的基本原理，采用各种控制结构，设计出许多行之有效的神经控制系统。

5.4.1 神经控制系统的设计内容和结构

1. 神经控制系统的设计内容

从已有的设计情况来看，神经控制系统的设计一般应包括（但不是全部）下列内容：

（1）建立受控对象的数学计算模型或知识表示模型。

（2）选择神经网络及其算法，进行初步辨识与训练。

（3）设计神经控制器，包括控制器结构、功能表示与推理。

（4）进行控制系统仿真试验，并通过试验结果改进设计。

下面以一个神经模糊自适应控制器为例讨论神经控制系统的设计问题。

2. 控制器的结构和工作原理

综合反馈误差学习法和直接自适应控制的特点，提出的神经网络在线学习模糊自适应控制结构，如图 5.18 所示。它由一个普通的反馈控制器（FC）和一个神经控制器（NNC）组成，二者的输入信号之和作为实际控制量对系统进行控制，即

$$u(k) = u_n(k) + u_f(k) \tag{5.8}$$

式中，u_f 为反馈控制器的输出；u_n 为神经控制器的输出，通常可描述为

$$u_n(k) = NN[r(k), e(k), w(k), \theta(k), \sigma(x)] \tag{5.9}$$

其中，r 为参考输入；e 为系统跟踪误差；$w(k)$、$\theta(k)$ 分别为神经网络的连接权值和神经元的输入偏置；$\sigma(x)$ 为神经元激发函数，取其形式为对称 Sigmoid 函数（即双正切函数）。反馈控制器 FC 起着监控作用，在 NNC 训练初期，FC 对系统实施启动控制，并保证闭环系统的稳定性。神经控制器 NNC 是一个在线学习的自适应控制器，作用是综合系统的参考输入和跟踪误差，利用模糊推理机 FIE 的输出信号进行学习，不断逼近被控对象的逆动力学，使 FC 的输出及其变化趋于零，从而逐步取消 FC 的作用，实现对系统的高精度跟踪控制。这两个过程是同时进行的。

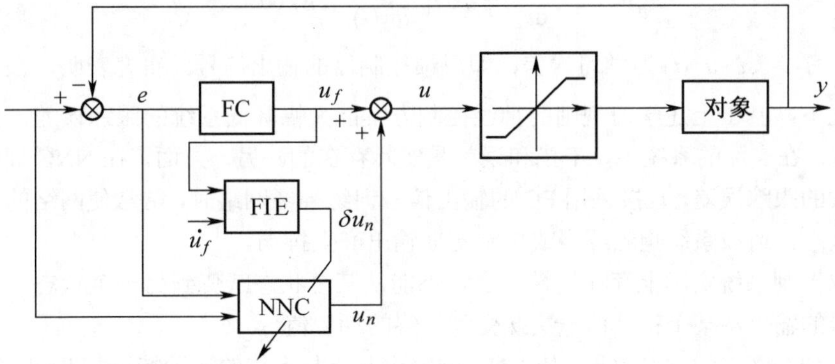

图 5.18 神经模糊自适应控制系统结构

在控制初期，神经控制器 NNC 未经训练，反馈控制器起主要作用，NNC 通过 FIE 的输出信号不断得到训练，并逐渐在控制行为中占据主导地位，最终取代反馈控制器单独对系统实施高精度控制。当系统受到干扰或对象发生变化时，反馈控制器重新起作用，通过补偿控制消除上述因素对控制系统的影响，同时为 NNC 提供训练误差。这种控制策略使学习与控制同时进行，且完备

性好，具有良好的鲁棒性以及适应对象和环境变化的能力。

5.4.2 神经控制器的训练与学习算法

由于一个三层神经网络就具有任意逼近能力，因此 NNC 采用一个单隐含层线性输出前馈网络，其模型结构如图 5.19 所示，输入输出关系可描述为

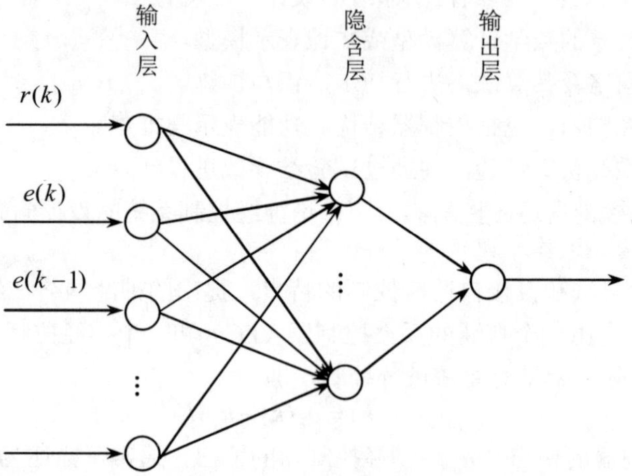

图 5.19 NNC 模型结构

$$u_n(k)=W_{\mathrm{OH}}^{\mathrm{T}}(k)\sigma[W_{\mathrm{HI}}^{\mathrm{T}}(k)X_1(k)+\theta_{\mathrm{H}}(k)] \tag{5.10}$$

式中，X_1 为网络的输入向量，$X_1=\{r,e(k),\cdots,e(k-m+1)\}$；$W_{\mathrm{OH}}^{\mathrm{T}}(k)$、$W_{\mathrm{HI}}^{\mathrm{T}}(k)$ 分别为 NNC 输出层到隐含层和隐含层到输入层的权值矩阵；$\theta_{\mathrm{H}}(k)$ 为隐含单元的输入偏置。

根据反馈误差学习法，网络权值的学习规则为

$$\frac{\mathrm{d}w(t)}{\mathrm{d}t}=\eta(t)\left(\frac{\partial u_n(t)}{\partial w(t)}\right)^{\mathrm{T}}u_f(t) \tag{5.11}$$

式中，η 为学习步长；$u_f(t)$ 为学习误差，即反馈控制器的输出信号。研究表明，在学习期间无外部干扰的情况下，基于上述学习规则的神经控制方案能大幅降低系统的跟踪误差，取得更好的控制效果。然而，在实际的系统中，干扰和误差是实际存在的。另一方面，在 NNC 训练初期，由于系统存在较大的跟踪误差，直接采用 FC 的输出信号训练神经网络时，常常使网络的输出产生振荡或进入饱和状态，造成系统响应缓慢或控制初期输出产生抖动。

由于工业控制系统实际上存在惯性，通常不能从某个状态跃变到另一个状态。因此，也就无须要求控制器的输出从某个初始值一次跃变到最终的期望值。

为了改善神经网络的学习效果，使 NNC 的输出变化与系统的运动特性相匹配，根据误差和误差变化，将系统的最终目标分解成若干分目标。控制系统在每个采样周期中实现对一个分目标的跟踪。经过若干控制周期后，系统即可平滑地到达最终目标状态。在分目标跟踪过程中，神经控制器的学习误差不再基于系统的最终目标误差，而是基于该时刻系统所应消除的分目标误差。采用分目标学习方式不仅能使 NNC 在每个采样周期中的学习目标易于实现，保证系统的跟踪控制更符合工业过程的实际，而且可有效避免 NNC 的输出产生振荡或进入饱和状态。

分目标学习误差由模糊推理机的一组模糊规则给出，见表 5.3。表中符号 PB、PM、PS、0、NS、NM、NB 分别表示正大、正中、正小、零、负小、负中、负大的概念。表中的模糊关系不再是传统意义上的模糊控制策略，而是每一控制周期中用于 NNC 训练的分目标学习误差。这样，NNC 在学习中逐步跟踪系统的逆动力学，并产生一自适应控制信号，使系统输出跟踪给定的参考信号。它消除的不单是系统的输出误差，而是误差和误差变化的综合影响，从而避免了反馈误差学习法可能造成的 NNC 的输出产生振荡或进入饱和状态。

表 5.3　分目标学习误差规则表

$\dot{U}_f$	δ						
	NB	NM	NS	0	PS	PM	PB
	U_f						
NB	PB	PB	PB	PM	PM	PS	0
NM	PB	PB	PM	PM	PS	0	NS
NS	PB	PM	PM	PS	0	NS	NM
0	PM	PM	PS	0	NS	NM	NM
PS	PM	PS	0	NS	NM	NM	NB
PM	PS	0	NS	NM	NM	NB	NB
PB	0	NS	NM	NM	NB	NB	NB

为了实现上述模糊推理规则，必须对 FIE 的输入变量进行模糊化处理，即将输入变量从基本论域转化到相应的模糊论域。为此，引入 FC 输出变量u_f及其变化变量$\dot{u}_f$的量化因子K_{u_f}、$K_{\dot{u}_f}$。假定变量u_f的基本论域和模糊论域分别为$(-u_{fm},u_{fm})$和$(-n_{u_f},-n_{u_f}+1,\cdots,0,\cdots,n_{u_f}-1,n_{u_f})$，且变量$\dot{u}_f$的基本论域和模糊论域分别为$(-\dot{u}_{fm},\dot{u}_{fm})$和$(-n_{\dot{u}_f},-n_{\dot{u}_f}+1,\cdots,0,\cdots,n_{\dot{u}_f}-1,n_{\dot{u}_f})$，则量化因子$K_{u_f}$、$K_{\dot{u}_f}$可由下式确定：

$$K_{u_f}=\frac{n_{u_f}}{u_{fm}} \tag{5.12}$$

$$K_{\dot{u}_f}=\frac{n_{\dot{u}_f}}{\dot{u}_{fm}} \tag{5.13}$$

FC 的实时输出信号u_f及其变化$\dot{u}_f$经量化后的模糊变量$U_f(k)$、$\dot{U}_f(k)$分别为

$$U_f(k)=K_{u_f}u_f(k) \tag{5.14}$$

$$\dot{U}_f(k)=K_{\dot{u}_f}\dot{u}_f(k) \tag{5.15}$$

模糊变量$U_f(k)$、$\dot{U}_f(k)$的论域、模糊子集及其隶属函数μ的定义如图 5.20 所示。为改善模糊推理机的输出特性，FIE 输出变量δ的论域、模糊子集及其隶属函数的定义如图 5.21 所示。当系统偏差较大时，模糊集隶属函数的分辨率较低，FIE 的输出变化比较缓慢，可保证 NNC 的学习比较平稳。而当系统偏差较小时，模糊集隶属函数的分辨率较高，有利于提高 NNC 学习的收敛精度。

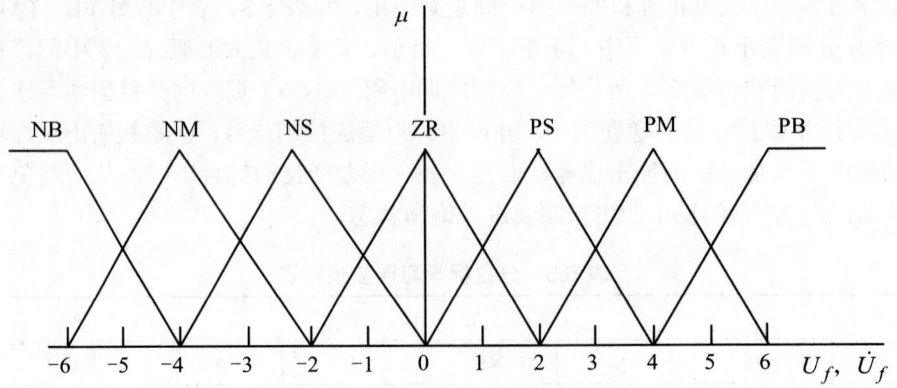

图 5.20 FIE 输入变量的隶属函数

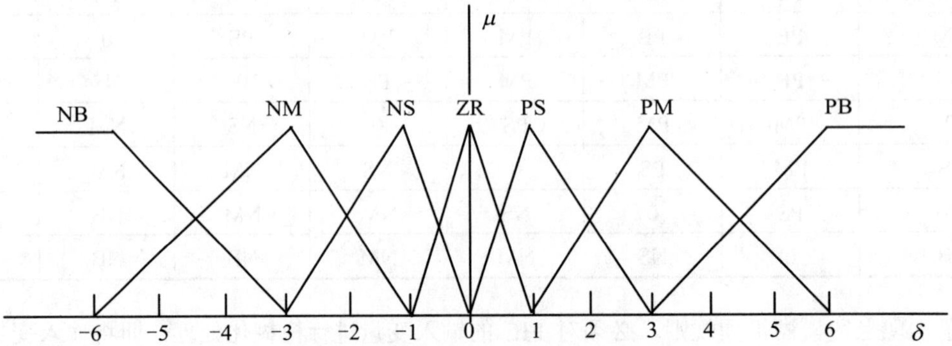

图 5.21 FIE 输出变量的隶属函数

在控制过程中，系统根据每一采样时间 FC 的输出信号及其变化，由图 5.20 确定各模糊集的隶属度，然后利用模糊推理规则（表 5.3）确定图 5.21 中 FIE 输出变量δ所有可能的模糊隶属集，并以重心法进行模糊判决，得到分目标学习误差ΔE：

$$\Delta E=\frac{\sum_{\delta=-6}^{6}\delta\mu(\delta)}{\sum_{\delta=-6}^{6}\mu(\delta)} \tag{5.16}$$

为提高模糊判决精度，式（5.16）中离散计算步长取为 0.1。与模糊量化过程相反，ΔE必须还原到其基本论域中方可用于 NNC 的学习。为此，将ΔE乘以一个比例因子K_δ：

$$\delta_e(k)=K_\delta\Delta E(k) \tag{5.17}$$

量化因子和比例因子均是用于论域变换的变量，其大小对控制系统的动态性能影响较大，选配时应兼顾响应速度和超调量。

确定分目标学习误差后，定义 NNC 的训练误差函数如下：

$$E=\frac{1}{2}\delta_e^2 \tag{5.18}$$

综上分析，可归纳出神经网络在线学习模糊自适应控制的算法如下：

（1）初始化 FC 及 NNC 的结构、参数及各种训练参数。

（2）在时刻k，采样$y(k)$、$r(k)$，并计算系统输出偏差。

（3）计算反馈控制器 FC 的输出信号 $u_f(k)$ 及其变化量 $\dot{u}_f(k)$。

（4）根据模糊推理规则，求出 NNC 分目标学习误差 $\delta_e(k)$。

（5）若 $\delta_e(k) > \varepsilon$，修正 NNC 的权值，否则继续下一步。

（6）构造 NNC 的输入向量 $X_\mathrm{I} = \{r(k+1), e(k), \cdots, e(k-m+1)\}$，并计算其输出 $u_n(k)$。

（7）计算控制器输出 $u(k)$，并送给被控对象，产生下一步输出 $y(k+1)$。

（8）令 $k = k+1$，对 $\{y(k)\}$、$\{u(k)\}$、$\{e(k)\}$ 进行移位处理，返回步骤（2）。

在控制过程中，NNC 利用模糊推理机的分目标学习误差进行学习和在线调整，逐渐使 FC 的输出趋于零，从而在控制中占据主导地位，最终取消 FC 的作用。随着 NNC 权值的调整，当分目标学习误差收敛到一个给定精度时，NNC 的训练暂告结束。此时，NNC 已能很好地代表对象的逆动力学特性，完全取代 FC，对系统实行高品质控制。当系统出现干扰或对象发生变化时，反馈控制器 FC 重新起作用，NNC 也将重新进入学习状态。这种控制策略具有良好的完备性，不仅可确保控制系统的稳定性和鲁棒性，而且可有效提高系统的精度和自适应能力。

5.5　本 章 小 结

5.1 节介绍了人工神经网络的基础知识，包括神经元的特性、人工神经网络的特点、基本类型、学习算法、典型模型、基于神经网络的知识表示与推理。

5.2 节以控制工程师熟悉的语言和图示介绍了神经控制器的各种基本结构方案，包括基于神经网络的学习控制器、基于神经网络的直接逆模控制器、基于神经网络的自适应控制器、基于神经网络的内模控制器等。这些结构方案可用于构成更复杂的神经控制器。

5.3 节概括深层神经网络与深度学习的基本原理，探讨深度学习与人工智能的分布式表示及传统人工神经网络模型的关系，讨论深度学习的定义、一般特点和优点，逐一介绍了卷积神经网络、循环神经网络、受限波尔兹曼机、自动编码器和深度信念网络等深度学习常用模型，并简介了深度学习应用情况。

5.4 节讨论了神经控制系统的设计，即神经网络模糊自适应控制器的设计。

自从麦卡洛克（McCulloch）和皮特茨（Pitts）在 1943 年开始研究 ANN 以来，已经开发了各种有效的 ANN，用于模式识别、图像和信号处理与监控。然而，由于技术的现实性，尤其是计算机技术和 VLSI 技术当前水平的局限性，这些努力并非总是如愿以偿的。随着计算机软件和硬件技术的发展，自 20 世纪 80 年代以来，出现了一股开发 ANN 的新热潮。近 20 年已经过去，可是，许多把 ANN 应用于控制领域的努力仍然收效甚微。其主要困难在于 VLSI 意义上的人工神经网络的设计和制造问题仍未获得突破性进展。要解决这一问题，研究人员可能还需要继续走一段很长的路。人工神经网络与模糊逻辑、专家系统、自适应控制，甚至 PID 控制的集成，有希望为智能控制创造出优良制品。

习　题　5

5-1　人工神经网络为什么具有诱人的发展前景和潜在的广泛应用领域？

5-2　简述生物神经元及人工神经网络的结构和主要学习算法。

5-3　考虑一个具有阶梯形阈值函数的神经网络，假设：

（1）用常数乘所有的权值和阈值。

（2）用常数加所有权值和阈值。

试说明网络性能是否会变化。

5-4　构建一个神经网络，用于计算含有两个输入的 XOR 函数，指定所用神经网络单元的种类。

5-5　假定有一个具有线性激励函数的神经网络，即对于每个神经元，其输出等于常数 c 乘以各输入权和。

（1）设该网络有个隐含层。对于给定的权 W，写出输出层单元的输出值，此值以权 W 和输入层 I 为函数，而对隐含层的输出没有任何明显的叙述。试证明：存在一个不含隐含单位的网络能够计算上述同样的函数。

（2）对于具有任何隐含层数的网络重复进行上述计算，并从中给出线性激励函数的结论。

5-6　试实现一个分层前馈神经网络的数据结构，为正向评价和反向传播提供所需信息。应用这个数据结构，写出一个神经网络输出，以作为一个例子，并计算该网络适当的输出值。

5-7　有哪些比较有名和重要的人工神经网络及其算法？试举例介绍。

5-8　神经学习控制有哪几种类型？它们的结构是怎样的？

5-9　神经自适应控制有哪几种类型？试述它们的工作原理。

5-10　神经直接逆模控制和神经内模控制的主要区别是什么？

5-11　深度学习与人工智能的分布式表示及传统人工神经网络模型有何关系？深度学习的特点和优点是什么？

5-12　深度学习具有哪些常用模型？你是否知道深度学习应用的一般情况？

5-13　举例说明神经控制系统的设计步骤。

5-14　举出一个你知道的神经控制系统，并分析其工作原理和运行效果。

5-15　给定训练集$\left(\begin{pmatrix}1\\1\end{pmatrix},-1\right)$，$\left(\begin{pmatrix}-1\\-1\end{pmatrix},1\right)$，$\left(\begin{pmatrix}1\\-1\end{pmatrix},1\right)$，$\left(\begin{pmatrix}-1\\1\end{pmatrix},-1\right)$，用感知器训练学习权值，画出所求分界面。

第 6 章 进化控制

前面几章中已经讨论了一些相对成熟的智能控制系统，包括递阶控制、模糊控制、专家控制和神经控制等系统。从本章起，将探讨另一些新的智能控制系统。本章所研究的进化控制（Evolutionary Control）就是近 30 多年来发展起来的一种新的智能控制机制和方法。进化控制综合遗传算法机制和传统的反馈机制的控制过程。

6.1 遗传算法简介

自然界中生物群体的生存与发展过程普遍遵循达尔文的物竞天择、适者生存的进化准则。群体中的个体根据对环境的适应能力而被大自然所选择或淘汰。进化过程的结果反映在个体结构上，其染色体包含若干基因，相应的表现型和基因型的联系体现了个体的外部特性与内部机理间的逻辑关系。生物通过个体间的选择、交叉、变异来适应自然环境。生物染色体用数学方式或计算机方式来体现就是一串数码，仍叫染色体，有时也叫个体；适应能力用对应一个染色体的数值来衡量；染色体的选择或淘汰问题是按求最大还是最小问题来进行的。

把进化计算，特别是遗传算法机制和传统的反馈机制用于控制过程，则可实现一种新的控制——进化控制。

6.1.1 遗传算法的基本原理

遗传算法是模仿生物遗传学和自然选择机理，通过人工方式构造的一类优化搜索算法，是对生物进化过程进行的一种数学仿真，是进化计算的一种最重要形式。遗传算法与传统数学模型是截然不同的，它为那些难以找到传统数学模型的难题指出了一个解决方法。同时进化计算和遗传算法借鉴了生物科学中的某些知识，这也体现了人工智能这一交叉学科的特点。自从霍兰德（Holland）于 1975 年在他的著作 *Adaptation in Natural and Artificial Systems*（《自然系统和人工系统中的适应》）中首次提出遗传算法以来，经过多年的研究，现在已发展到一个比较成熟的阶段，并且在实际中得到了很好的应用。下面将介绍遗传算法的基本机理和求解步骤，使读者了解到什么是遗传算法，它是如何工作的。

霍兰德的遗传算法通常称为简单遗传算法（SGA）。现以此作为讨论主要对象，加上适应的改进来分析遗传算法的结构和机理。

首先介绍主要的概念。在讨论中会结合销售员旅行问题或旅行商问题（TSP）来说明：设有 n 个城市，城市 i 和城市 j 之间的距离为 $d(i,j)$，式中 $i,j=1,\cdots,n$。TSP 问题是要找遍访每个城市恰好一次的一条回路，且其路径总长度为最短。

1．*编码与解码*

许多应用问题的结构很复杂，但可以化为简单的位串形式编码表示。将问题结构变换为位串形式编码表示的过程叫编码，而相反将位串形式编码表示变换为原问题结构的过程叫解码或译码。把位串形式编码表示叫染色体，有时也叫个体。

GA 的算法过程简述如下：在解空间中取一群点，作为遗传开始的第一代；每个点（基因）用一个二进制数字串表示，其优劣程度用一个目标函数——适应度函数（Fitness Function）来衡量。

遗传算法最常用的编码方法是二进制编码，其编码方法为：假设某一参数的取值范围是$[A,B]$，$A<B$。我们用长度为 l 的二进制编码串来表示该参数，将$[A,B]$等分成 2^l-1 个子部分，记每一个等分的长度为 δ，则它能够产生 2^l 种不同的编码，参数编码的对应关系如下：

00000000 …… 00000000=0 ——→ A

00000000 …… 00000001=1 ——→ $A+\delta$

… … … … … …

11111111 …… 11111111=2^l-1——→ B

其中：

$$\delta = \frac{B-A}{2^l - 1}$$

假设某一个体的编码是：

$$X: \ x_l x_{l-1} x_{l-2} \cdots x_2 x_1$$

则上述二进制编码所对应的解码公式为

$$x = A + \frac{B-A}{2^l - 1} \cdot \sum_{i=1}^{l} x_i 2^{i-1} \tag{6.1}$$

二进制编码的最大缺点之一是长度较大，对很多问题用其他编码方法可能更有利。其他编码方法主要有浮点数编码方法、格雷码、符号编码方法、多参数编码方法等。

浮点数编码方法是指个体的每个染色体用某一范围内的一个浮点数来表示，个体的编码长度等于其问题变量的个数。因为这种编码方法使用的是变量的真实值，所以浮点数编码方法也叫作真值编码方法。对于一些多维、高精度要求的连续函数优化问题用浮点数编码来表示个体时将会有一些益处。

格雷码是其连续的两个整数所对应的编码值之间只有一个码位是不相同的，其余码位都完全相同。例如，十进制数 7 和 8 的格雷码分别为 0100 和 1100，而二进制编码分别为 0111 和 1000。

符号编码方法是指个体染色体编码串中的基因值取自一个无数值含义而只有代码含义的符号集。这个符号集可以是一个字母表，如{A,B,C,D,⋯}；也可以是一个数字序号表，如{1,2,3,4,5,⋯}；还可以是一个代码表，如$\{x_1,x_2,x_3,x_4,x_5,\cdots\}$等。

例如，对于销售员旅行问题就采用符号编码方法，按一条回路中城市的次序进行编码，例如码串 134567829 表示从城市 1 开始，依次是城市 3，4，5，6，7，8，2，9，最后回到城市 1。一般情况是从城市 w_1 开始，依次经过城市 w_2，⋯，w_n，最后回到城市 w_1，就有如下编码表示：

$$w_1 \quad w_2 \ \cdots \ w_n$$

由于是回路，记 $w_{n+1}=w_1$。它其实是 1，⋯，n 的一个循环排列。要注意 w_1，w_2，⋯，w_n 是互不相同的。

2. 适应度函数

为了体现染色体的适应能力，引入了对问题中的每一个染色体都能进行度量的函数，叫适应度函数。通过适应度函数来决定染色体的优劣程度，它体现了自然进化中的优胜劣汰原则。对优化问题，适应度函数就是目标函数。TSP 的目标是路径总长度最短，自然地，路径总长度就可作为 TSP 问题的适应度函数：

$$f(w_1 w_2 \cdots w_n) = \frac{1}{\sum_{j=1}^{n} d(w_j, w_{j+1})} \tag{6.2}$$

其中，$w_{n+1}=w_1$。

适应度函数要有效反映每一个染色体与问题的最优解染色体之间的差距。若一个染色体与问题的最优解染色体之间的差距小，则对应的适应度函数值之差就小，否则就大。适应度函数的取值大小与求解问题对象的意义有很大的关系。

3. 遗传操作

简单遗传算法的遗传操作主要有三种：选择（Selection）、交叉（Crossover）、变异（Mutation）。

改进的遗传算法大量扩充了遗传操作，以达到更高的效率。

选择操作也叫复制（Reproduction）操作，根据个体的适应度函数值所度量的优劣程度决定它在下一代是被淘汰还是被遗传。一般地说，选择将使适应度较大（优良）个体有较大的存在机会，而适应度较小（低劣）的个体继续存在的机会也较小。简单遗传算法采用赌轮选择机制，令$\sum f_i$表示群体的适应度值的总和，f_i表示群体中第i个染色体的适应度值，它产生后代的能力正好为其适应度值所占份额$f_i / \sum f_i$。

交叉操作的简单方式是将被选择出的两个个体P_1和P_2作为父母个体，将两者的部分码值进行交换。假设有如下 8 位长的两个个体：

1	0	0	0	1	1	1	0	P_1
1	1	0	1	1	0	0	1	P_2

产生一个在 1～7 之间的随机数c，假如现在产生的是 3，将P_1和P_2的低三位交换：P_1的高五位与P_2的低三位组成数串 10001001，这就是P_1和P_2的一个后代Q_1个体；P_2的高五位与P_1的低三位组成数串 11011110，这就是P_1和P_2的另一个后代Q_2个体，其交换过程如图 6.1 所示。

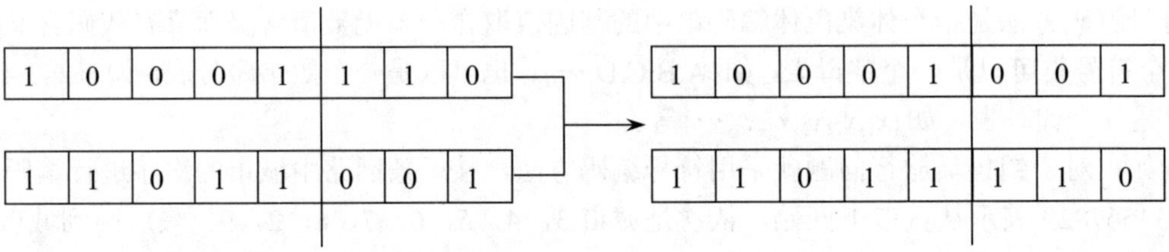

图 6.1　交叉操作示意图

变异操作的简单方式是改变数码串的某个位置上的数码。先以最简单的二进制编码表示方式来说明，二进制编码表示的每一个位置的数码只有 0 与 1 这两个可能，比如有如下二进制编码表示：

1	0	1	0	0	1	1	0

其码长为 8，随机产生一个 1～8 之间的数k，假如现在k=5，对从右往左的第 5 位进行变异操作，将原来的 0 变为 1，得到如下数码串（第 5 位的数字 1 是被变异操作后出现的）：

1	0	1	1	0	1	1	0

二进制编码表示的简单变异操作是将 0 与 1 互换：0 变异为 1，1 变异为 0。

现在对 TSP 的变异操作进行简单介绍，随机产生一个 1～n之间的数k，对回路中的第k个城市的代码w_k作变异操作，又产生一个 1～n之间的数w，替代w_k，并将w_k加到尾部，得到

$$w_1 w_2 \cdots w_{k-1} w_k w_{k+1} \cdots w_n w_k$$

这个串有n+1 个数码，注意数w_k在此串中重复了，必须删除与数w_k相重复的数得到合法的染色体。

6.1.2　遗传算法的求解步骤

1. 遗传算法的特点

遗传算法是一种基于空间搜索的算法，它通过自然选择、遗传、变异等操作以及达尔文适者生存的理论模拟自然进化过程来寻找所求问题的解答。因此，遗传算法的求解过程也可看作最优化过程。需要指出的是，遗传算法并不能保证所得到的是最佳答案，但通过一定的方法，可以将误差控制在容许的范围内。遗传算法具有以下特点：

（1）遗传算法是对参数集合的编码而非针对参数本身进行进化。

（2）遗传算法是从问题解的编码组开始而非从单个解开始搜索。

（3）遗传算法利用目标函数的适应度这一信息而非利用导数或其他辅助信息来指导搜索。

（4）遗传算法利用选择、交叉、变异等算子而不是利用确定性规则进行随机操作。

遗传算法利用简单的编码技术和繁殖机制来表现复杂的现象，从而解决非常困难的问题。它不受搜索空间的限制性假设的约束，不必要求诸如连续性、导数存在和单峰等假设，能从离散的、多极值的、含有噪声的高维问题中以很大的概率找到全局最优解。

2. 遗传算法框图

遗传算法类似于自然进化，通过作用于染色体上的基因寻找好的染色体来求解问题。与自然界相似，遗传算法对求解问题的本身一无所知，它所需要的仅是对算法所产生的每个染色体进行评价，并基于适应值来选择染色体，使适应性好的染色体有更多的繁殖机会。在遗传算法中，通过随机方式产生若干个所求解问题的数字编码，即染色体，形成初始群体；通过适应度函数给每个个体一个数值评价，淘汰低适应度的个体，选择高适应度的个体参加遗传操作，经过遗传操作后的个体集合形成下一代新的群体。再对这个新群体进行下一轮进化。这就是遗传算法的基本原理。

简单遗传算法的求解步骤如下：

（1）初始化群体。

（2）计算群体上每个个体的适应度值。

（3）按由个体适应度值所决定的某个规则选择将进入下一代的个体。

（4）按概率 P_c 进行交叉操作。

（5）按概率 P_c 进行突变操作。

（6）若没有满足某种停止条件，则转至第（2）步，否则进入下一步。

（7）输出群体中适应度值最优的染色体作为问题的满意解或最优解。

算法的停止条件最简单的有如下两种：

（1）完成了预先给定的进化代数则停止。

（2）群体中的最优个体在连续若干代没有改进或平均适应度在连续若干代基本没有改进时停止。

一般遗传算法的主要步骤如下：

（1）随机产生一个由确定长度的特征字符串组成的初始群体。

（2）对该字符串群体迭代地执行下面的步骤 1）和 2），直到满足停止标准：

1）计算群体中每个个体字符串的适应值。

2）应用复制、交叉和变异等遗传算子产生下一代群体。

（3）把在后代中出现的最好的个体字符串指定为遗传算法的执行结果，这个结果可以表示问题的一个解。

根据遗传算法思想可以画出简单遗传算法框图，如图 6.2 所示。

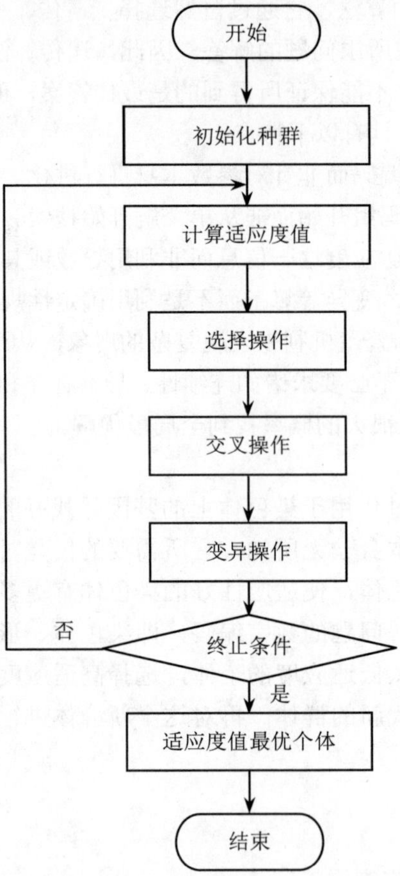

图 6.2　简单遗传算法框图

基本遗传算法框图由图 6.3 给出，其中 GEN 是当前代数。

也可将遗传算法的一般结构表示为如下形式：

```
Procedure: Genetic Algorithms
begin
    t <- 0;
    initialize P(t);
    evaluate P(t);
    while (not termination condition ) do
    begin
        recombine P(t) to yield C(t);
          evaluate C(t);
          select P(t+1) from P(t) and C(t);
          t <- t+1;
    end
end
```

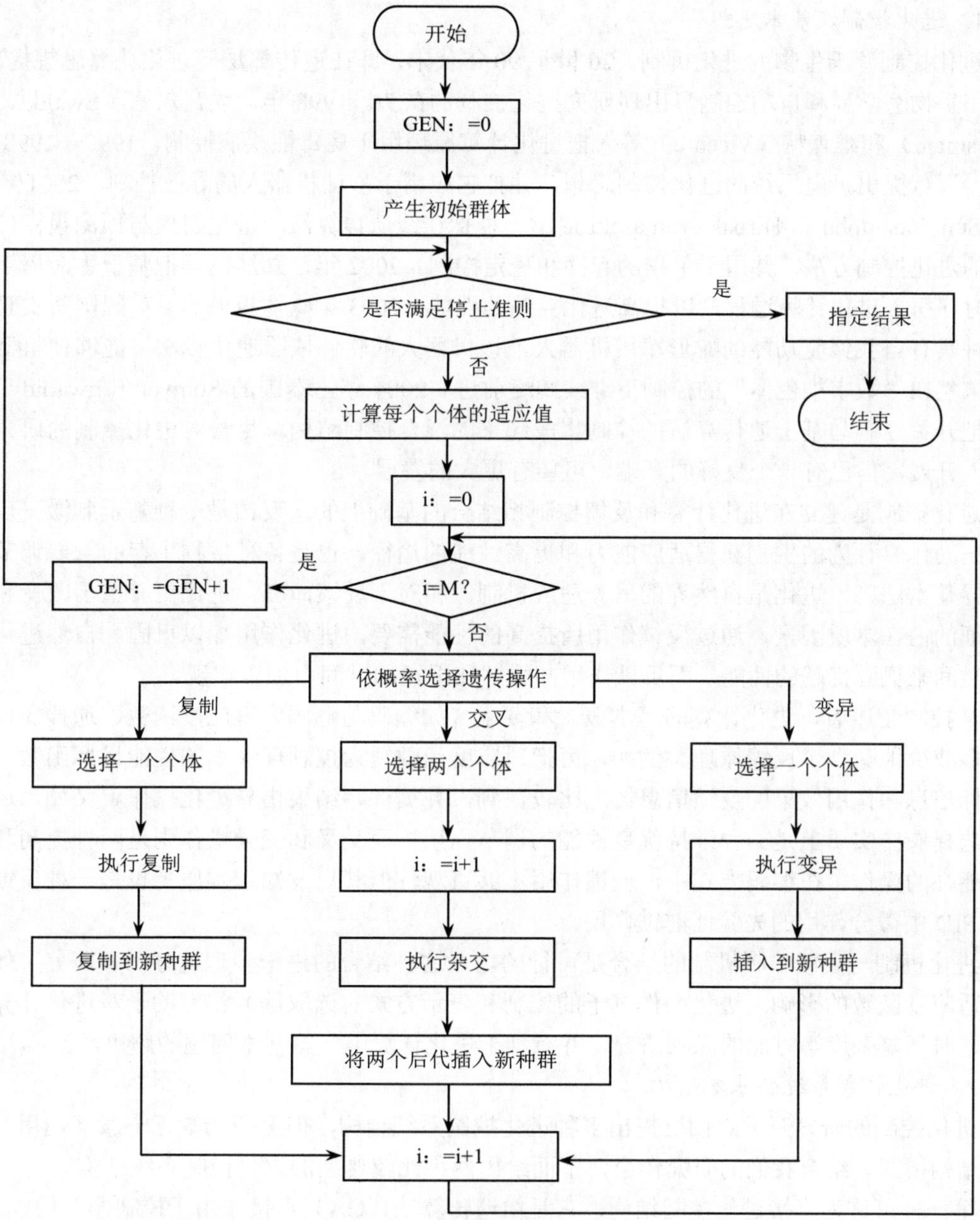

图 6.3　基本遗传算法框图

6.2　进化控制基本原理

6.2.1　进化控制原理与系统结构

进化控制是一种新的控制方案，它是建立在进化计算（尤其是遗传算法）和反馈机制的基础上的。本节将对进化控制的基本思想和进化控制系统的一般结构进行研讨。

1. 进化控制及基本思想

进化控制源于生物的进化机制。20 世纪 90 年代末，即在遗传算法等进化计算思想提出 20 年后，在生物医学界和自动控制界出现研究进化控制的苗头。1998 年，埃瓦尔德（Ewald）、萨斯曼（Sussmam）和维森特（Vicente）等人把进化计算原理用于病毒性疾病控制。1997—1998 年，蔡自兴、周翔提出机电系统的进化控制思想，并把它应用于移动机器人的导航控制。2001 年，日本学者 Seiji Yasunobu 和 Hiroaki Yamasaki 提出一种把在线遗传算法的进化建模与预测模糊控制结合起来的进化控制方法，并用于单摆的起摆和稳定控制。2002 年，郑浩然等把基于生命周期的进化控制时序引入进化计算过程，以提高进化算法的性能。2003 年媒体报道称，英国国防实验室研制出一种具有自我修复功能的蛇形军用机器人，该机器人的软件依照遗传算法，能够使机器人在受伤时依然在“数字染色体”的控制下继续蜿蜒前进。2004 年，泰国的 Somyot Kaiwanidvilai 提出一种把开关控制与基于遗传算法的控制集成起来的混合控制结构。尽管对进化控制的研究尚需继续深入开展，但已有一个良好的开端，可望有更大的发展。

进化控制是建立在进化计算和反馈控制相结合的基础上的。反馈是一种基于刺激—反应（或感知－动作）行为的生物获得适应能力和提高性能的途径，也是各种生物生存的重要调节机制和自然界基本法则。进化是自然界的另一适应机制。相对于反馈而言，进化更着重于改变和影响生命特征的内在本质因素，通过反馈作用所提高的性能需要由进化作用加以巩固。自然进化需要漫长的时间来巩固优越的性能，而反馈作用却能够在很短的时间内加以实现。

从控制角度看，进化计算的基本概念和要素（如编码与解码、适应度函数、遗传操作等）中都或多或少地隐含了反馈原理。例如，可把适应度函数视为控制理论中的性能目标函数，对给定的目标信息和作用效果的反馈信息经过比较评判，并据评判结果指导进化操作。又如，遗传操作中的选择操作实质上是一种维持优良性能的调节作用，而交叉和变异操作则是两种提高和改善性能可能性的操作。在编码方式中，反馈作用不够直观，但其启发知识实质上也是一种反馈，一种类似 PID 中微分作用的先验性前馈作用。

进化机制与反馈控制机制的结合是可行的。对这种结合的进一步理论分析和研究（如反馈作用对适应度函数的影响、进化操作算子的控制和表示方式的选取等）将有助于对进化计算收敛可控性、时间复杂度等方面的深入研究，并有利于进化计算中一些基本问题的解决。

2. 进化控制系统的基本结构

进化控制的研究开发者们已提出多种进化控制系统结构，但至今仍缺乏一般（通用）的和公认的结构模式。结合我们的研究体会，下面给出两种比较典型的进化控制系统结构。

第一种可称为直接进化控制结构，它是由遗传算法（GA）直接作用于控制器，构成基于 GA 的进化控制器。进化控制器对受控对象进行控制，再通过反馈形成进化控制系统。图 6.4（a）表示这种进化控制系统的结构原理图。在许多情况下，进化控制器为一混合控制器。

第二种可称为间接进化控制结构，它是由进化机制（进化学习）作用于系统模型，再综合系统状态输出与系统模型输出作用于进化学习，然后系统再应用一般闭环反馈控制原理构成进化控制系统，如图 6.4（b）所示。与第一种结构相比，本结构比较复杂，其控制性能优于前者。

在实际研究和应用中进化控制系统往往采用混合结构，例如采用进化计算与模糊预测控制的结合、遗传算法与开关控制的集成、进化机制与神经网络的综合控制等。不过，它们的控制系统结构仍然是以图 6.4 所表示的结构为基础而发展起来的。实际上它们属于混合控制。

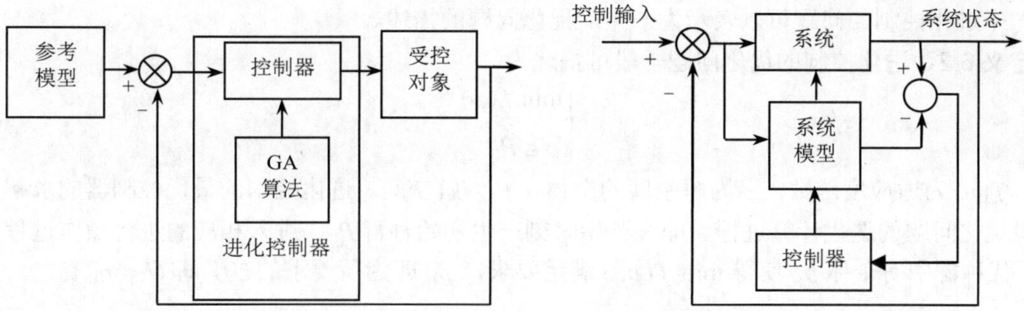

（a）　　（b）

图 6.4　进化控制系统的基本结构

6.2.2　进化控制的形式化描述

在运用进化计算方法解决某个任务时，其本质就是在任务的解空间中寻找某种次优解。如果在进化计算的实现中引入反馈，就形成了一种进化控制的机制。我们运用这一思想解决控制问题时曾得到一种进化控制系统的解决方案，如图 6.5 所示。

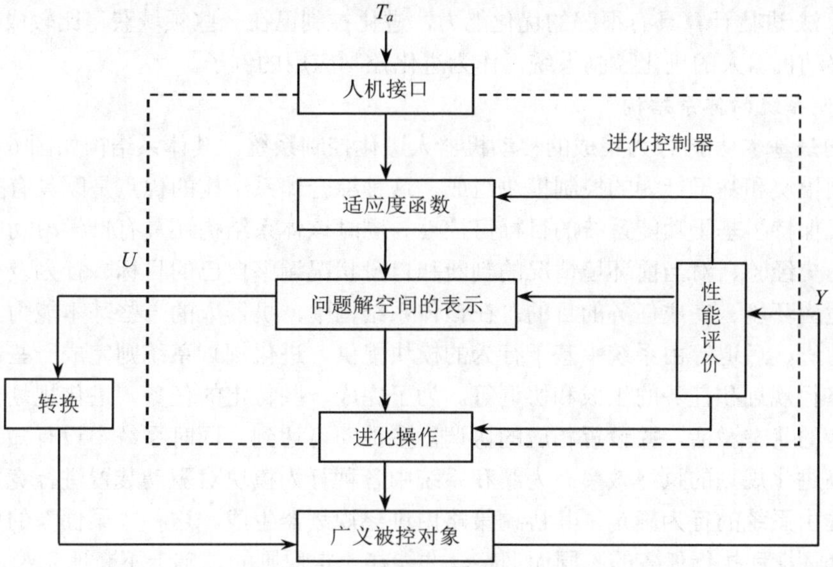

图 6.5　进化控制系统的一种解决方案

进化控制系统可以由如下定义来描述。

定义 6.1　一个进化控制系统可由六元组(T_a, f, &, U, P, Y)来描述。其中，T_a 为给定任务；f 为适应度函数；& 为进化操作算子；P 为解空间表示；U 为控制作用；Y 为广义被控对象输出（或反馈信息）。

这里 T_a 不是一种以数值形式给定的待跟踪量，而是一种任务的抽象描述。需要进化控制器将任务描述转化为控制目标的数学描述。一般来说，f 的设计就是为了实现这一目标。P 代表整个解空间，P 中的最佳个体和控制作用 U 相对应。值得指出的是，进化控制过程是一个动态调节过程，这里的每一个参数均与相应的进化代数 k 对应。

一个进化控制的问题可以表示为一个最优化问题的描述。

定义 6.2 进化控制的优化问题一般可描述为

$$\begin{cases} \min\limits_{u} f(p) \\ p \in P \end{cases} \tag{6.3}$$

式中，$f(p)$ 为适应度函数；p 为解空间的个体；P 为解空间。进化控制的最优控制器的求解过程是该最优化问题的迭代计算过程。即在开始时刻产生初始种群 P_o，进入相应的进化操作过程，直到第 k 代种群中有个体 p_{ki} 使得 $\min\limits_{p_{ki}\in P_k} f(p_{ki})$ 满足要求，p_{ki} 即为所要求的 U，即 $U = p_{ki}$。

由于复杂系统的进化控制过程可以转化为一个简洁的优化问题的求解过程，这样就为复杂系统的通用解决方案提供了一条可行的途径。

值得指出的是，这里的进化不是特指某一具体的进化算法，而是指模拟自然进化机制的方法的总称。进化算法当然是模拟这一机制理想的计算机实现方法。此外，不同的研究开发者可以采用不同的形式来实现进化控制机制。

6.3 进化控制系统示例

由于遗传算法/进化计算具有很强的优化能力，进化控制已在一些领域获得比较成功的应用。本节介绍一个移动机器人的进化控制系统，作为进化控制应用的例子。

1. 进化控制系统的体系结构

我们提出的是基本功能/行为集成的移动机器人进化控制系统，其体系结构如图 6.6 所示。该系统由进化规划模块和基于行为的控制模块组成。这种综合体系结构的优点是既具有基于行为系统的实时性，又保持了基于功能系统的目标可控性。同时该体系结构还具有自学习功能，能够根据先验知识、历史经验、对当前环境情况的判断和自身状况调整自己的目标、行为及相应的协调机制，以达到适应环境、完成任务的目的。在该体系结构中，机器人的一些基本能力，如避障、平衡、漫游、前进、后退等由系统中基于行为的模块提供。进化规划系统则完成一些需要较高智能的任务，如路径规划和任务的生成和协调等。为了完成一些特定的任务，进化规划器只需将一些目标驱动行为的状态激活，并设置相应的协调器参数即可达到。同时系统中设有知识库和经验库以指导和提高进化规划的执行效率。为缓和系统中各种行为模块对驱动装置进行竞争而设置的协调器，其结构由系统的行为确定，其协调策略由进化规划器生成。这种“柔性”的协调策略能根据机器人所处环境和执行任务的不同而调整，并能在一定原则的基础上不断地完善。

2. 进化规划器的结构与算法

系统实现包括逻辑设计与物理实现，逻辑设计中以进化规划器与各种反射行为的实现为核心。

在本系统中，进化规划器的结构如图 6.7 所示。具体运行过程是，离线进化算法模块根据先验知识对机器人运动路线做出离线规划，机器人再根据规划路线移动，其运动姿态由运动规划模块保障。当遇到未知障碍时，启动反射式行为，使机器人避障。然后启动在线进化规划，计算新的路径，再由运动规划器实施，以保持路径跟踪的鲁棒性。

离线与在线进化计算的实现形式描述如下：

编码方式：机器人移动路径由起始节点至目标节点的线段连接而成，一条路径描述如图 6.8 所示。

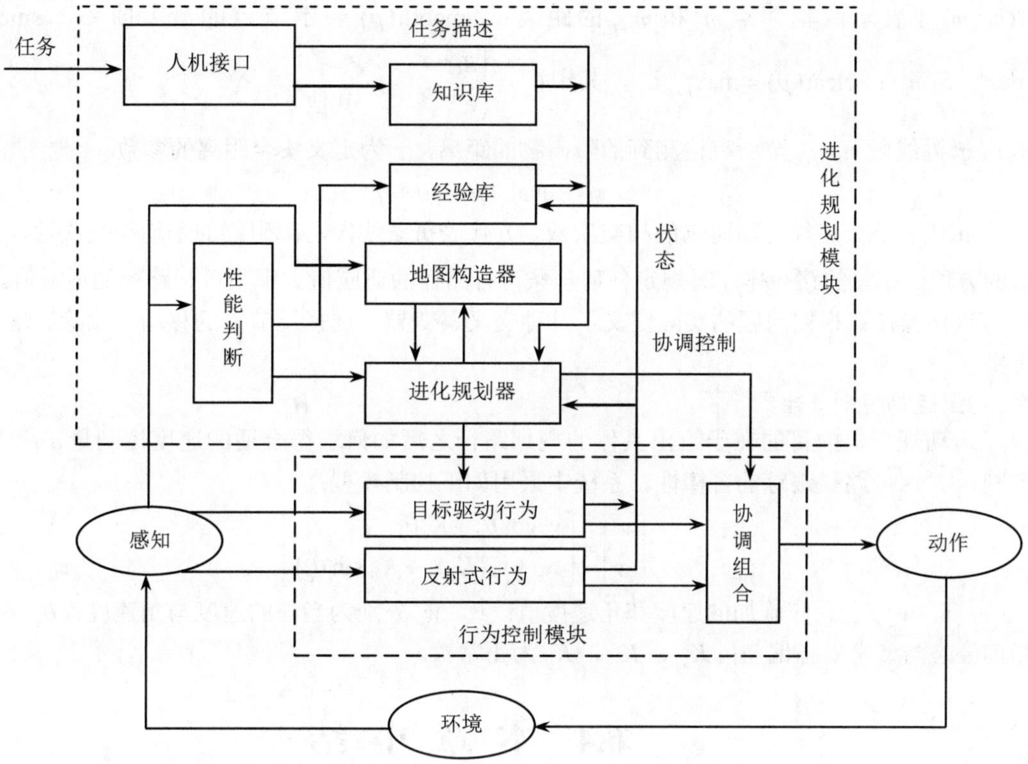

图 6.6　规划、行为综合的进化控制体系结构

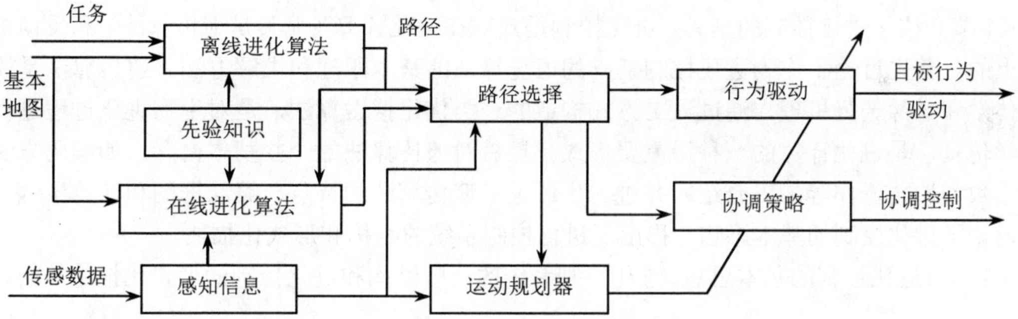

图 6.7　进化规划器结构

图 6.8　路径的基因表示

其中，m_i 表示节点的坐标值；b_i 表示节点是否可行的状态。

评估函数：用 eval_f 和 eval_u 分别对可行路径与不可行路径进行评价，表达式如下：

$$\mathrm{eval}_f(p) = w_\mathrm{d}\mathrm{dist}(p) + w_\mathrm{s}\mathrm{smooth}(p) + w_\mathrm{c}\mathrm{clear}(p)$$

式中，w_d、w_s、w_c 分别代表路径长度、光滑度和安全度；$\mathrm{dist}(p)$ 表示路径总长，$\mathrm{dist}(p) = \sum_{i=1}^{n-1} d(m_i, m_{i+1})$，

$d(m_i,m_{i+1})$ 表示两相邻点 m_i 和 m_{i+1} 的距离；smooth(p) 表示节点的最大曲率，smooth$(p)=\max_{i=2}^{n-1} S(m_i)$；clear$(p)=\max_{i=2}^{n-1} C_i$，其中 $C_i=\begin{cases} g_i-\tau & g_i \geqslant \tau \\ \mathrm{e}^{a(\tau-g_i)-1} & 其他 \end{cases}$。

g_i 为线段 $\overline{m_i m_{i+1}}$ 至所有检测到的障碍物的距离，τ 为定义安全距离的参数。

$$\text{eval}_u(p)=\mu+\eta$$

μ 代表整个路径与障碍物的相交次数，η 代表每条线段与障碍物的平均相交次数，为了实现上的方便，在总的路径排序时规定任何一条可行路径的适应值大于不可行路径的适应值。

进化操作：根据问题的实际定义了几种交叉、变异、选择及节点的移动、删除、增加、平滑等操作。

3．运动规划算法

运动规划器的目的在于给出具体的规划路径之后如何求得合适的速度控制量 u_r 和驾驶角度控制 u_θ，保持路径跟踪的鲁棒性。系统中采用如下控制模型：

$$\begin{bmatrix} v \\ w \end{bmatrix}=\begin{bmatrix} v_r\cos\theta_e+K_x\theta_e \\ w_r+v_r(K_y Y_e+K_\theta \sin\theta_e) \end{bmatrix} \tag{6.4}$$

式中，v、w 分别为应施加的速度和角速度值；v_r、w_r 分别为当前的速度与角速度；θ_e、Y_e 分别为当前姿态与参考姿态偏差；K_x、K_y、K_θ 为正常数。

6.4 本章小结

本章讨论了进化控制和免疫控制。

6.1 节介绍了进化控制的基础。进化控制是建立在进化计算（尤其是遗传算法）和反馈机制的基础上的。首先讨论了作为进化控制基础的遗传算法的基本原理和求解方法。遗传算法是模仿生物遗传学和自然选择机理，通过人工方式构造的一类优化搜索算法，是对生物进化过程进行的一种数学仿真，是进化计算的一种最重要形式。接着对遗传算法的一些基本概念，如编码方法、适应度函数和遗传操作等加以介绍，并进一步讨论了遗传算法的特点、算法框图和计算步骤。然后着重讨论了进化控制的基本思想，提出了进化控制系统的结构和形式化描述。

6.2 节对进化控制的基本思想、进化控制系统的一般结构和进化控制的形式化描述等问题进行研讨。

6.3 节给出进化控制的一个实例，以求进一步说明进化控制器的设计和参数选择。

习 题 6

6-1　何谓进化计算？其出发点是什么？

6-2　遗传算法的实质是什么？试述遗传算法的基本原理和求解步骤。

6-3　你是如何理解进化控制的？试简述进化控制的工作原理。

6-4　怎样对进化控制进行形式化描述？你认为有别的方法能够更好地描述进化控制吗？请举例说明。

6-5　试以移动机器人的控制为例，分析进化控制系统的体系结构，并探讨其控制算法。

第 7 章 网络控制

网络时代的信息技术发展了计算机网络通信的新方向和新技术，为信息论增添了新的内涵。随着计算机网络技术、移动通信技术和智能传感技术的发展，计算机网络已迅速发展成为世界范围内广大软件用户的交互接口，软件技术也阔步走向网络化，通过现代高速网络为客户提供各种网络服务。计算机网络通信技术的发展为智能控制用户界面向网络靠拢提供了技术基础，智能控制系统的知识库和推理机也都逐步和网络智能接口交互起来。网络控制已成为智能控制一个新的富有生命力的重要研究方向，并在近年来获得突破性发展，得到日益广泛的应用。

网络控制是指通过一系列的通信信道构成一个或多个控制闭环，同时具备信号处理、优化决策和控制操作等功能，控制器可以分散在网络中的不同地点。网络控制是针对网络自身的控制，主要是对通信网络的网络路由、网络流量等的调度与控制；基于网络的控制是对被控系统的控制，网络只是作为一种传输通道。

7.1 计算机网络与网络控制基础

为了探讨网络智能控制的机制，有必要首先对计算机网络和网络控制基础知识有个初步的了解。本节将讨论计算机网络的定义、分类与体系结构，数据通信与网络通信，网络控制及其基本问题，为后续研究提供必要的基础。

7.1.1 计算机网络及其结构

尽管目前对Web和计算机网络的定义不是唯一的和十分严格的，但却是合理的和可以接受的。计算机网络已有约40年的历史，在其研究开发和应用发展过程中，人们提出了各种定义、分类和体系结构。下面首先介绍计算机网络的分类，然后讨论计算机网络的体系结构。

1. 计算机网络的分类

计算机网络的组成基本上包括计算机、网络操作系统、传输介质（可以是有形的，也可以是无形的，如无线网络的传输介质就是空气）和相应的应用软件四部分。

从地理范围划分可把各种网络类型划分为局域网、城域网、广域网和无线网四种。

（1）局域网。局域网（Local Area Network，LAN）是最常见和应用最广的一种网络，是连接近距离计算机系统或计算机的网络。局域网，就是在局部地区范围内的网络，它所覆盖的地区范围较小，从几米到几千米，如办公室或实验室的网、同一建筑物内的网、校园网、单位园区或居民区内的网。局域网又称为企业网。局域网是城域网和广域网的基础。

局域网一般位于一个建筑物或一个单位内，不存在寻径问题，不包括网络层的应用。局域网的特点是：连接范围窄、用户数少、配置容易、连接速率高。目前局域网最快的速率要算现今的10G以太网（Ethernet）了。IEEE的802标准委员会定义了多种主要的局域网：以太网、令牌环网（Token Ring）、光纤分布式接口网络（FDDI）、异步传输模式网（ATM）以及最新的无线局域网（WLAN）。

（2）城域网。城域网（Metropolitan Area Network，MAN）是一种介于局域网与广域网之间的高速网络，其覆盖范围为10～100km，其规模一般限于一个城市范围，实现不同地理小区内的计算机互联。MAN比LAN扩展的距离更长，连接的计算机数量更多，在地理范围上可以说是LAN网络的延伸。城域网采用IEEE 802.6标准，而采用ATM技术做骨干网。ATM是一个用于数据、语音、视频、多媒体应用程序的高速网络传输方法。ATM包括一个接口和一个协议，该协议能够在一个常规的传输信道上，在比特率不变及变化的通信量之间进行切换。ATM也包括硬件、软件以及与ATM协议标准一致的介质。

（3）广域网。广域网（Wide Area Network，WAN）也称为远程网，其覆盖范围比城域网（MAN）更广，一般是在不同城市之间的LAN或MAN网络互联，以连接若干城乡、地区、国家，甚至横跨几大洲和覆盖全球，形成国际性的远程网络。地理范围可从几百千米到几千千米，因为距离较远，信息衰减比较严重，所以这种网络一般是要租用专线，通过接口信息处理协议（IMP）和线路连接构成网状结构，解决寻径问题。广域网因为所连接的用户多，总出口带宽有限，所以用户的终端连接速率一般较低，通常为9.6kb/s～45Mb/s，例如我国交通运输部的CHINANET、CHINAPAC和CHINADDN网等。

广域网的连接一般采用租用线路、VPN 虚拟专用网、DDN、X.25、卫星信道和帧中继等通信线路。

（4）无线网。随着笔记本电脑、智能手机和智能终端等便携式计算机的大量应用和日益普及，人们经常要在移动路途中接听电话、发送传真和电子邮件、阅读网上信息、登录到远程机器等。

无线网特别是无线局域网有很多优点，如易于安装和使用。但无线局域网也有许多不足之处，如它的数据传输率一般比较低，远低于有线局域网，另外无线局域网的误码率也比较高，而且站点之间相互干扰比较严重。无线网用户的实现有不同的方法。无线通信系统主要有：低功率的无绳电话系统、模拟蜂窝系统、数字蜂窝系统、移动卫星系统、无线 LAN 和无线 WAN 等。

2. 计算机网络的体系结构

网络体系结构是指通信系统的整体设计，它为网络硬件、软件、协议、存取控制和拓扑提供标准。

（1）Internet 的体系结构。Internet 是一个把世界范围内的众多计算机、数据库、软件、文件连接起来，通过共同的通信协议（TCP/IP 协议）相互通信的网络，译为因特网或国际互联网。也可把 Internet 定义为使用 TCP/IP 协议通过路由器连接起来的覆盖全球的网络系统。

Internet 集中了全球重要的信息资源，是当代交流信息不可缺少的手段。与 Internet 相连的任何一台计算机都叫作主机。Internet 具有下列技术内容：

- 采用 TCP/IP 标准协议，可以使用网上各种不同的计算机进行通信。
- 通过路由器把不同网络互相连接起来。
- 提供了建立在 TCP/IP 协议基础上的 WWW 浏览服务。
- 应用 DNS 域名解析系统完成网络计算机之间的地址解析工作。

Internet 是由分布在世界各地的网络系统通过光纤、电缆、卫星和微波等通信介质以及网络装置连接起来的能够交流信息的大规模网络系统。路由器能够实现不同技术的两个网络的互联，其作用是把各种网络、子网和网站连接起来并执行路由选择。交换机实现网络信息交换。随着光纤技术的发展，路由技术与交控技术正在融合，产生了路由交换技术。

（2）Intranet 的体系结构。Intranet 是基于 TCP/IP 协议，使用万维网工具，采用防止外部入侵的安全措施，并连接 Internet 的企业内部网络，为企业内部服务，译为内联网，通常称为企业网。Intranet 是一种使用 Intranet 技术和标准建立的企业内部的计算机网络，它可以与 Internet 互联，也可以不与 Internet 互联。Intranet 由网络、服务器、客户机和防火墙四个部分组成。Intranet 的服务器有 WWW 服务器、Mail 服务器、域名（DNS）服务器和数据库服务器等。

7.1.2　数据通信与网络通信

1. 数据通信系统的组成

计算机网络中，数据通信系统的任务是：把数据源计算机所产生的数据迅速、可靠、准确地传输到数据宿主（目的）计算机或专用外设。

从计算机网络技术来看，一个完整的数据通信系统一般由以下几个部分组成：

（1）数据终端设备。数据的生成者和使用者，根据协议控制通信功能。最常用的数据终端设备就是网络中的计算机，还可以是网络中的专用数据输出设备，如打印机等。

（2）通信控制器。除进行通信状态的连接、监控和拆除等操作外，还可以接收来自多个数据终端设备的信息，并转换信息格式。如计算机内部的异步通信适配器（UART）、数字基带网中的网卡就是通信控制器。

（3）通信信道。信息在信号变换器之间传输的通道，如电话线路等模拟通信信道、专用数字通信信道、宽带电缆（CATV）和光纤等。

（4）信号变换器。把通信控制器提供的数据转换成满足通信信道要求的信号形式，或把信道中传来的信号转换成可供数据终端设备使用的数据，最大限度地保证传输质量。在计算机网络的数据通信系统中，最常用的信号变换器是调制解调器和光纤通信网中的光电转换器。

信号变换器和其他的网络通信设备又统称为数据通信设备（DCE），DCE 为用户设备提供入网的连接点。

2. 网络通信及通信协议

用于网络通信的网络包括有线网络、无线网络或混合网络，如 Internet、无线局域网、传感器网络、工业以太网、现场总线或以太网与现场总线的结合等。按网络类型和媒体访问控制方式划分，通信网络有随机访问（Random Access）和轮询服务（Cyclic Service）两大类。

计算机网络协议，就是通信双方事先约定的通信规则的集合。一个网络协议主要包含以下三个要素：

- 语法（Syntax）：数据与控制信息的结构和格式，包括数据格式、编码、信号电平等。
- 语义（Semantics）：用于协调和差错处理的控制信息，如需要发出何种控制信息、完成何种动作、做出何种应答等。
- 定时（Timing）：对有关事件实现顺序的详细说明，如速度匹配、排序等。

常见的计算机网络体系结构有 DEC 公司的 DNA（数字网络体系结构）、IBM 公司的 SNA（系统网络体系结构）等。为解决异种计算机系统、异种操作系统、异种网络之间的通信，国际标准化组织（ISO）以及国际上其他的一些标准化团体，在各厂家提出的计算机网络体系结构的基础上提出了开放系统互连参考模型（OSI/RM）。

（1）OSI 参考模型。国际标准化组织（ISO）在 1977 年建立了一个分委员会来专门研究网络的体系结构，提出了开放系统互连（Open System Interconnect，OSI）模型，这是一个定义在异种机互连的主体结构。该模型自下而上依次由物理层、数据链路层、网络层、传输层、会话层、表示层和应用层及其相应协议组成，称为 OSI 七层模型。

（2）TCP/IP 参考模型。TCP/IP 协议起源于 ARPANET，目前已成为实际上的 Internet 标准连接协议。它其实是一个协议集合，内含了许多协议。TCP（Transmission Control Protocol，传输控制协议）和 IP（Internet Protocol，互联协议）是其中最重要的、确保数据完整传输的两个协议，IP 协议用于在主机之间传送数据，TCP 协议则确保数据在传输过程中不出现错误和丢失。除此之外，还有多个功能不同的其他协议。TCP/IP 的体系结构一共定义了四层，从下到上依次是网络接口层、网络层、传输层和应用层。

网络用户经常直接接触的协议是 SMTP、HTTP、Telnet、FTP、NNTP，另外还有许多协议是最终用户不需要直接了解但又必不可少的，如 DNS、SNMP、RIP/OSPF 等。

7.1.3 网络控制的基本问题

网络控制通过计算机网络实现分布式大系统的无线控制和远程控制，具有分布性好、易于扩展、交互便捷、可靠性高和维修方便等优点。但由于网络控制是通过网络形成闭环控制，要比传统的点对点控制系统复杂，网络中存在诸多不确定问题，给系统设计与性能造成很大影响。这些问题主要有以下几个方面：

（1）网络共享资源调度。当一个控制网络存在多个控制回路连接时，网络带宽的优化调度显得特别重要。这时系统的控制性能不仅取决于控制算法的设计，而且有赖于共享网络资源的调度。在设计网络控制系统的调度算法时必须同时满足控制系统的可调度性和稳定性。

（2）网络诱导时延。网络控制系统中，多个网络节点分时共享网络通道。由于网络的带宽有限且数据流量变化不规则，在多个节点交换数据时往往会出现数据碰撞、连接中断、网络拥塞和多路径传输等现象。这就将出现网络交换时间的延迟，称为网络诱导时延。时延会使系统的性能降低，稳定性范围变窄，甚至使系统失稳。

（3）单包传输和多包传输。网络控制系统中，数据被封装成一定大小的数据包进行传输。单包传输是指网络控制系统中传感器或控制器等待传输的单位信息被封装成一个数据包进行传输，而多包传输是指网络控制系统中传感器或控制器等待传输的单位信息被封装成多个数据包进行传输。不同的数据包传输方式要求研究网络控制系统不同的模型和特性，提高了控制系统的复杂度。

（4）数据包丢失。在采用串行通信方式的网络控制系统中，当传感器、控制器和执行器利用网络传输数据和控制信息时，数据碰撞和节点竞争将不可避免地导致传输数据包丢失。大多数网络具有重传机制，但重传时间有所限制，如果超出限定时间，数据包仍然会丢失。在网络控制系统设计与分析时，必须考虑解决数据包丢失问题的途径。

（5）数据包时序错乱。在网络控制系统中，由于数据的多路径传输机制，网络中同一节点发送到同一目标端的数据包不可能在相同的时间内到达接收端，因而会产生数据包先后顺序的错乱，称为数据包时序错乱。如果时序错乱问题得不到合理解决，就会导致数据包不能按时到达，控制系统不能及时利用数据信息，系统的实时性就无法保证。

（6）网络调度。网络调度是指网络控制系统节点在共享网络中发送数据出现冲突时，规定节点的优先发送次序、发送时刻和时间间隔。网络调度的目的是要尽量避免网络中信息冲突和拥塞现象的发生，从而降低网络诱导时延和数据包丢失率。

7.2　网络控制系统的结构与特点

7.2.1　网络控制系统的一般原理与结构

网络控制与传统控制有何区别？为什么要研究与应用网络控制？网络控制系统的工作原理和体系结构是怎样的？本节将探讨这些问题。

1. 网络控制系统的定义

进入 21 世纪以来，自动化与工业控制技术需要更深层次的通信技术与网络技术。一方面，现代工厂与智能传感器、控制器、执行器分布在不同的空间，其通信需要数据通信网络来实现，这是网络环境下典型的控制系统。另一方面，通信网络的管理与控制也要求更多地采用控制理论与策略。集中式控制系统和集散式控制系统都有一些共同的缺点，即随着现场设备的增加，系统布线十分复杂，成本大大提高，抗干扰性较差、灵活性不够、扩展不方便等。为了从根本上解决这些问题，必须采用分布式控制系统来取代独立控制系统。分布式控制系统就是将控制功能下放到现场节点，不需要一个中央控制单元进行集中控制和操作，通过智能现场设备来完成控制和通信任务。分布式控制系统可以分为现场总线控制系统和网络控制系统，前者可以看作后者的初级阶段。

网络控制系统（Network Control Systems，NCS）又称为网络化的控制系统，即在网络环境下实现的控制系统。一般来说，组成网络控制系统的传感器、驱动器和控制器分布在网络上，而且这些器件的相应控制回路也是通过网络层形成的。具体来说，网络控制是指在某个区域内一些现场检测、控制及操作设备和通信线路的集合，以提供设备之间的数据传输，使该区域内不同地点的设备和用户实现资源共享、协调操作与控制。广义的网络控制系统包括狭义的在内，而且还包括通过企业信息网络以及 Internet 实现对工厂车间、生产线甚至现场设备的监视与控制等。

这里的"网络化"一方面体现在控制网络的引入使现场设备控制进一步趋向分布化、扁平化和网络化，其拓扑结构参照计算机局域网，包含星型、总线型和环型等几种形式；另一方面，现场控制与上层管理相联系，将孤立的自动化孤岛连接起来形成网络结构。其中，由于企业资源计划在维持和增强企业竞争力方面的重要作用，已成为工厂自动化系统中不可缺少的组成部分，能提供灵活的制造解决方案，使系统能够对消费者的需求做出快速反应。

网络控制系统一般有两种理解：

（1）网络的控制（Control of Network）。

（2）通过网络传输信息的控制（Control through Network）。

这两种系统都离不开控制和网络，但侧重点不同。前者是指对网络路由、网络数据流量等的调度与控制，是对网络自身的控制，可以利用运筹学和控制理论的方法来实现；后者是指控制系统的各节点（传感器、控制器、执行器等）之间的数据不是传统的点对点式的，而是通过网络来传输的，是一种分布式控制系统，可通过建立其数学模型用控制理论的方法进行研究。

2. 传统控制与网络控制的不同结构

传统控制系统包括智能控制系统、经典 PID 控制和近代控制系统，采用如图 7.1 所示的原理结构。

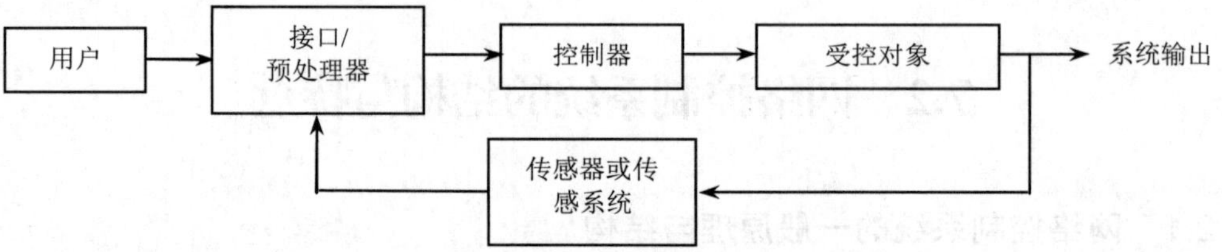

图 7.1 传统控制系统的原理结构

在这些传统控制系统中，用户与受控对象间的信息传输是比较直接的，不必通过其他装置或系统作为媒介。传统控制中的"反馈"作用也是比较直接的，一般不必传至用户端。至于各种控制系统中的"基于"什么的控制，如基于神经网络的控制、基于知识的控制等，它们指的是控制机理，即是以什么原理为控制基础的。但是，本章所研究的"网络控制"并非以网络作为控制机理，而是以网络为控制媒介，用户对受控对象的控制、监控、调度和管理必须借助网络及其相关浏览器、服务器，如图 7.2 所示。无论客户端在什么地方，只要能够上网（有线或无线上网）就可以对现场设备（包括受控对象）进行控制和监控。网络控制，其控制机理可为从经典 PID 控制至各种近代控制（如自适应控制、最优控制、鲁棒控制、随机控制等）和智能控制（如模糊控制、神经控制、学习控制、专家控制、进化控制等）以及它们的集成。

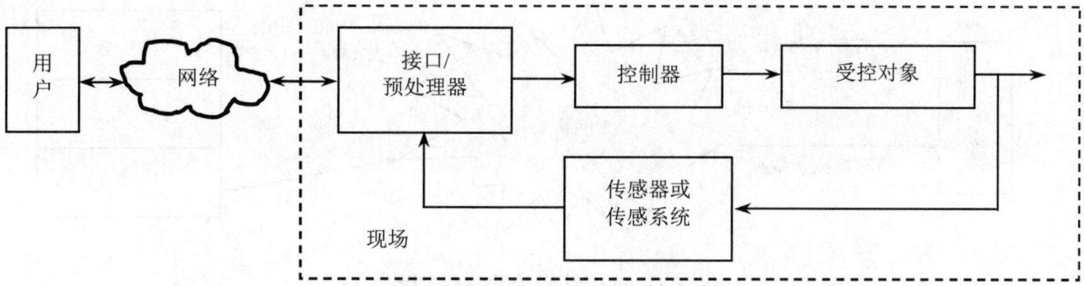

图 7.2　网络控制的原理示意图

图 7.3 所示为网络控制系统的一般结构。

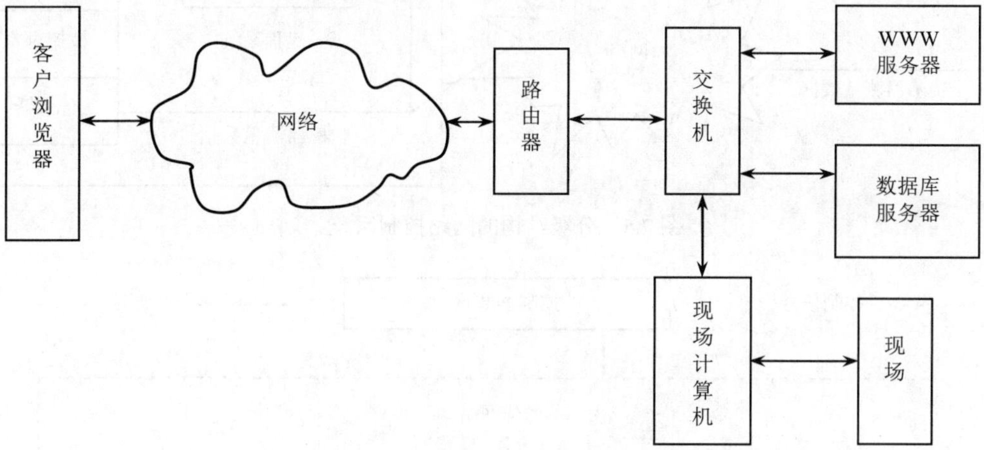

图 7.3　网络控制系统的一般结构

从图 7.3 可知，客户通过浏览器与网络连接。客户的请求通过网络与现场（服务端）连接。局域网（企业网）通过路由器和交换机（还有防火墙）接入网络。服务端的现场计算机（即上位机）通过局域网与服务器及数据库服务器实现互连。网络服务器响应客户请求，向客户端下载客户端控件。路由器还把客户端的各种连接请求映射到局域网内的不同服务器上，实现局域网服务器与客户端的连接。网络控制的客户端以网络浏览器为载体而运行，向现场服务器发出控制指令，接收现场实现受控过程的信息和视频数据流，并加以显示。

3. 网络控制系统结构的分类

网络控制系统作为控制和网络的交叉学科涉及内容相当广泛，总体来说可以从网络角度和控制角度进行研究。

在一个网络控制系统中，受控对象、传感器、控制器和驱动器可以分布在不同的物理位置，它们之间的信息交换由一个公共网络平台完成，这个网络平台可以是有线网络、无线网络或混合网络。目前常用的网络环境有 DeviceNet、Ethernet、Firewire、Internet、WLAN（Wireless Local Area Network）、WSN（Wireless Sensor Network）和 WMN（Wireless Mesh Network）等。

网络控制系统的结构有两大类：直接结构和分级结构，如图 7.4 和图 7.5 所示。

对于网络控制系统，无论哪种结构，总可以抽象表示为图 7.6 所示的结构形式。

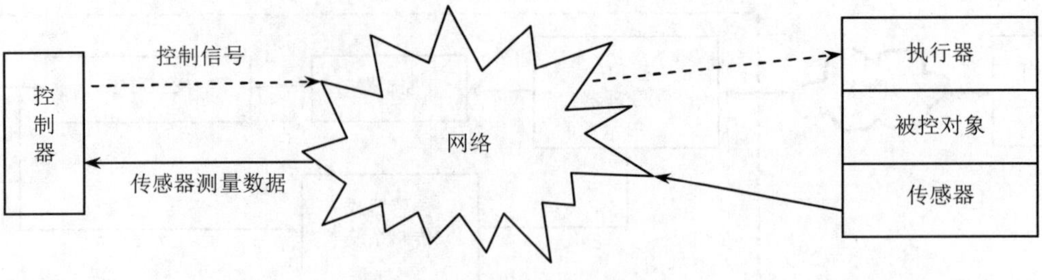

图 7.4 直接结构的网络控制系统

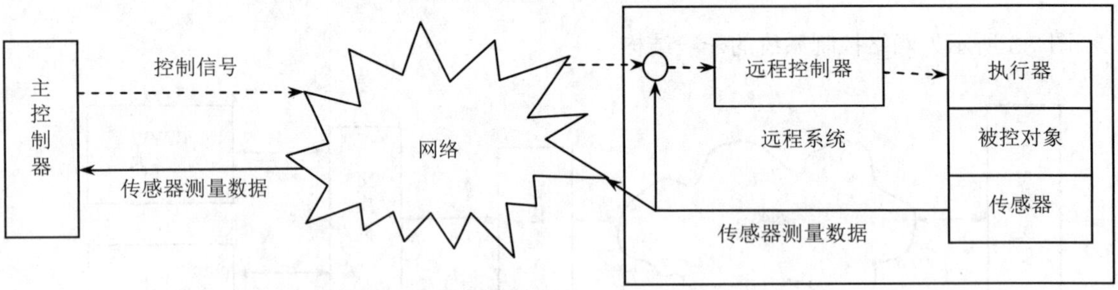

图 7.5 分级结构的网络控制系统

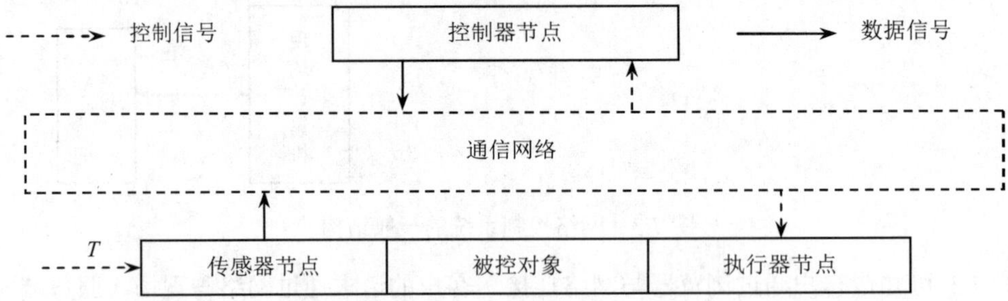

图 7.6 网络控制系统的典型结构

在图 7.6 中，T 表示采样周期，箭头方向表示信号流动方向。控制器通过网络实现对被控对象的控制，网络作为系统中信息交换的通信媒体为系统所有的传感器、执行器和控制器所共享。

7.2.2 网络控制系统的特点与影响因素

1. 网络控制系统的特点

传统的计算机控制系统中，通常假设信号传输环境是理性的，信号在传输过程中不受外界影响，或者其影响可以忽略不计。网络控制系统的性质很大程度上依赖于网络结构及相关参数的选择，这里包括传输率、接入协议（MAC）、数据包长度、数据量化参数等。将计算机网络系统应用于控制系统中代替传统的点对点式的连线，具有简单、快捷、连线减少、可靠性提高、容易实现信息共享、易于维护和扩展、降低费用等优点。正因为如此，近几年来以现场总线为代表的网络控制系统得到了前所未有的快速发展和广泛应用。

与传统计算机控制系统相比，网络控制系统具有如下特点：

（1）允许对事件进行实时响应的时间驱动通信，且要求有高实时性与良好的时间确定性。

（2）要求有很高的可用性，在存在电磁干扰和地电位差的情况下能正常工作。

（3）要求有很高的数据完整性。

（4）控制网络的信息交换频繁，且多为短帧信息传输。

（5）具有良好的容错能力，可靠性和安全性较高。

（6）控制网络的通信协议简单、实用、工作效率高。

（7）控制网络构建模块化、结构分散化。

（8）节点设备智能化、控制分散化、功能自治性。

（9）与信息网络通信效率高，方便实现与信息网络的无缝集成。

此外，由于网络控制存在的一些固有问题，网络控制系统也存在一些相关的需要研究与解决的问题。

2. 网络控制系统的影响因素

在网络控制系统中，网络环境的影响通常是无法忽略的，其主要影响因素如下：

（1）信道带宽限制。任何通信网络单位时间内所能传输的信息量都是有限的，例如基于 IEEE 802.11a、IEEE 802.11b 和 IEEE 802.11g 协议的无线网络带宽指标分别为 11Mb/s、54Mb/s 和 22Mb/s。在许多应用系统中，带宽的限制对整个网络控制系统的运行会有很大的影响，例如用于安全需求的无人驾驶系统、传感网络、水下控制系统、多传感—多驱动系统等。对该类系统，如何在有限带宽的限制下设计出有效的控制策略，保证整个系统的动态性能，是一个需要重点解决的问题。

（2）采样延迟。通过网络传送一个连续时间信号，首先需要对信号进行采样，经过编码处理后通过网络传送到接收端，接收端再对其进行解码。不同于传统的数字控制系统，网络控制系统中信号的采样频率通常是非周期的且时变的。因此，如果采样是周期性的，当传感器到控制器端网络处于忙状态时，势必会导致在传感器端存储大量待发信息。此时，需要根据网络的现行状态及时调整采样频率，以缓解网络传输压力，保证网络环境的良好状态。在网络控制系统中，除了控制器计算带来的延迟外，信号通过网络传输也会导致时间延迟。图 7.7 所示为具有延迟的网络控制系统的典型结构。

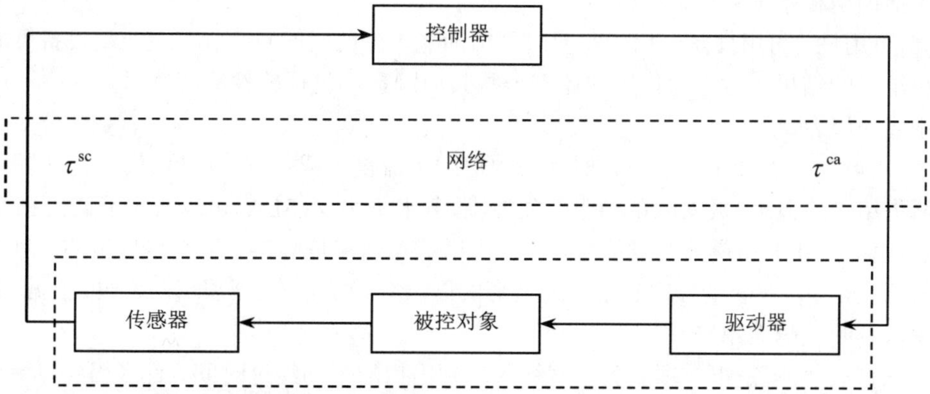

图 7.7　具有延迟的网络控制系统的典型结构

整个闭环系统中，信号从传感器到驱动器经历的时间延迟通常包括以下几个部分：

- 等待时间 τ^{w}，即数据在被传送出去之前的等待时间，其诱导原因是网络的拥塞现象。
- 数据的打包延迟 τ^{f}。

- 网络传输延迟τ^{p}，由于传输速率以及传输距离的限制因素，信号通过物理媒介进行传播往往需要一定的时间。

用τ^{sc}表示从传感器端到控制器端的时间延迟，τ^{ca}表示从控制器端到驱动器的时间延迟。总的网络延迟可表示为$\tau=\tau^{sc}+\tau^{ca}$。

（3）数据丢包。在基于 TCP 协议的网络中，主要用于保证数据传输的可靠性，未到达接收端的数据往往会被多次重复发送。而对于网络控制系统，由于系统数据的实时性要求比较高，因此旧数据的重复发送对网络控制系统并不适用。在实际的网络控制系统中，当新的采样数据或控制数据到达时，未发出的旧信号将被删除。另外，由于网络拥塞或数据的破坏等原因都可能导致到达终点的数据与传送端传送的数据不吻合。这些现象都被视为网络数据的丢失，即数据丢包。

（4）单包传输与多包传输。网络中数据的传输存在两种情况，即单包传输与多包传输。单包传输需要先将数据打在一个数据包里，然后进行传输。而多包传输允许传感器数据或控制数据被分在不同的数据包内传输。传统的采样系统通常假设对象输出与控制输入同时进行传送，而该假设不适合多包传输类型的网络控制系统。对于多包传输网络，从传感器发送的数据包到达控制器端的时间是不同的，可在控制器端设置缓冲器，此时控制器开始计算时刻为最后一个分数据包到达的时刻。然而，由于数据丢包现象的存在，一组传感信息可能仅有一部分到达控制器端，其他数据包已丢失。

7.3 网络控制系统的性能评价标准

1. 网络服务质量

网络资源总是有限的，只要存在抢夺网络资源的情况，就会出现服务质量的要求。服务质量是相对网络业务而言的，在保证某类业务服务质量的同时，可能就是在损害其他业务的服务质量。

网络服务质量（Quality of Service，QoS）的关键指标主要包括可用性、吞吐量、时延、时延变化（包括抖动和漂移）和丢包。

（1）可用性。可用性是当用户需要时网络即能工作的时间百分比，主要是设备可靠性和网络存活性相结合的结果。对它起作用的还有一些其他因素，包括软件稳定性以及网络演进或升级时不中断服务的能力。

（2）吞吐量。吞吐量是在一定时间段内对网上流量（或带宽）的度量。对 IP 网而言可以从帧中继网借用一些概念。根据应用和服务类型，服务水平协议（SLA）可以规定承诺信息速率（CIR）、突发信息速率（BIR）和最大突发信号长度。承诺信息速率是应该予以严格保证的，对突发信息速率可以有所限定，以在容纳预定长度突发信号的同时容纳从话音到视像以及一般数据的各种服务。一般来说，吞吐量越大越好。

（3）时延。时延是指一项服务从网络入口到出口的平均经过时间。许多服务，特别是话音和视像等实时服务都是高度不能容忍时延的。当时延超过 200～250 毫秒时，交互式会话是非常麻烦的。为了提供高质量话音和会议电视，网络设备必须能保证低的时延。产生时延的因素有很多，包括分组时延、排队时延、交换时延和传播时延。

（4）时延变化。时延变化是指同一业务流中不同分组所呈现的时延不同。高频率的时延变化称为抖动，而低频率的时延变化称为漂移。抖动主要是由于业务流中相继分组的排队等候时间不同引起的，是对服务质量影响最大的一个问题。某些业务类型，特别是话音和视像等实时业务是极不能容忍抖动的。分组到达时间的差异将在话音或视像中造成断续。漂移是任何同步传输系统都有的一个问题。在 SDH 系统中是通过严格的全网分级定时来克服漂移的。在异步系统中，漂移一般不是问题。漂移会造成基群失帧，使服务质量的要求不能满足。

（5）丢包。不管是比特丢失还是分组丢失，对分组数据业务的影响比对实时业务的影响都大。在通话期间，丢失一个比特或一个分组的信息往往用户注意不到。在视像广播期间，这在屏幕上可能造成瞬间的波形干扰，然后视像很快恢复如初。即便是用传输控制协议（TCP）传送数据也能处理丢失，因为传输控制协议允许丢失的信息重发。事实上，一种叫作随机早丢（RED）的拥塞控制机制在故意丢失分组，其目的是在流量达到设定门限时抑制 TCP 传输速率，减少拥塞，同时还使 TCP 流失去同步，以防止因速率窗口的闭合引起吞吐量摆动。但分组丢失多了，会影响传输质量。所以，要保持统计数字，当超过预定门限时就向网络管理人员告警。

2. 系统控制性能

系统控制性能（Quality of Performance，QoP）包括稳定性、快速性、超调量、偏差和振荡等。

（1）稳定性。稳定性是控制系统最重要的特性之一。它表示了控制系统承受各种扰动，保持其预定工作状态的能力。不稳定的系统是无用的系统，只有稳定的系统才有可能获得实际应用。前几节讨论的控制系统动态特性、稳态特性分析计算方法都是以系统稳定为前提的。

（2）快速性。快速性是指当系统的输出量与输入量之间产生偏差时，消除这种偏差的快慢程度。快速性好的系统，它消除偏差的过渡过程时间就短，就能复现快速变化的输入信号，因而具有较好的动态性能。

（3）超调量。超调量是控制系统动态性能指标中的一个，是线性控制系统在阶跃信号输入下的响应过程曲线，也就是阶跃响应曲线分析动态性能的一个指标值。

（4）偏差。偏差是指被调参数与给定值的差。对于稳定的定值调节系统来说，过渡过程的最大偏差就是被调参数第一个波峰值与给定值的差（A）。随动调节系统中常采用超调量（B）这个指标。

（5）振荡。在振荡过程中，如果能量不断损失，则其振荡将逐渐减小，称衰减振荡；如果能量没有损失，或由外部补充的能量恰能抵消所失能量，则其振荡将维持不变，称等幅振荡；如果外部补充的能量大于耗去的能量，则其振幅将逐渐增大，称增幅振荡。

7.4　网络控制系统的应用举例

为了探讨网络控制系统在实际生产中的应用，本节介绍一个例子——烟草包装的网络测控系统，探讨网络控制在实际生产中的结构与配置情况，以及系统的监控和连接。

目前，烟草包装的网络测控系统在卷烟厂的应用十分广泛，且是一种非常具有代表性的网络控制系统。下面就介绍一下它的工作原理和系统的功能与特点。

7.4.1　烟草包装网络测控系统的工作原理

1. 系统体系结构

烟草包装机是烟草行业中非常重要的生产设备。零散烟支在烟草包装机上通过装小盒、透明纸包装和装成盒三个工艺过程，最终形成在市场上销售的每条 10 盒的成品香烟。整个工艺过程比较复杂，对控制的要求很高，任何控制失误都有可能使香烟、小盒或条盒挤压变形而导致废品出现。

采用S5-135U多处理器PLC和相关网络设备设计的一个烟草包装机网络测控系统的体系结构如图7.8所示。从图7.8可见，该系统分成现场控制层、过程监控层和生产管理层三层。整个系统由六套PROFIBUS现场总线控制子系统No.1～No.6组成，子系统通过以太网和生产车间的生产数据服务器和要料处理服务器互连，并通过交换机实现过程监控层和厂级生产管理层管理信息系统（MIS）的信息集成。其中，每套现场总线控制子系统由一台监控计算机和三台S5-135U多处理器PLC组成，运行PROFIBUS总线协议实现现场控制层和过程监控层间的数据交换。在应用层上，采用PROFIBUS-FMS协议，能够提供广泛的应用服务，适用于制造业自动化领域。

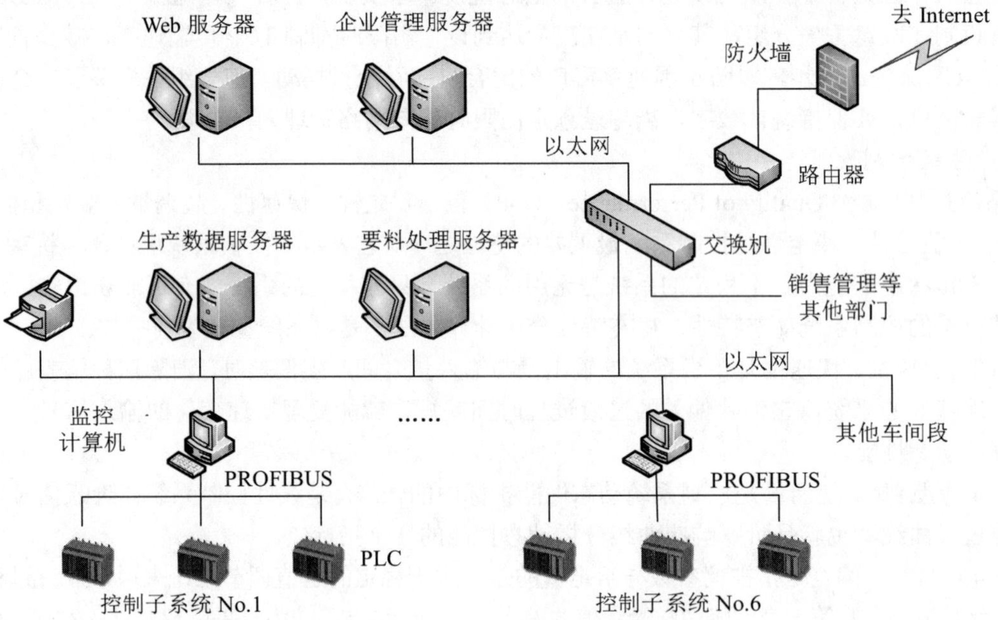

图7.8　烟草包装机网络测控系统体系结构图

现场设备实时信息和操作人员的指令信息通过PROFIBUS总线高速传输，同时使用监控计算机将控制子系统的生产信息及时自动传送到生产数据服务器中。生产数据服务器对生产数据进行初步处理后送到MIS系统上，以便进行更高一级的管理和调度。在网络测控系统设计中，监测软件框架设计和S5-135U多处理器PLC的网络通信技术直接影响系统人机界面功能的发挥和系统通信的可靠性，是系统的核心技术问题。

2. 监测软件框架设计

监控计算机属于过程监控层，它是人机交互窗口，用来监视现场设备运行情况和工艺参数控制情况，并由它实现高级控制策略。整个系统的监控程序主体框架如图7.9所示。

在功能上，监控软件要实现系统自动换班、要料处理、更改品牌、数据采集统计以及与厂级MIS信息集成等功能。在数据集成上，PLC实时数据经数据采集统计模块分类统计后送往以太网上的网络数据库（生产数据服务器和要料处理服务器），同时在本地数据库中进行备份，相应的上级指令通过网络服务器传递到监控计算机和现场设备。当发生监控计算机和网络数据库服务器之间的通信中断时，监控计算机不断检测网络状况，一旦通信恢复，就从本地数据库中恢复数据并更新网络数据库，从而保证网络数据库的完整性和数据的有效性。所有监控计算机的时间由网络数据库服务器统一校正。

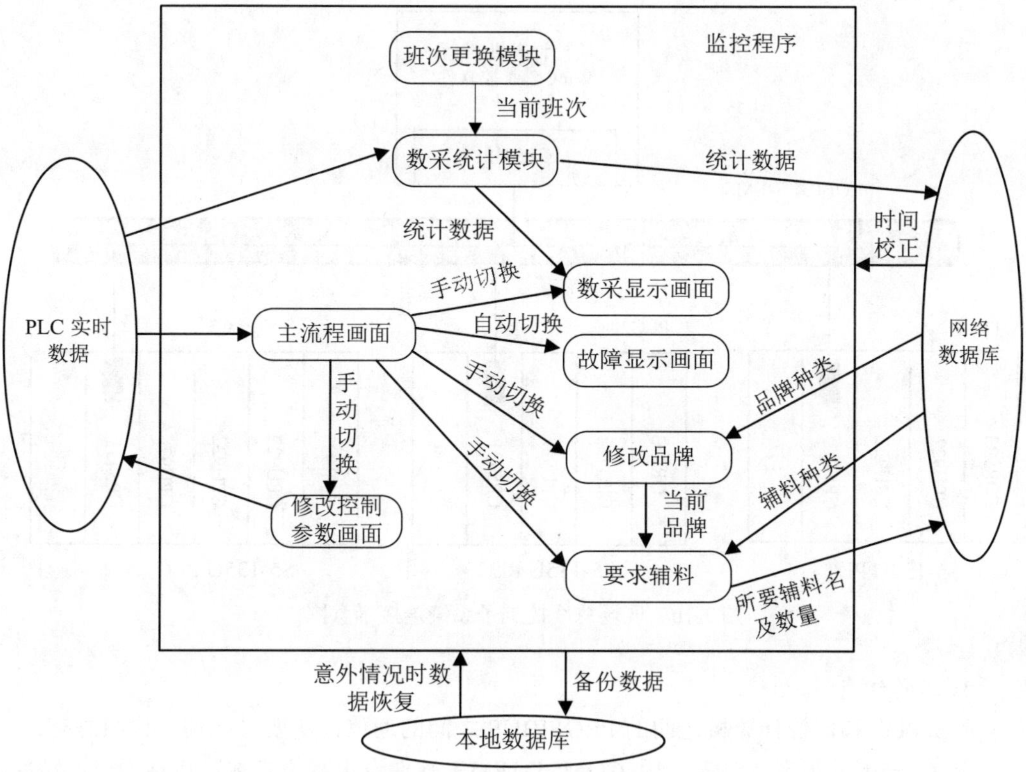

图 7.9　监控软件主体框架

3. 网络通信技术

S5-135U 多处理器 PLC 的网络通信技术是该网络测控系统中的关键技术。和 S7 系列 PLC 的 PROFIBUS 通信相比，S5 系列 PLC 和运行 WinCC 的监控计算机之间的 PROFIBUS 总线通信连接非常复杂。尤其是 S5-135U 多处理器 PLC，多处理器及协处理器的存在使得 CPU 和通信处理器 CP 间的通信变得难以处理。

测控系统中，每个现场总线控制子系统由三台 PLC 和一台运行 WinCC 的监控计算机组成。三台 PLC 分别用于包装机生产中的 350 小盒部分、401 透明纸部分和 408 条盒部分的控制。要实现其 PROFIBUS 总线通信连接，在运行 WinCC 的监控计算机上需要安装的软硬件有 CP5412 通信卡（内置微处理器）及其驱动和组态软件 PB FMS-5412（需要授权）、组态网络结构参数的 COM-PROFIBUS 软件、WinCC 组态软件（需要授权）；在 S5-135U 多处理器 PLC 上需要的软硬件有 CP5431 通信处理器及西门子编程器一台（安装有 Step5 软件及 CP5431 编程软件 COM5431FMS）。连接示意图如图 7.10 所示。

其中，S5-135U 多处理器 PLC 通过 CP5431 通信处理器（简称 CP）挂接在 PROFIBUS-FMS 总线上，从而和挂接在总线上的监控计算机进行数据通信。在这里，PLC 通过 CP 来实现现场设备的总线功能。CP 相当于在 PLC 上模拟实现了 VFD（Virtual Field Device，虚拟现场设备）功能，其本身实现了 PROFIBUS-FMS 从物理层到应用支持子层各层的功能。从整个通信网络的角度来看，每一个 CP 与它所在的 PLC 都构成了一个 VFD。由于 S5-135U 多处理器 PLC 支持多达四个 CPU，所以一个 VFD 包括一个 CP 和至多四个 CPU。

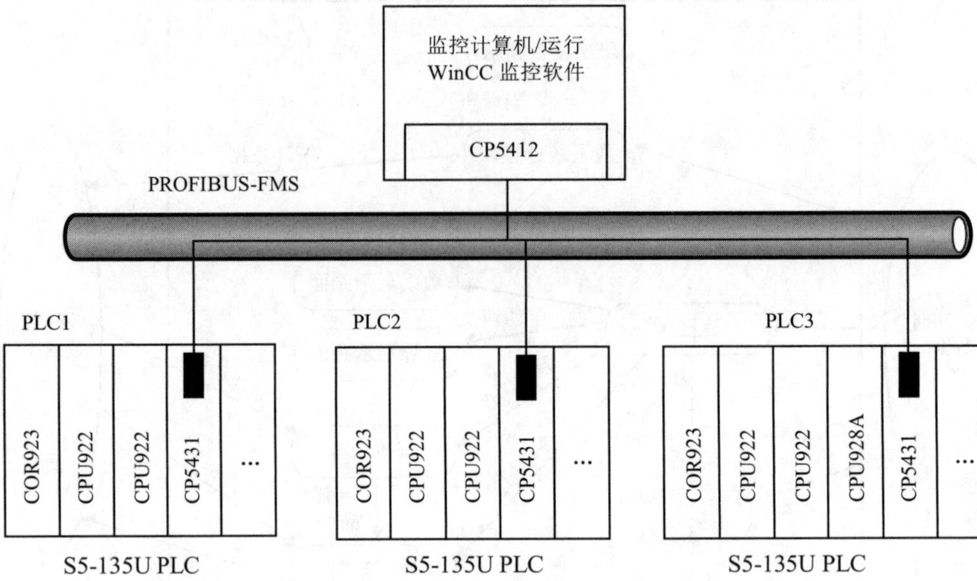

图 7.10　现场总线控制子系统连接示意图

4. 系统工作组态

为了完成 PLC 和监控计算机之间的 PROFIBUS 之间的通信，所要进行的工作组态有：

（1）PLC 一侧的组态。首先，用 COM5431FMS 软件设定网络参数，包括通信波特率、L2 站低地址、FMS 连接、L2 站高地址和 VFD 变量。设定 VFD 变量时请注意，由于是多处理器 PLC 系统，所以 SSNR 为需要和 CP5431 进行数据交换的 CPU 对应的接口号，CPU1～CPU4 对应的接口号分别是 0～3。组态完成后下装到 CP5431 通信处理器的 RAM 中，完成对 CP5431 的配置。其次，在 PLC 中编写通信程序。主要是调用功能模块 FB125 SYNCHRON，启动并同步 PLC 和 CP；FB126 SEND-A，启动 PLC 向 CP 传送数据；FB127 RECEIVE-A，启动 PLC 从 CP 接收数据。对于 S5 多处理器 PLC，含有几个 CPU 就要在 CPU1 的程序组织块 OB20、OB21 和 OB22 中几次调用 FB 125 初始化功能块，初始化 CP 与 CPU 同步。例如在图 7.10 中，对于 PLC3 则需要三次调用 FB125 功能块。由于数据发送和接收是周期连续进行的，所以 FB126 和 FB127 的调用放在 OB1（PLC 周期执行的组织块）中。控制程序修改完成后下装到 PLC，然后重新启动 PLC，达到 CP 和 CPU 的同步。

（2）监控计算机一侧的组态。首先，使用 COM-PROFIBUS 软件生成网络结构图，进行 CP5412 所在的监控站和 PLC1～PLC3 站的建立与站地址的分配、网络参数和连接属性的设置，最后生成 LDB 数据库，并在 CP5412 通信卡组态时使用该数据库。其次，是 WinCC 软件中的组态。主要是 PROFIBUS-FMS 过程通道的建立、PLC 连接的建立和变量的生成。在 WinCC 中，在 Tag 变量组中首先产生 PROFIBUS-FMS 通道，在这个通道上建立一个新的连接，在此连接下设定变量。由于 WinCC 和 CP5431 的变量间通过 Index 索引号进行连接，所以在这里设定的变量其索引号和变量类型与上一项中组态 CP5431 时生成的相应 VFD 变量一定要相同。

7.4.2　烟草包装网络测控系统的功能与特点

本烟草包装机网络测控系统实现了控制网络和企业信息网络的集成。整个系统数据通信稳定可靠，实时性好，功能完备。系统主要实现了以下功能：

（1）实现故障画面的自动切换和故障点的实时显示，并具有故障统计功能。

（2）主要工艺参数的实时显示和控制目标的设定。

（3）生产数据的日报、班报、月报、季报和年报统计。

（4）可以实现故障报警的自动排序。

（5）网络通信的自动恢复和网络数据库的实时刷新。

由于采用了现场总线技术，并实现了控制网络和管理网络的互连，使得该系统具有许多优良的特点：

（1）该系统将传统烟草包装生产线的品牌管理和辅料管理等功能上移至网络数据库服务器，增强了系统的开放性和向上兼容性；PROFIBUS 总线技术的采用，使得系统控制功能彻底下移至现场设备，同时标准化的底层控制网络也便于实现控制系统和企业 MIS 的信息集成。

（2）通过 FMS 现场总线协议同时采集三台带有多处理器的 PLC 数据，解决传统单机 DOS 串口采集数据系统无法完成多处理器多 PLC 的数据采集的问题。

（3）管理采用分级权限管理，按照高级管理员、电气工程师、现场操作工的等级进行管理，使得系统安全、稳健。

（4）与网络服务器实时通信，传送最新生产数据和故障数据。

（5）系统扩展非常方便，无论在 PLC 现场控制层还是在监控计算机的过程监控层，通过 PROFIBUS 都可以轻松连入系统中，具有极好的投资保护性。

7.5　本 章 小 结

本章讨论了网络控制系统。在传统控制系统中，用户与受控对象间的信息传输不必通过其他装置作为媒介，其“反馈”作用一般也不必传至用户端。至于各种控制系统中的“基于”什么的控制，它们指的是控制机理，指是以什么原理为控制基础的。但是，本章所研究的网络控制并非以互联网作为控制机理，而是以互联网为控制媒介，用户对受控对象的控制、监控、调度和管理必须借助网络及其相关浏览器、服务器。无论客户端在什么地方，只要能够上网就可以对现场设备（包括受控对象）进行控制和监控。

7.1 节首先介绍了计算机网络的分类与体系结构，然后简介了数据通信系统和网络通信协议，最后讨论了网络控制的一些基本问题。

7.2 节探讨了网络控制系统的结构与特点。在网络控制系统中，客户通过浏览器与网络连接，而客户的请求则通过网络与现场服务端连接。在探讨了网络控制系统的定义、结构与分类之后，就信道带宽限制、采样和延迟、数据丢包、单包传输与多包传输四个方面讨论了网络控制系统的特点。

7.3 节论述了网络控制系统的性能评价标准，从网络服务质量和系统控制性能两个方面分析了网络控制系统的性能评价标准。

7.4 节介绍了烟草包装网络测控系统，分析了网络控制系统在实际生产中的应用和特点。

本章仅给出网络控制的基础知识、初步框架和基本问题，希望能够起到抛砖引玉的作用。网络控制系统虽然发展迅速但仍不够成熟，仍有许多问题值得研究和需要解决。例如，需要开发某些行之有效的中间件（Middleware）来实现网络控制系统的复杂控制。

习 题 7

7-1 网络控制与智能控制有什么关系？

7-2 计算机网络是如何分类的？计算机网络的体系结构是什么？

7-3 简述网络通信及通信协议与模型。

7-4 试述网络控制系统的特点及作用原理。

7-5 网络控制系统有哪些性能评价标准？

7-6 举例说明网络控制系统的实际应用与工作过程。

7-7 你对网络控制系统的研究和发展方向有何见解？

第3篇

知识与数据复合智能控制

第 8 章 学习控制

早在 50 多年前就已提出关于学习控制的概念。因此，学习控制系统是智能控制最早的研究领域之一。在过去 30 多年中，学习控制应用于动态系统（如机器人操作和飞行制导等）的研究，已成为日益重要的研究课题。已经研究和提出许多学习控制方案，并获得很好的控制过程效果。

本章将首先介绍学习控制的定义、研究动机和发展历史以及学习控制与自适应控制的关系、控制律映射与学习控制的关系。接着讨论学习控制的各种方案，涉及基于模式识别的学习控制、迭代学习控制、增强学习控制和基于神经网络的学习控制等。最后，给出一个学习控制的例子，即无缝钢管张力减径过程壁厚控制迭代学习控制系统，说明学习控制的应用。

8.1 学习控制概述

本节首先探讨学习和学习控制的定义，研究学习控制的动机，然后介绍学习控制的简要发展过程及学习控制与自适应控制的关系。

8.1.1 学习控制的定义

学习（learning）是一个非常普遍的术语，人和计算机都通过学习获取和增加知识，改善技术和技巧。由于具有不同背景的人们对“学习”具有不同的看法，所以，至今尚无关于学习的一致定义。

学习是人类的主要智能之一；人类活动（包括对某个自动装置进行控制）也需要学习。在人类进化过程中，学习起到了很大作用，而且学习控制实际上是一种模拟人类良好的调节控制机能的尝试。下面给出关于学习和学习控制的不同定义。

Wiener 于 1965 年对学习给出一个比较普遍的定义。

定义 8.1 一个具有生存能力的动物在它的一生中能够被其经受的环境所改造。一个能够繁殖后代的动物至少能够生产出与自身相似的动物（后代），即使这种相似可能随着时间变化。如果这种变化是自我可遗传的，那么，就存在一种能受自然选择影响的物质。如果该变化是以行为型式出现，并假定这种行为是无害的，那么这种变化就会世代相传下去。这种从一代至其下一代的变化型式称为种族学习（racial learning）或系统发育学习（system growth learning），而发生在特定个体上的这种行为变化或行为学习，则称为个体发育学习（individual growth learning）。

Tsypkin 为学习和自学习下了较为一般的定义。

定义 8.2 学习是一种过程，通过对系统重复输入各种信号，并从外部校正该系统，从而系统对特定的输入作用具有特定的响应。自学习就是不具外来校正的学习，即不具奖罚的学习，它不给出系统响应正确与否的任何附加信息。

Simon 对学习给予更准确的定义。

定义 8.3 学习表示系统中的自适应变化，该变化能使系统比上一次更有效地完成同一群体所执行的同样任务。

下面，综述学习系统、学习控制和学习控制系统的定义。

定义 8.4 学习系统（learning system）是一个能够学习有关过程的未知信息，并用所学信息作为进一步决策或控制的经验，从而逐步改善系统的性能。

定义 8.5 学习控制（learning control）能够在系统进行过程中估计未知信息，并据之进行最优控制，以便逐步改进系统性能。

定义 8.6 如果一个学习系统利用所学得的信息来控制某个具有未知特征的过程，则称该系统为学习控制系统。

学习控制的定义，还可用数学描述于下。

定义 8.7 在有限时间域[0, T]内，给出受控对象的期望的响应 $y_d(t)$，寻求某个给定输入 $u_k(t)$，使得 $u_k(t)$ 的响应 $y_k(t)$，在某种意义上获得改善；其中，k 为搜索次数，$t\in[0, T]$。称该搜索过程为学习控制过程。当 $k\to\infty$时，$y_k(t)\to y_d(t)$，该学习控制过程是收敛的。

根据上述定义，可把学习控制的机理概括如下：

（1）寻求动态控制系统输入与输出间的比较简单的关系。

（2）执行每个由前一步控制过程的学习结果更新了的控制过程。

（3）改善每个控制过程，使其性能优于前一个过程。

希望通过重复执行这种学习过程和记录全过程的结果，能够稳步改善受控系统的性能。

8.1.2　学习控制的发展及其与自适应控制的关系

1. 学习控制的发展概况

学习机是一种模拟人的记忆与条件反射的自动装置，其设想与研究始于 20 世纪 50 年代。学习机的概念是与控制论同时出现的。后来，学习机的概念超出了预测器和滤波器的范围。下棋机是学习机早期研究阶段的成功例子。

为了解决大量的随机问题，在 20 世纪 60 年代发展了自适应和自学习等方法。学习控制最初用于解决飞行器的控制、模式分类和通信等问题，然后逐渐用于电力系统和生产过程控制。学习系统可分为离线可训练系统和在线自学习系统两类。前者直接由外界对受控系统的反应做出“奖”“罚”反馈，以改进学习算法；后者在一定程度上能够进行各种试探、搜索、品质评判、决策以及先验知识的自修改。在线自学习控制需要大容量的高速计算机。由于早期计算机发展水平的限制，往往采用离线与在线相结合的学习方法实现当时的学习控制。随着计算机技术的发展，尤其是微型计算机功能和容量的快速进展，在线自学习控制获得新的发展。60 年代开始研究双重控制及随后研究的人工神经网络学习控制理论，其控制原理是建立在模式识别方法的基础上的。K S Narendra 等在 1962 年提出了一种基于性能反馈的校正方法。F W Smith 于 1964 年提出了一种应用模式识别自适应技术的开关式（Bang-Bang）控制方法。同时，F B Smith 研究了可训练飞行控制系统。Butz 开发了一个开关式学习调节器。Mendel 把可训练阈值逻辑方法作为一种人工智能技术用于控制系统。

另一类基于模式识别的学习控制方法是把线性增强技术用于学习控制系统。其中，Waltz 和 Fu 于 1965 年提出把启发式方法用于增强学习控制系统。此类方法的另一些工作包括子目标选择和两级学习控制方法等，还有把上述概念用于卫星的精确姿态控制。

研究基于模式识别的学习控制的第三种方法是利用贝叶斯学习估计方法，这是由 Fu 于 1965 年首先提出的。此外，Tsypkin、Nikolic 和 Fu 还从另一思路研究了这类学习控制的随机逼近方法，并采用随机自动机作为学习系统的模型。

Wee 和 Fu 于 1969 年提出模糊学习控制系统，而 Saridis 等在 1977—1982 年间发展了递阶语义学习方法。这些学习方法在处理指令和决策中具有较高的智能水平，因而适用于多级递阶控制的较高控制层级。

由于基于模式识别的学习控制方法存在收敛速度慢、占用内存大、分类器选择涉及训练样本的构造以及特征选择与提取较难等具体实现问题，因而此类方法后来发展较慢。另两类学习控制原理，即迭代学习控制及重复学习控制，在 20 世纪 80 年代被提出来，并获得发展；它们采用比较简单的控制律，把学习控制用于工程实际。

1984 年，有本、川村和宫崎等将内山的初步研究成果进一步理论化，提出了时域学习控制方法，即迭代学习控制（iterative learning control）。迭代学习控制具有广泛的应用领域。川村等研究了迭代学习控制的逆系统、有界实性、灵敏度和最优调节问题，深刻地揭示其学习过程实质上是逼近逆系统的过程。古田等于 1986 年基于 Hilbert 空间和逆时间角度，提出一种多变量的最优迭代学习控制，其系统参数较易确定，并能平滑地跟踪期望输出。Gu 和 Loh 于 1987 年提出一种多步迭代学习控制方法，能够有效地改善系统的鲁棒性。到 20 世纪 80 年代末，许多有关迭代学习控制的课题得到研究。这些课题涉及离散时间系统、在线参数估计、收敛性、最优设计方法、二维模型和非线性系统等。

自从 20 世纪 80 年代初期以来，连接主义学习方法为学习控制输入新的动力。Rwmelhart 等提出了能够实现多层神经网络的误差反向传播模型。与此同时，Hopfield 提出一种具有联想记忆功能的反馈互连网络，后被称为 Hopfield 网络。到目前为止，已经发表了 100 多种神经网络模型。由于神经网络具有并行分布处理、非线性映射、通过训练进行学习、适应性和集成性等优良特性，近 10 年来对连接主义学习控制的研究非常活跃。该领域有代表性的工作包括基于神经网络的具有增强学习的学习控制、基于神经网络的迭代学习控制、基于神经网络的自学习控制以及基于规则的学习控制等。这方面的成功应用例子有倒立摆、机器人操作机、水下遥控机器人和飞机飞行控制等。

2. *学习控制与自适应控制的关系*

自适应控制与学习控制存在一些相似的研究动机和相关实现技术，因此，有必要考虑适应与学习间的关系，这是因为：①进一步研究自适应控制和学习控制的需要；②开发具有自适应和学习组合特性的控制方法的需要；③进一步开发学习控制实现技术的需要。

自适应控制和学习控制都应在受控对象与闭环交互作用基础上，探求改善未来的控制性能。不过，学习控制能够在存储器中保持所获取的技术，并在相似的未来情况下允许重新调用这些技术。这样，一个系统如果把每种明显的操作状况都看作新奇，那么该系统局限于自适应操作；然而，一个系统把过去的经验与过去的状态联系起来，而且能够在未来重新调用和开发这些经验，那么就认为该系统是能够学习的。

现有的自适应控制强调时间特性，其目标是强调在出现扰动和时变动力学时保持某些需要的闭环行为。这些功能形式包括可调节参数的一个小集合，而这些参数被优化以局部地考虑受控对象的行为。一个有效的自适应控制器必须具有相当快的动力学响应，以便迅速反应对象行为的变化。

对于一些实例，假定的功能形式参数可能变化得如此之快以致自适应系统无法通过自适应作用单独保持所需性能。包括非线性动力学在内的动力学特性的变化，可能引起系统运行点随时间移动。对于这种情况，学习系统更为可取，因为学习系统能保持性能，而且原则上能够更快地反映问题空间的变化。

因此，学习控制系统强调空间特性，它们需要一个能够储存信息（作为对象当前运行条件的函数）的存储器。学习系统存储的实现可通过通用函数合成技术达到。这些学习系统通过对一个大的可调节参数集合的优化来运行，建立一个获取问题空间关系的映射。要成功地执行该全局优化过程，学习系统要加强应用已往信息，并采用相当慢的学习动力学模型。

对学习控制器的训练，通过一些操作包使用一种把合适的控制作用（或控制集合或模型参数）与每一操作条件联系起来的自动机制。这样，就能够以过去经验为基础，考虑和预计早先存在的未知非线性及其影响。一旦这样的控制系统得到“学习”，就不再会出现由空间动力学变化引起的瞬态行为，从而产生比自适应控制更有效的策略，更优良的性能。

尽管适应目标（更新通过时间的行为）与学习目标（把行为与状况联系起来）有明显的区别，

但适应过程和学习过程是互补的，各自具有唯一的要求特性。例如，自适应技术能够适合缓慢时变动力学和新情况（如从未实验过的情况），但对具有明显非线性动力学的问题效果不佳。与此相反，学习方法具有相反的特性：它能够适应建模很差的非线性动力学行为，但不大适合应用于时变动力学问题。一个感兴趣的研究目标是开发和设计能够同时具有自适应和学习能力的混合系统结构。

8.1.3　控制律映射及对学习控制的要求

1. 学习控制律映射

可把学习控制器的设计定义为求得某个适当函数映射（mapping）的过程，该映射，即控制律：$u=k(y_m,y_d,t)$；其中，y_m 为受控对象的被测（实际）输出；y_d 为受控对象的期望（要求）输出；u 为控制作用，应能够达到一定的性能目标。控制律的设计过程往往由如图 8.1 所示的辅助映射支持。例如，从一定的对象操作条件至控制器参数或局部对象模型的映射，对增益调度应用［图 8.1（b)］是重要的。

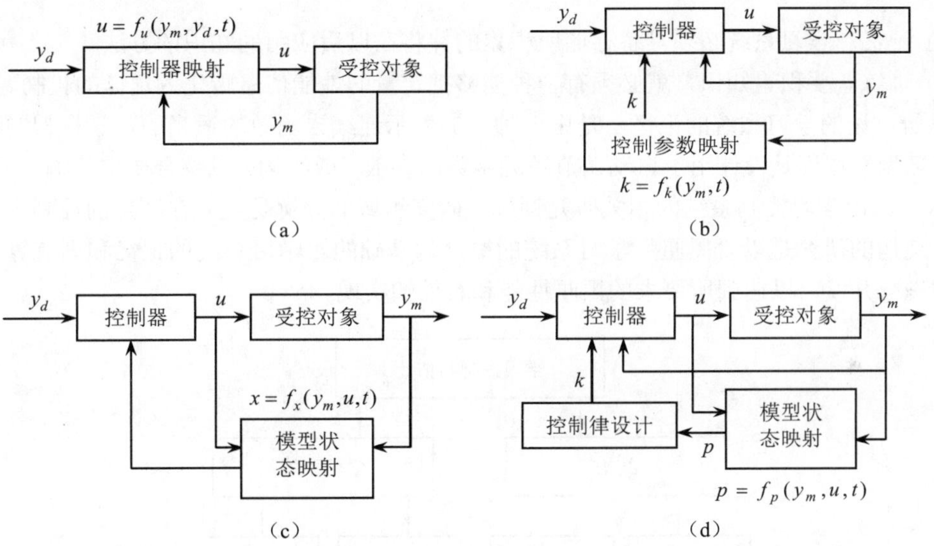

图 8.1　学习控制律设计的各种映射

可把学习控制解释为在某控制结构中应用的函数映射的自动综合。当控制系统必须在足够显著的不确定性条件下运行时，就需要学习。这时，要以可得到的推理设计知识来设计一个具有固定不变的满意性能的控制器，是不切实际的。学习的一个目标是允许通过减少先验不确定性解决广泛类型的问题，在那里，能够在线得到满意解。

对于典型的学习控制应用，期望映射是固定的，并由一个包含受控对象输出和控制系统输出的目标函数来表示。然后，目标函数把反馈与指定的可调节（目前储存在其存储器内）的映射元素联系起来。基本思想是，能够应用性能反馈来改进由学习系统提供的映射。当这些映射因先验不确定性（如差的模型非线性动力学行为）而无法完全预先确定时，就需要进行学习。

2. 对学习控制的要求

对于许多控制设计问题，可供使用的演绎模型信息是如此有限，以致很难或者不可能设计一个满足规定性能要求的控制系统。在这种情况下，控制系统设计者面临三种选择：①降低控制性能要求水平；②预先开发另外的理论或经验模型以减少不确定性；③使所设计的控制系统具有在线自动调节能力以减少不确定性或改善其性能。其中，第三种选择与前两个选择大为不同，因为其设计结果不是固定不变的，具有固有的操作灵活性。

在许多情况下，为了满足控制系统的性能、成本或灵活性等要求，降低控制性能要求水平或预先开发另外的理论或经验模型的方案是无法接受的。这样，设计者只能通过减少不确定性来提高可达到的系统性能水平，而减少不确定性只能通过与实际系统的在线交互作用才能实现。

通过自身改变控制律直接地或借助模型辨识和重新设计控制律间接地实现控制系统的自动在线调节，已由许多研究人员进行了相当长时间的研究。特别对线性系统的自适应控制已获得很好地开发，对非线性系统的在线调节技术也已存在，但还未开发好。现有的大多数非线性调节技术主要用于具有已知模型结构和未知参数的非线性系统，学习控制技术通过与实际系统的在线交互作用获得开发经验，已成为增强缺少建模的非线性系统性能的一种工具。

实现学习控制系统需要三种能力：

（1）性能反馈。要进一步改善系统性能，学习系统必须能够定量地估计系统的当前和已往性能水平。

（2）记忆。学习系统必须具备存储所积累的并将在以后应用的知识的方法。

（3）训练。要积累知识，就必须有一种能够把定量的性能信息转化为记忆的机制。

这里所讨论的学习系统的记忆，是由一种能够表示连续族函数的适当的数学框架实现的，而训练或记忆调节过程是设计用于自动调节逼近函数的参数（或结构）以综合要求的输入输出映射。

图 8.2 给出学习控制系统的相关研究领域。研究领域的分解是建立在适当的控制思想上的，而且估计结构的研究是以“黑匣”学习系统的概念为基础的。学习系统的记忆和训练算法可以比较独立地进行开发，以达到所要求的黑匣性能和有效的实现。

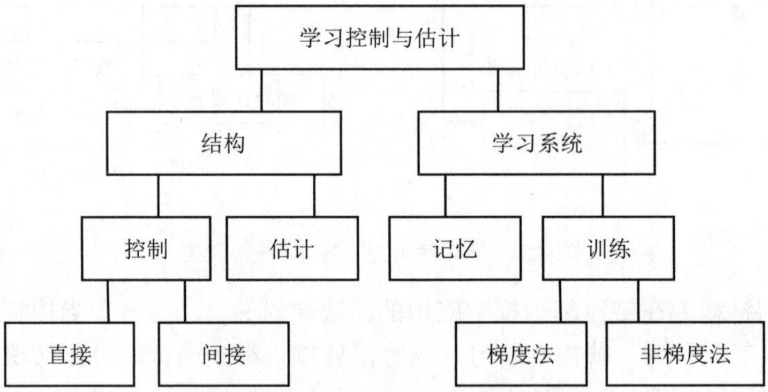

图 8.2 学习控制系统的相关研究领域

许多学习控制和估计结构已被建议用于不同的应用场合。

8.2 学习控制方案

自 20 世纪 70 年代初以来，研究者已经提出各种各样的学习控制方案。学习控制主要方案如下：

（1）基于模式识别的学习控制。

（2）迭代学习控制。

（3）连接主义学习控制，包括增强学习控制。

（4）基于规则的学习控制，包括模糊学习控制。

（5）拟人自学习控制。

（6）状态学习控制。

学习控制具有四个主要功能：搜索、识别、记忆和推理。在学习控制系统的研制初期，对搜索和识别的研究较多，而对记忆和推理的研究较弱。与学习系统相似，学习控制系统也分两类，即在线学习控制系统和离线学习控制系统，分别如图 8.3（a）和图 8.3（b）所示。图中，R 代表参考输入，Y 代表输出响应，U 代表控制作用，S 代表转换开关。当开关接通时，该系统处于离线学习状态。

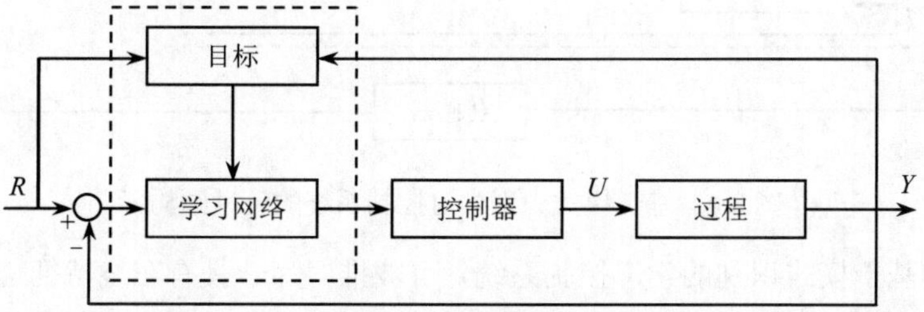

（a）在线学习控制系统

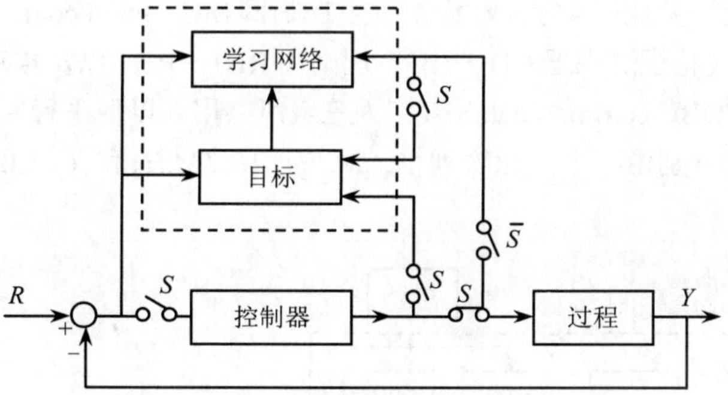

（b）离线学习控制系统

图 8.3　学习控制系统原理框图

离线学习控制系统应用比较广泛，而在线学习控制系统则主要用于比较复杂的随机环境。在线学习控制系统需要高速和大容量计算机，而且处理信号需要花费较长时间。在许多情况下，这两种方法互相结合；首先，无论什么时候只要可能，先验经验总是通过在线方法获取，然后再在运行中进行在线学习控制。

8.2.1　基于模式识别的学习控制

8.1 节比较详细地介绍了基于模式识别的学习控制的发展过程，而在第 3 章提出过一个工业专家控制器的简化结构。实际上，该控制器也是一个基于模式识别的学习控制器。为便于比较，把该控制器的结构重画于图 8.4，从图 8.4 可见，该控制器中含有一个模式（特征）识别单元和一个学习（学习与适应）单元。模式识别单元实现对输入信息的提取与处理，提供控制决策和学习适应的依据；这包括提取动态过程的特征信息和识别特征信息。换句话说，模式识别单元对学习控制系统起到重要作用。学习与适应单元的作用是根据在线信息来增加与修改知识库的内容，改善系统的性能。

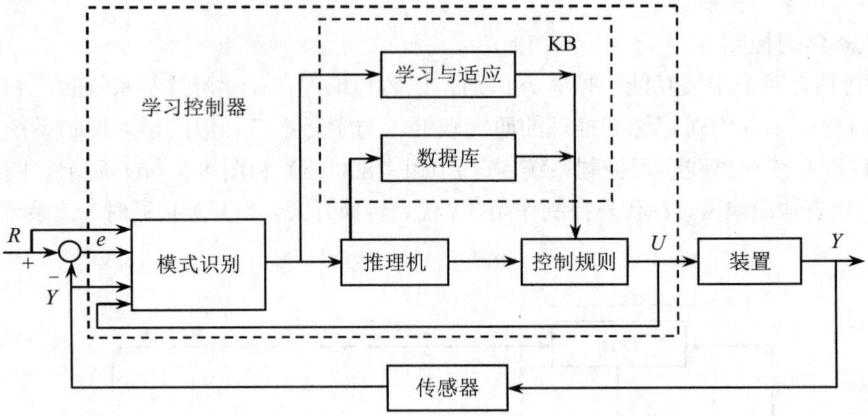

图 8.4　基于模式识别学习控制系统的一种结构

图 8.4 所示的基于模式识别的学习控制系统，可被推广为一具有在线特征辨识的分层（递阶）结构，如图 8.5 所示。从图 8.5 可知，该控制系统由三级组成，即组织级、自校正级和执行控制级。组织级由自学习器 SL（self-learner）内的控制规则来实现组织作用；自校正级由自校正器 ST（self-turner）来调节受控参数；执行控制级则由主控制器 MC（main controller）和协调器 K 构成。MC、ST 和 SL 内的在线特征辨识器 CI1～CI3，规则库 RB1～RB3 以及推理机 IE1～IE3 是逐级分别设置的。总数据库 CDB（common database）为三级所共用，以便进行密切联系与快速通信。各级信息处理的决策过程分别由三个三元序列$\{A,CM,F\}$，$\{B,TM,H\}$和$\{C, LM, L\}$描述。此外，FM 为反馈模型。

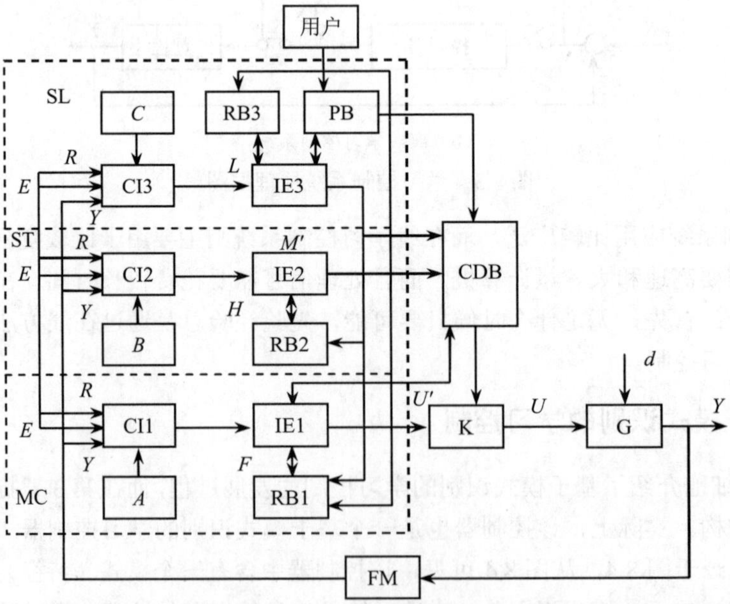

图 8.5　一个多级学习控制系统

来自指令 R、系统输出 Y 和偏差 E 等在线信息，分别送到 MC 和 ST 的 CI1 和 CI2，与相应的特征模型 A（系统动态运行特征集）及 B（系统动态特性变化特征集）进行比较和辨识，并通过 IE1 和 IE2 内的产生式规则集 F 和 H 映射到控制模式集 CM 和参数校正集 TM 上，产生控制输出 U' 和校正参数 M'。U' 经协调器 K 形成受控对象 G 的输入向量 U，而 M' 则输入到 CDB，以取代原控制参数 M。

对于执行控制级的 MC 和参数校正级的 ST，$\{A,CM,F\}$ 和 $\{B,TM,H\}$ 均为由设计者赋给的或由 SL 形成的先验知识，分别存放在规则库 RB1、RB2 和 CDB 中。SL 中的 RB3 是控制器的总数据库，用于存放控制专家经验集 $\{C,LM,L\}$，它包含 $\{A,CM,F\}$、$\{B,TM,H\}$，选择、修改和生成规则以及学习效果的评判规则。其中，存放的性能指标包括总指标集 PA 和子指标集 PB。PA 由用户给定，PB 则为 PA 的分解子集，由 CI3 的特征辨识结果选择与组合，作为不同阶段和不同类型对象学习的依据。

学习过程分为启动学习和运行学习两种。启动学习过程是控制器起动后初始运行的学习，它迭代依据当前特征状态 C，前段运行效果的特征记忆 D 以及相应问题求解的子指标集 PB 之间的关系，确定 MC 的 $\{A,CM,F\}$ 和 ST 的 $\{B,TM,H\}$，即

IF< C, D, PB>

THEN $\{A,CM,F\}$ AND $\{B,TM,H\}$

运行学习过程是指控制运行中对象类型变化时的自学习过程。首先，SL 从反映对象类型变化的特征集 C' 确定出新的子指标集 PB′，然后依据特征记忆 D' 来增删或修改 $\{A,CM,F\}$ 和 $\{B,TM,H\}$，即

IF C' THEN PB′

IF<C',D',PB′> THEN $\{A',CM',F'\}$ AND $\{B',TM',H'\}$

学习过程结束后，ST 就停止工作，处于监视状态。对于受控对象类型不变时参数和环境的不确定性变化，由 MC 和 ST 来实现快速自校正。

8.2.2 迭代学习控制

迭代学习控制（iterative learning control，ILC），又称为反复学习控制，方法最先由内山提出，并由有本、川村和美多等发展。此后，本领域的研究工作全面展开。

定义 8.8 迭代学习控制是一种学习控制策略，它迭代应用先前试验得到的信息（而不是系统参数模型），以获得能够产生期望输出轨迹的控制输入，改善控制质量。

虽然给出了保证学习过程收敛的充分条件，但是，在学习过程收敛至 0 之前，轨迹误差仍然可能很快地增大。这种现象是由于下列事实引起的：控制结构并不能单独补偿每次试验产生的输出误差。因此，在学习的早期该现象对于稳定装置是有害的，而对于不稳定装置是更坏的。采用常规反馈控制器有助于克服学习过程中的这类问题，因为这些控制器能够补偿控制输入，以减少误差。

迭代学习控制的任务如下：给出系统的当前输入和当前输出，确定下一个期望输入使得系统的实际输出收敛于期望值。因此，在可能存在参数不确定性的情况下，可通过实际运行的输入输出数据获得最好的控制信号。迭代控制与最优控制间的区别在于：最优控制根据系统模型计算最优输入，而迭代控制则通过先前试验获得最好输入。迭代控制与自适应控制的区别为：迭代控制的算法是在每次试验后离线实现的，而自适应控制的算法是个在线算法，而且需要大量计算。

迭代学习控制系统的基本结构如图 8.6 所示。图中，$u_k(t)$、$y_k(t)$、$y_d(t)$ 和 $e_k(t)$ 为系统第 k

次运行的输入变量、输出变量、期望输出和输出误差，$u_{k+1}(t)$ 为系统第 k+1 次的输入变量，k=1,2,…,n。输出误差为：

$$e_k(t)=y_d(t)-y_k(t) \tag{8.1}$$

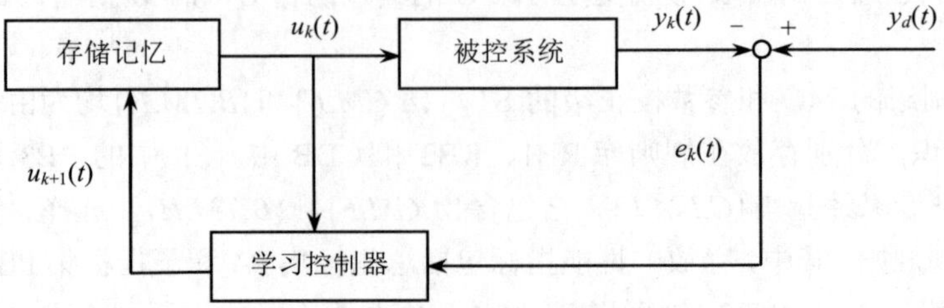

图 8.6 迭代学习控制基本结构

图 8.6 更形象地说明了迭代学习控制系统的一般作用过程。从图 8.6 可见，控制总输入由两部分组成，一为由反馈控制器（PID 控制器或自适应控制器）产生的反馈输入 u_{k+1}^{fb}，另一为由前一个控制输入 u_k 和学习控制器的输出 Δu_k 组成前馈输入 u_{k+1}^{ff}，即第（k+1）次操作的总控制输入为：

$$\begin{aligned} u_{k+1} &= u_{k+1}^{ff}-u_{k+1}^{fb} \\ &= u_k+\Delta u_k-u_{k+1}^{fb} \end{aligned}$$

假设受控对象具有下列动态过程：

$$\begin{aligned} \dot{x}_k(t) &= f(x_k(t),u_k(t),t) \\ y_k(t) &= g(x_k(t),u_k(t),t) \end{aligned} \tag{8.2}$$

式中，$x_k \in R^{n\times1}$，$y_k \in R^{m\times1}$，$u_k \in R^{r\times1}$；f、g 为具有相应维数及未知结构和参数的矢量函数。

从图 8.7 我们能够知道，第 k 次学习的参考输入 $u_k(t)$ 和修正信号 Δu_k 相加并存储后，作为第（k+1）次学习的给定输入，即

$$\boldsymbol{u}_{k+1}(t)=L(u_k(t),\mathbf{e}_k(t)) \tag{8.3}$$

上式给出迭代控制清晰和基本的思想（迭代学习控制的学习律），也就是说，对于第（k+1）次学习，其输入是从第 k 次输入和第 k 次学习经验得到的，随着有效经验的迭代积累，下式成立：

$$\mathbf{e}_k(t)\to 0, k\to\infty, (k-1)T\leqslant t\leqslant kT \tag{8.4}$$

或者

$$y_k(t)\to y_d(t), k\to\infty, (k-1)T\leqslant t\leqslant kT \tag{8.5}$$

式中，T 为学习采样周期。

因而学得的实际输出逐渐逼近期望输出，即当 k 趋向无穷大时，如果 $e_k(t)$ 在给定时间区间[0,T]上一致趋向于 0，则该学习控制是收敛的。只有收敛的迭代学习控制过程，才有实际应用意义。

在 20 世纪 80 年代中期，开发了几种迭代学习律或算法；它们被用于连续或离散线性控制系统。其他的迭代学习方法被用于非线性控制系统。所有这些系统均为开环迭代学习控制系统，不存在反馈回路。

提出一种具有更强的抗干扰能力的闭环迭代学习控制概念。图 8.8 表示一种具有闭环系统的迭代学习控制方案。这种方法能够在有限时间间隔内精确跟踪一类非线性系统，而且学习是在反馈结构下进行的，学习律更新了由前一次试验的装置输入得到的反馈输入。通过采用装置输入饱和器，能够扩展这类非线性系统。

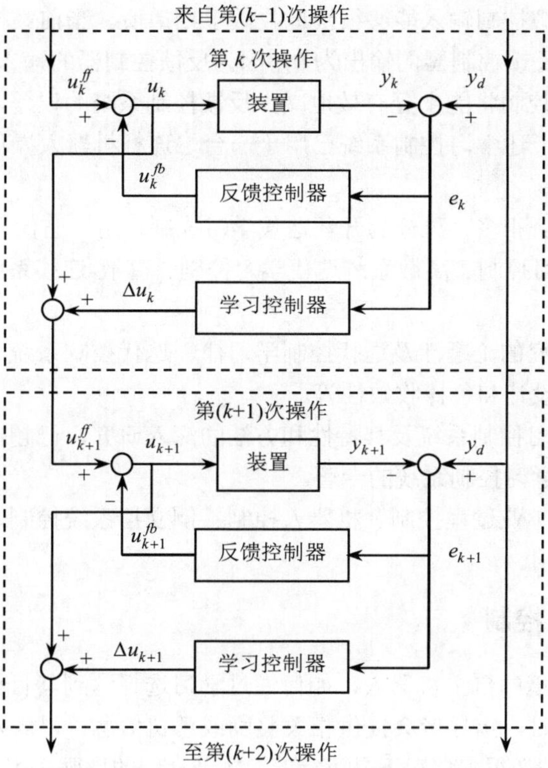

图 8.7　迭代学习控制原理框图

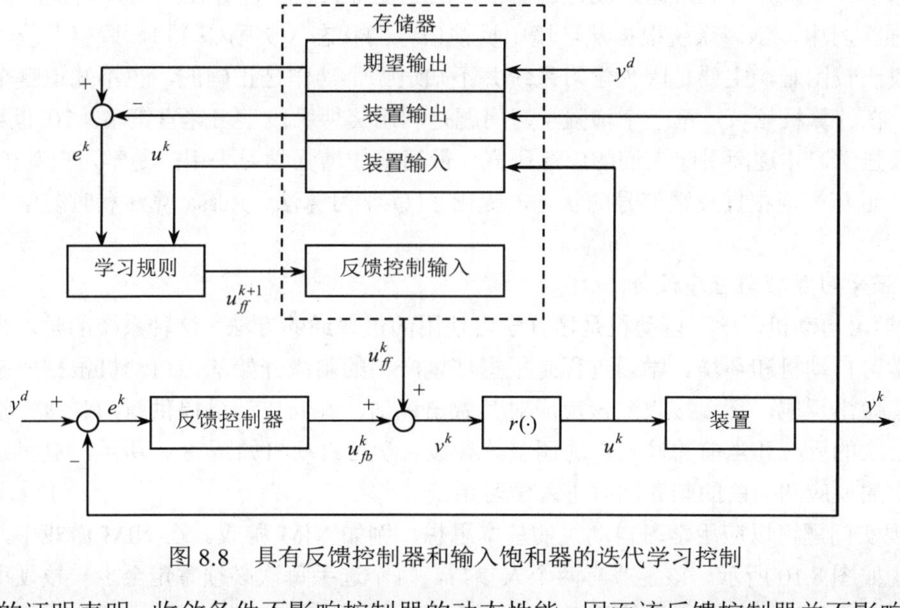

图 8.8　具有反馈控制器和输入饱和器的迭代学习控制

严密的证明表明，收敛条件不影响控制器的动态性能，因而该反馈控制器并不影响收敛条件，学习性能可得到很大改善。可用当前的装置输入（而不是当前的前馈控制输入）更新下一次迭代的前馈控制输入。如果使用一个稳定的控制器（它能够提供良好的性能），而且把饱和范围设定得足够大，那么该反馈控制输出一定能够使装置的输出不偏离期望输出轨迹，而停留在其邻域内。

借助反馈控制输入，前馈控制输入能够很快地收敛于期望值。当前馈控制输入使实际输出精确地跟随期望输出轨迹时，反馈控制器的输出为0，因为反馈控制器的输入也是0。

人们期望迭代学习控制将能十分有效地减少反馈控制系统的误差，并可能作为非线性系统理论的一个工具。例如，上述学习控制系统已用于一台二连杆机器人操作机的跟踪控制，并且得到良好的模拟跟踪性能。

迭代学习控制的种类很多，可分为开环迭代学习控制、闭环迭代学习控制、开-闭环迭代学习控制、连续系统迭代学习控制、离散系统迭代学习控制、离散-连续系统迭代学习控制、分布参数系统迭代学习控制等。

迭代学习控制要研究的论题涉及迭代控制学习律、迭代控制系统分析方法、学习速度问题、初始条件问题、控制器设计和鲁棒收敛性等。

对各种类型迭代学习控制系统及其特性和方法的深入研究，已超出本书范围；有兴趣的读者可参阅国内外关于迭代学习控制系统的专著。

迭代学习控制已在工业过程控制、机器人控制、倒立摆系统控制、医学治疗和其他工业生产中得到越来越广泛的应用。

8.2.3 增强学习控制

一个能够感知其环境的自主机器人，如何通过学习选择达到其目标的最佳动作？当机器人在其环境中做出每个动作时，指导者会提供相关奖励或惩罚信息，以表示当前状态是否正确。这种有教师（指导者）的学习在很多情况下是可行的。本节介绍的增强学习（reinforcement learning，又称强化学习），由于其方法的通用性、对学习背景知识要求较少以及适用于复杂、动态的环境等特点，已引起了许多研究者的兴趣，成为机器学习的主要方式之一，并在控制领域获得成功应用。

在增强学习中，学习系统根据从环境中反馈信号的状态（奖励/惩罚），调整系统的参数。这种学习一般比较困难，主要是因为学习系统并不知道哪个动作是正确的，也不知道哪个奖惩赋予哪个动作。在计算机领域，第一个增强学习问题是利用奖惩手段学习迷宫策略。20 世纪 80 年代中后期，增强学习才逐渐引起人们的广泛研究。最简单的增强学习采用的是学习自动机（learning automata）。近年来，根据反馈信号的状态，提出了 Q-学习算法、Rarsa 算法和时差学习等增强学习方法。

1. 增强学习原理与程序设计

（1）学习自动机。学习自动机是增强学习使用的最普通的方法。这种系统的学习机制包括两个模块：学习自动机和环境。学习过程是根据环境产生的刺激开始的，自动机根据所接收到的刺激，对环境做出反应，环境接收到该反应对其做出评估，并向自动机提供新的刺激；学习系统根据自动机上次的反应和当前的输入自动调整其参数。学习自动机如图 8.9 所示，这里延时模块用于保证上次的反应和当前的刺激同时进入学习系统。

许多现实问题可以应用学习自动机的基本思想，例如 NIM 游戏。在 NIM 游戏中，桌面上有三堆硬币，如图 8.10 所示。该游戏有两个人参与，每个选手每次必须拿走至少一枚硬币，但是只能在同一行中拿。谁拿了最后一枚硬币，谁就是失败者。

假定游戏的双方为计算机和人，并且计算机保留了它在游戏过程中每次拿走硬币数量的记录。这可以用一个矩阵来表示，如图 8.11 所示，其中第(i,j)个元素表示计算机从第j状态到第i状态成功的概率，#表示无效状态。显然上述矩阵的每一列的元素之和为 1。

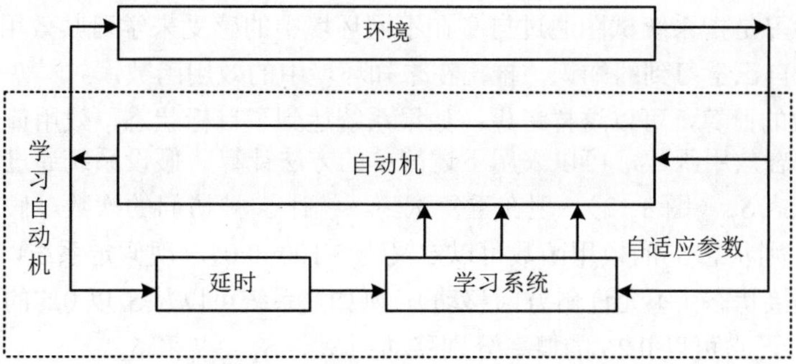

图 8.9　学习自动机的学习模式

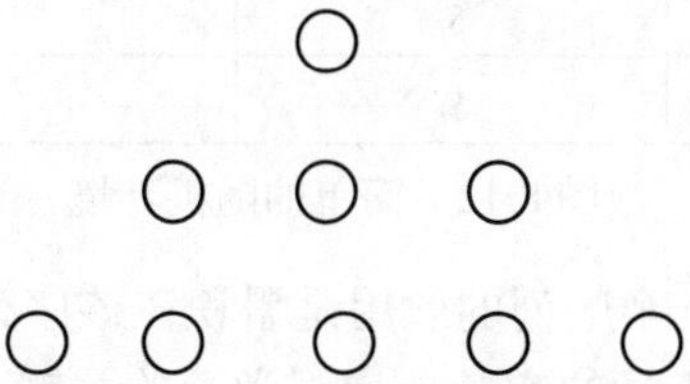

图 8.10　NIM 游戏

目标状态 \ 源状态	135	134	133	...	...	125	...
135	#	#	#	#	#	#	...
134	1/9	#	#	...	...	#	...
133	1/9	1/8	#	...	...	#	...
132	1/9	1/8	1/7	#	...	#	...
124	#	1/8	#	#	...	1/8	...

图 8.11　NIM 游戏中的部分状态转换图

可为系统增加一个奖惩机制，以便于系统的学习。在完成一次游戏后，计算机调整矩阵中的元素，如果计算机取得了胜利，则对应于计算机所有的选择都增加一个量，而相应列中的其他元素都降低一个量，以保持每列的元素之和为 1。如果计算机失败了，则与此相反，计算机所有的选择都降低一个量，而每一列中的其他元素都增加一个量，同样保持每列元素之和为 1。经过大量的试验，矩阵中的量基本稳定不变，当轮到计算机选择时，它可以从矩阵中选取使得自己取胜的最大概率的元素。

（2）自适应动态程序设计。增强学习假定系统从环境中接收反应，但是只有到了其行为结束后（即终止状态）才能确定其状况（奖励还是惩罚）。并假定，系统初始状态为 S_0，在执行动作（假定为 a_0）后，系统到达状态 S_1，即

$$S_0 \xrightarrow{a_0} S_1$$

对系统的奖励可以用效用（utility）函数来表示。在增强学习中，系统可以是主动的，也可以

是被动的。被动学习是指系统试图通过自身在不同环境中的感受来学习其效用函数；而主动学习是指系统能够根据自己学习到的知识，推出在未知环境中的效用函数。

关于效用函数的计算，可以这样考虑：如果系统达到了目标状态，效用值应最高，假设为1；对于其他状态的静态效用函数，可以采用下述简单的方法计算。假设系统通过状态S_2，从初始状态S_1到达了目标状态S_7（图8.12）。现在重复试验，统计S_2被访问的次数。假设在60次试验中，S_2被访问了5次，则状态S_2的效用函数可以定义为5/100=0.05。现假定系统以等概率的方式从一个状态转换到其邻接状态（不允许斜方向移动），例如，系统可以从S_1以0.5的概率移动到S_2或者S_6，如果系统在S_5，它可以0.25的概率分别移动到S_2、S_4、S_6和S_8。

S_3	S_4	S_7（目标）
S_2	S_5	S_8
S_1	S_6	S_9

图8.12　简单的随机环境

对于效用函数，可以认为“一个序列的效用是累积在该序列状态中的奖励之和”。静态效用函数值比较难以得到，因为这需要大量的实验。增强学习的关键是给定训练序列，更新效应值。

在自适应动态程序设计中，状态i的效应值$U(i)$可以用下式计算

$$U(i)=R(i)+\sum_{\forall j}M_{ij}U(j) \tag{8.6}$$

式中，$R(i)$是状态i时的奖励；M_{ij}是从状态i到状态j的概率。

对于一个小的随机系统，可以通过求解类似上式的所有状态中的所有效用方程来计算$U(i)$。但当状态空间很大时，求解起来就不是很方便了。

为了避免求解类似上式方程，可以通过下面的公式来计算$U(i)$

$$U(i)\leftarrow U(i)+\alpha[R(i)+(U(j)-U(i))] \tag{8.7}$$

式中，α（$0<\alpha<1$）为学习率，它随学习过程的进行而逐渐变小。

由于式（8.7）考虑了效用函数的时差，所以该学习称为时差学习。

另外，对于被动的学习，M一般为常量矩阵。但是对于主动学习，它是可变的。所以，式（8.7）可以重新定义为

$$U(i)=R(i)+\max_a\sum_{\forall j}M_{ij}^{a}U(j) \tag{8.8}$$

这里M_{ij}^{a}表示在状态i执行动作a达到状态j的概率。这样，系统会选择使得M_{ij}^{a}最大的动作，$U(i)$也会最大。

2. *Q-学习算法*

Q-学习是一种基于时差策略的增强学习，它是指定在给定的状态下，在执行完某个动作后期望得到的效用函数，该函数为动作一值函数。在Q-学习中，动作一值函数表示为$Q(a,i)$，它表示在状态i执行动作a的值，也称在Q-学习中使用Q值代替效用值。效用值和Q值之间的关系如下

$$U(i)=\max_a Q(a,i)$$

在增强学习中，Q值起着非常重要的作用。第一，与条件—动作规则类似，它们都可以不需要使用模型就可以做出决策；第二，与条件—动作不同的是，Q值可以直接从环境的反馈中学习获得。

同效用函数一样，对于 Q 值可以有下面的方程

$$U(a,j)=R(i)+\sum_{\forall j}M_{ij}^{a}\max_{a}Q(a',j) \tag{8.9}$$

对应的时差方程为

$$Q(a,j)\leftarrow Q(q,j)+\alpha[R(i)+\max_{a}Q(a',j)-Q(a,j)] \tag{8.10}$$

增强学习方法作为一种机器学习的方法，取得了很多实际应用，例如博弈、机器人控制等。另外，在互联网信息搜索中，搜索引擎必须能自动地适应用户的要求，这类问题属于无背景模型的学习问题，也可以采用增强学习来解决这类问题。

虽然增强学习存在不少优点，但是它也存在一些问题：

（1）概况问题。典型的增强学习方法，如 Q-学习，都假定状态空间是有限的，且允许用状态—动作记录其 Q 值。而许多实际的问题，往往对应的状态空间很大，甚至状态是连续的；或者状态空间不是很大，但是动作很多。对某些问题，不同的状态可能具有某种共性，从而对应于这些状态的最优动作是一样的。因而，在增强学习中研究状态—动作的概括表示是很有意义的，这可以使用传统的泛化学习，如实例学习、神经网络学习等。

（2）动态和不确定环境。增强学习通过与环境的试探性交互，获取环境状态信息和增强信号来进行学习，这使得能否准确地观察到状态信息成为影响系统学习性能的关键。然而，许多实际问题的环境往往含有大量的噪声，无法准确地获取环境的状态信息，则增强学习算法就可能无法收敛，如 Q 值摇摆不定。

（3）当状态空间较大时，算法收敛前的实验次数可能要求很多。

（4）大多数增强学习模型针对的是单目标学习问题的决策策略，难以适应多目标学习，难以适应多目标多策略的学习要求。

（5）许多问题面临的是动态变化的环境，其问题求解目标本身可能也会发生变化。一旦目标发生变化，已学习到的策略有可能变得无用，整个学习过程要从头开始。

8.2.4　基于神经网络的学习控制

第 5 章已较详细地讨论了神经控制系统。事实上，神控制系统的核心是神经控制器（NNC），而神经控制的关键技术是学习（训练）算法。从学习的观点看，神经控制系统自然地是学习控制系统的一部分。有些人称这种神经控制为连接主义学习控制，还有一些人称它为基于神经网络的学习控制。读者可以把第 5 章（神经控制系统）当作本章的一节来复习。

8.3　学习控制系统应用举例

学习控制系统通过与环境的交互作用，能够改善系统的动态特性。学习控制系统的设计应保证其学习控制器具有改善闭环系统特性的能力。学习控制系统为受控装置提供指令输入，并从该装置得到反馈信息。近年来，学习控制系统已在实时工业领域获得许多应用。本节将举例介绍学习控制系统的应用，即用于无缝钢管张力减径过程壁厚控制迭代学习控制系统。

8.3.1　无缝钢管张力减径过程壁厚控制迭代学习控制算法

由 8.2 节讨论可知，迭代学习控制适于重复运行的系统。控制系统利用系统的实际输出与期

望输出的误差信号，作为学习控制器的控制信号，使受控对象跟踪与映射，调节与提高其性能。本应用实例介绍一个用于宝钢集团钢管公司的无缝钢管张力减径过程壁厚控制迭代学习控制系统。该系统根据张力减径（以下简称“张减”）过程中，轧制前后的钢管壁厚实测数据和钢管的特征数据，采用迭代学习控制算法，提出无缝钢管张减过程的平均壁厚控制的迭代学习控制。在轧制过程中，系统能够在线自适应调整各轧制机架的稳态转速分布，并补偿由物理参数的时变不确定性和建模误差造成的轧辊转速分布参数误差。

1. 无缝钢管张力减径过程简介

无缝钢管张力减径过程应用相互紧靠和适当串列的轧辊，通过预定的轧辊速率变化对钢管进行轧制，使管壁厚度按预定值成型。张力减径机通常由多架带孔型的三辊式轧机组成，通过预定的轧辊速率变化产生张力。通过改变各轧辊间转速的速差可调节张力大小。在实时控制中，张减机的张力计算主要考虑轧辊转速与钢管壁厚的定性和定量关系。

令待轧制钢管的初始厚度为 s_0，初始外径为 D_0，那么张减过程中钢管壁厚与设定的稳态辊轮转速间的关系可形式化描述如下：

$$s = F(\boldsymbol{N}, s_0, D_0) \tag{8.11}$$

式中，s 为钢管的出口壁厚（即平均壁厚）；$\boldsymbol{N} = (n_1, n_2, \cdots, n_m)^{\mathrm{T}}$ 为参与轧制机架的轧辊转速分布，m 为参与轧制的机架数，$n_1, n_2, \cdots, n_m$ 为 m 个机架的稳态轧辊转速分布；F 为待求的非线性函数。

轧辊工作直径与轧辊间速差的定性关系如下：设前、后轧辊分别为第 i 机架和第 i+1 机架上的轧辊，它们的轧制速度分别为 n_i 和 n_{i+1}，工作直径分别为 Φ_i 和 Φ_{i+1}。若前后轧辊的轧制速度变化分别为 $\tilde{n}_i$ 和 $\tilde{n}_{i+1}$，则前后轧辊的工作直径 $\tilde{\Phi}_i$ 和 $\tilde{\Phi}_{i+1}$ 的变化趋势为

$$\text{若 } \tilde{n}_i > n_i,\ \tilde{n}_{i+1} = n_{i+1},\ \text{则 } \tilde{\Phi}_i < \Phi_i,\ \tilde{\Phi}_{i+1} > \Phi_{i+1} \tag{8.12}$$

$$\text{若 } \tilde{n}_i < n_i,\ \tilde{n}_{i+1} = n_{i+1},\ \text{则 } \tilde{\Phi}_i > \Phi_i,\ \tilde{\Phi}_{i+1} < \Phi_{i+1} \tag{8.13}$$

$$\text{若 } \tilde{n}_i = n_i,\ \tilde{n}_{i+1} > n_{i+1},\ \text{则 } \tilde{\Phi}_i > \Phi_i,\ \tilde{\Phi}_{i+1} < \Phi_{i+1} \tag{8.14}$$

$$\text{若 } \tilde{n}_i = n_i,\ \tilde{n}_{i+1} < n_{i+1},\ \text{则 } \tilde{\Phi}_i < \Phi_i,\ \tilde{\Phi}_{i+1} > \Phi_{i+1} \tag{8.15}$$

又令轧制第 k 根钢管时张减机第 1 机架的轧辊工作直径为 Φ_1^k，轧辊转速为 n_1^k，第 i 机架的轧辊工作直径为 Φ_i^k，轧辊转速为 n_i^k，钢管直径为 D_i^k，管壁厚度为 s_i^k。在稳态时，根据体积不变规律，钢管截面积变化、相邻机架转速及工作直径满足如下关系：

$$\frac{n_i^k}{n_1^k} = \frac{(D_0 - s_0)s_0\Phi_1^k}{(D_i^k - s_i^k)s_i^k\Phi_i^k} \tag{8.16}$$

2. 控制平均壁厚的迭代学习算法

本应用采用 PID 迭代自学习控制律实现迭代学习控制。其具体描述如下：对于一个受控非线性系统或过程，令 $y_d(t)$、$u_k(t)$和 $y_k(t)$分别表示给定时间区[0,T]间上的期望输出、系统的第 k 次输入和第 k 次输出，T 为运行周期。系统每次的初始状态相同，即 $y_{k+1}(t_0)=y_k(t_0)$；期望输出 $y_d(t)$与实际输出 $u_k(t)$的误差为 $e_k(t)=y_d(t)-y_k(t)$。于是，PID 自学习控制律可表示如下：

$$u_{k+1}(t) = u_k(t) + \left[K_{\mathrm{p}} + K_{\mathrm{d}}\frac{\mathrm{d}}{\mathrm{d}x} + K_{\mathrm{i}}\int \mathrm{d}t\right]e_k(t) \tag{8.17}$$

式中，K_{p}、K_{d} 和 K_{i} 分别表示比例、微分和积分学习因子。

PID 迭代自学习控制律比较简洁，且可实现训练间隙的离线计算，不仅具有较好的实时性，而且对干扰和系统模型变化具有一定的鲁棒性。迭代学习控制理论已经证明，若受控系统满足一定的条件（如 Lipschitz 条件），PID 型控制律可使整个系统的稳定性及算法的收敛性均能得到保证

[Moore，Harris]。

针对张减过程，提出一种类似于 PID 型迭代控制方法的无缝钢管张减过程的平均壁厚控制算法。该算法不依赖张减机的数学模型，而是依据实时任务调度系统的要求，读取过程控制应用系统基本数据管理模块的钢管工艺参数和轧管的理想设定值，接受由实际数据收集模块传输到过程机现场实测的壁厚，在线修正轧制钢管的轧辊转速分布，并将新的转速传输给轧管控制模块。

考虑张减过程式（8.12），假设参与轧制的机架数为 m，希望轧制出的钢管满足期望的平均壁厚为 s^d，期望的外径为 D^d。令对应于期望理想壁厚和外径的参与轧制各机架的轧辊转速分布为 N^d，$N^d=(n_1^d,n_2^d,\cdots,n_m^d)^{\mathrm{T}}$。每次轧制时待轧钢管的初始壁厚为 s_0，初始外径为 D_0，若轧制第 k 根钢管时，轧辊的转速分布为 N^k，$N^k=(n_1^k,n_2^k,\cdots,n_m^k)^{\mathrm{T}}$，成品钢管的壁厚为 s^k，外径为 D^k，定义期望壁厚 s^d 与实际壁厚 s^k 之间的误差为

$$e^k=s^d-s^k$$

依据迭代学习控制理论和张减过程的特点，计算轧制第 k+1 根钢管时轧制转速分布为

$$N^{k+1},N^{k+1}=(n_1^{k+1},n_2^{k+1},\cdots,n_m^{k+1})^{\mathrm{T}}$$

$$N^{k+1}=N^k+\boldsymbol{P}e^k \tag{8.18}$$

式中，$\boldsymbol{P}=(P_1,P_2,\cdots,P_m)^{\mathrm{T}}$，为一矢量，应满足 $P_1\geqslant P_2\geqslant\cdots\geqslant P_m\geqslant 0$。

出口机架辊轮的速度与无缝钢管张减过程的生产节奏有关，其具体值往往是预先确定的。因此，在平均壁厚的迭代自学习控制算法中，尽量保持出口机架辊轮的转速不变。

在张减过程中，根据壁厚误差程度的不同，提出如下动态选择 $\boldsymbol{P}$ 的方法：假设在轧制第 k+1 根钢管时，希望有 $l-1$ 个机架的轧辊参与平均壁厚控制的转速分布的调整，即在迭代自学习控制算法中，保持第 l 个机架的转速固定不变，则按以下算法计算 $\boldsymbol{P}$：

$$\boldsymbol{P}_i=\frac{n_l^k-n_i^k}{n_l^k-n_1^k}\cdot\frac{(D^d-s^d-s^k)}{(D^d-s^k)s^k}\cdot n_1^k \tag{8.19}$$

图 8.13 描述了张减过程平均壁厚控制迭代自学习方法的运行结构和过程。在该算法实际应用中，可以下式代替式（8.19）

$$N^{k+1}=N^k+\alpha e^k P \tag{8.20}$$

式中，$\alpha\in[0,1]$，为算法的学习因子，可根据误差的大小在算法中自适应调整。

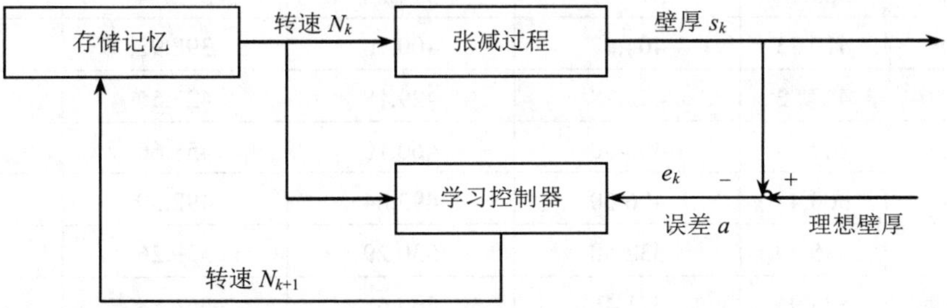

图 8.13　迭代自学习控制的运行结构

8.3.2　钢管壁厚迭代学习控制的仿真及应用结果

基于以上张量减径壁厚自学习控制技术的理论研究成果，结合某钢管分公司张减机的特点，

在该厂过程机（Alpha4000）系统上建立了所提出的壁厚迭代自学习计算机控制系统。选取以下三种规格的钢管进行平均壁厚迭代学习控制试验研究。由于张力下降机架是精整机架，在轧制中的主要作用是调节钢管的圆度，因此，在试验中仅让张力升起机架和工作机架参与转速调整。

对于表 8.1 中的 3 种钢管，该系统的规格 1 钢管平均壁厚自学习计算结果如表 8.2 所示，规格 2 钢管和规格 3 钢管平均壁厚自学习计算结果从略。随着迭代学习次数增加到 4 次，各种不同规格钢管的平均壁厚误差明显下降。试验结果表明，经过自学习修正轧辊转速，轧制钢管 5 根后，规格 1、规格 2 和规格 3 钢管的平均壁厚误差分别下降为初始误差的 6.7%、1.4%和 4.5%。

表 8.1　受试钢管的规格参数

规格代号	孔型代号	荒管外径/mm	荒管壁厚/mm	成品管外径/mm	成品管壁厚/mm	参与轧制轧机架数	旋转固定轧机架数
1	A-O	152.50	4.25	42.20	3.56	24	18
2	B-R	119.00	12.50	60.30	12.50	20	14
3	B-O	152.50	6.00	73.00	5.51	18	12

表 8.2　规格 1 钢管平均壁厚的自学习计算结果

机架编号	孔型直径/mm	初始转速/(r·min^{-1})	一次学习后转速/(r·min^{-1})	二次学习后转速/(r·min^{-1})	三次学习后转速/(r·min^{-1})	四次学习后转速/(r·min^{-1})
1	149.51	238.80	230.04	223.78	220.97	219.85
2	145.16	251.01	242.48	236.38	233.64	232.55
3	139.00	266.01	257.76	251.86	249.21	248.16
4	129.68	289.74	281.19	276.35	273.85	272.85
5	120.61	304.96	297.44	292.06	289.64	288.68
6	112.29	322.10	314.82	309.68	307.36	306.44
7	104.62	341.10	334.20	329.31	327.11	326.23
8	97.56	362.10	355.55	350.94	348.87	348.04
9	91.05	385.10	378.99	374.68	372.74	371.97
10	85.02	410.23	404.67	400.70	398.92	398.21
11	79.43	437.82	432.78	429.18	427.56	426.92
12	74.27	467.78	463.30	460.10	458.66	458.09
13	69.47	500.47	496.60	493.84	492.59	492.10
14	65.04	535.79	532.58	530.29	529.26	528.85
15	60.94	573.96	571.46	569.68	568.88	568.56
16	57.14	615.20	613.48	612.24	611.69	611.47
17	53.62	659.64	658.75	658.11	657.82	657.71
18	50.36	707.43	707.43	707.43	707.43	707.43
19	47.32	748.81	748.81	748.81	748.81	748.81

续表

机架编号	孔型直径/mm	初始转速/(r·min^{-1})	一次学习后转速/(r·min^{-1})	二次学习后转速/(r·min^{-1})	三次学习后转速/(r·min^{-1})	四次学习后转速/(r·min^{-1})
20	44.50	786.76	786.76	786.76	786.76	786.76
21	43.00	814.11	814.11	814.11	814.11	814.11
22	42.78	821.72	821.72	821.72	821.72	821.72
23	42.62	828.32	828.32	828.32	828.32	828.32
24	42.62	833.18	833.18	833.18	833.18	833.18

本无缝钢管张减过程平均壁厚控制的迭代自学习方法已在某钢管公司生产现场实际运行多年。计算机仿真研究和生产实际效果表明：上述迭代学习控制方法能够有效地调整钢管的平均壁厚，保证钢管生产质量。

8.4 本章小结

人类区别于其他动物的重要标志之一就是人类具有学习这一重要行为和智能能力。本章从学习和学习控制的定义开始，比较详细地研究了学习、学习控制和学习系统的概念，讨论了各种不同的定义。根据这些定义，把学习控制机理归纳为：

（1）寻求并发现动态控制系统输入输出间比较简单的关系。

（2）执行由上一次控制过程的学习结果更新过的每一控制过程。

（3）改善每个过程的性能，使其优于前一个过程。重复这一学习过程，并记录全过程积累的控制结果必将稳步地改善学习控制系统的性能。

学习控制系统能够处理具有不确定性和非线性的过程，并能保证良好的适应性、满意的稳定性以及足够快的收敛。因此，近年来学习控制已获广泛应用。随着机器学习研究的进展，学习控制将具有新的推动力，走向新的发展阶段。

8.1 节讨论了学习控制与自适应控制的关系、学习控制律映射和对学习控制的要求等。

8.2 节介绍各种学习控制方案，诸如基于模式识别的学习控制、迭代学习控制、增强学习以及基于神经网络的学习控制等，着重介绍上述各种学习控制系统的原理与结构。

作为应用示例，8.3 节分析了一个用于无缝钢管张力减径过程壁厚控制迭代学习控制系统，并研究了钢管壁厚迭代学习控制的控制算法和钢管壁厚迭代学习控制的仿真及应用结果。计算机仿真研究和生产实际效果表明：上述迭代学习控制方法能够有效地调整钢管的平均壁厚，保证钢管生产质量。

习 题 8

8-1 什么是学习、学习系统和学习控制？

8-2 为什么要研究学习控制？学习控制与自适应控制有何关系与区别？

8-3 学习控制的基本结构如何？有哪几种控制律映射？

8-4 如何理解学习控制系统的性能反馈？

8-5 学习控制有哪些主要方案？试述它们的控制机理。

8-6 迭代学习控制和增强学习控制在学习控制中的地位和作用如何？

8-7 基于神经网络的学习控制是否可能取得更大的发展？为什么？

8-8 以机器人系统为例，试分析学习控制系统的控制律。

8-9 学习控制系统的应用状况如何？试举例介绍一个学习控制系统。

8-10 学习控制与神经网络控制的结合对智能控制起到什么作用？

第 9 章 复合智能控制

自动控制及其系统的绚丽多彩不仅体现在各种控制系统所具有的优良性能上，而且也表现在各种控制系统及控制方法的巧妙结合（或称为复合、组合、混合、集成）上。本章在前面各章逐一讨论单一智能控制的基础上，研讨多种智能控制的复合控制问题，即复合智能控制问题。

9.1 复合智能控制概述

单一控制器往往无法满足一些复杂、未知或动态系统的控制要求，就需要开发某些复合的控制方法来满足现实问题提出的控制要求。复合或混合控制并非新的思想，在出现和应用智能控制之前，就存在各种复合控制，如最优控制与 PID 控制组成的复合控制、自适应控制与开关控制组成的复合控制等。严格地说，PID 也是一种复合控制，一种复合了比例、积分和微分三种控制的复合控制。

智能控制的控制对象与控制目标往往与传统控制大不相同。智能控制就是力图解决传统控制无法解决的问题而出现的。复合智能控制只有在出现和应用智能控制之后才成为可能。所谓复合智能控制指的是智能控制手段（方法）与经典控制和/或现代控制手段的集成，还指不同智能控制手段的集成。由此可见，复合智能控制包含十分广泛的领域，用“丰富多彩”来形容一点也不过分。例如，智能控制+开关控制、智能控制+经典 PID 反馈控制、智能控制+现代控制、一种智能控制+另一种智能控制等。就“一种智能控制+另一种智能控制”而言，就有很多集成方案，如模糊神经控制、神经专家控制、进化神经控制、神经学习控制、递阶专家控制和免疫神经控制等。仿人控制综合了递阶控制、专家控制和基于模型控制的特点，也可把它看作一种复合控制。仅模糊控制与其他智能控制（简称模糊智能复合控制）构成的复合控制就包括模糊神经控制、模糊专家控制、模糊进化控制和模糊学习控制等。图 9.1 所示为一进化模糊控制系统原理简图。

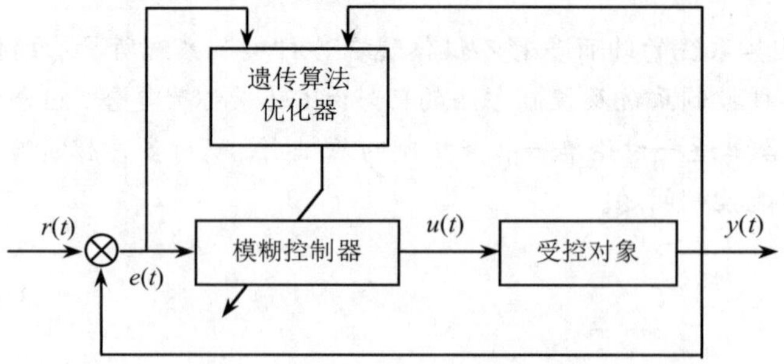

图 9.1 进化模糊控制系统原理框图

举例来说，神经专家控制（或称为神经网络专家控制）系统，就是充分利用神经网络和专家系统各自的长处和避免各自的短处而建立起来的一种复合智能控制。专家系统和专家控制系统往往采用产生式规则表示专家知识和经验，比较局限；如果采用神经网络作为专家系统的一种新的知识表示和知识推理的方法，就出现神经网络专家控制系统。神经网络专家控制系统与传统专家控制系统相比，两者的结构和功能都是一致的，都有知识库、推理机、解释器等，只是其控制策略和控制方式完全不同而已。基于符号的专家系统的知识表示是显式的，而基于神经网络的专家系统的符号表示是隐式的。这种复合专家控制系统的知识库是分布在大量神经元及其连接系数上的；神经网络通过训练进行学习的功能也为专家系统的知识获取提供了更强的能力和更大的方便，其知识获取方法不仅简便，而且十分有效。

要在本书一章中全面介绍各种复合智能控制方案及其示例，不仅是不可能的，也是不必要的。限于本书的预定领域和篇幅，本章主要以模糊智能复合控制为线索进行较为详细的和有代表性的讨论，所讨论的内容包括模糊神经控制、模糊专家控制和模糊进化控制的结构和示例等。此外，也简介了仿人控制的基本原理和设计方法等内容。

复合智能控制在相当长的一段时间成为智能控制研究与发展的一种趋势，各种复合智能控制方案如雨后春笋般纷纷面世。其中，也的确不乏好方案和好示例。不过值得指出，并不是任何智能控制手段都可以两两或多元组合成为一种成功的复合控制方案。复合能否成功，不仅取决于结合前各方的固有特性和结合后“取长补短”或“优势互补”的效果，而且也需要经受实际应用的检验。实践是检验各种复合智能控制是否成功的唯一标准，是不以人的主观愿望为转移的。

9.2　模糊神经复合控制原理

模糊控制可与神经控制原理组合起来，形成新的模糊神经复合控制系统。本节介绍模糊神经网络的作用原理。

在过去 20 年中，模糊逻辑和神经网络已在理论和应用方面获得独立发展，然而，近 10 年来，已把注意力集中到模糊逻辑与神经网络的集成上，以期克服各自的缺点。模糊神经网络综合了模糊逻辑推理的结构性知识表达能力和神经网络的自学习能力。表 9.1 对它们进行了比较。

表 9.1　模糊系统与神经网络的比较

技术	模糊系统	神经网络
知识获取	人类专家（交互）	采样数据集合（算法）
不确定性	定量与定性（决策）	定量（感知）
推理方法	启发式搜索（低速）	并行计算（高速）
适应能力	低	很高（调整连接权值）

要使一个系统能够像人类一样处理认知的不确定性，可以把模糊逻辑与神经网络集成起来，形成一个新的研究领域，即模糊神经网络（FNN）。实现这种组合的方法基本上分为两种。第一种方法在于寻求模糊推理算法与神经网络示例之间的功能映射；而第二种方法却力图找到一种从模糊推理系统到一类神经网络的结构映射。下面详细讨论模糊神经网络的概念、算法和应用方案。

1. FNN 的概念与结构

Buckely 在他的论文中提出对模糊神经网络的定义。

为简化起见，让我们考虑三层前馈神经网络 FNN3，如图 9.2 所示。

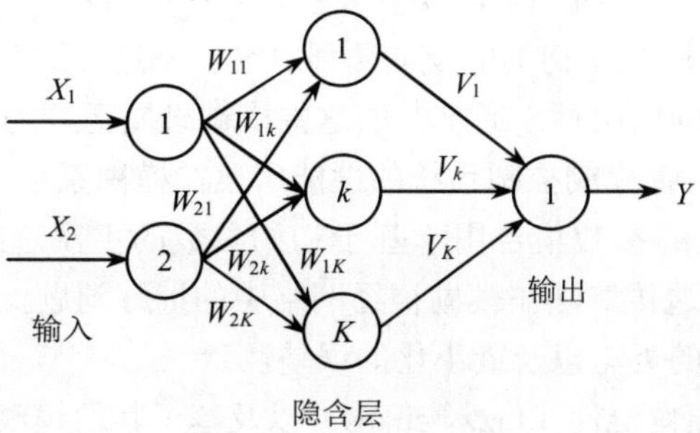

图 9.2　神经网络 FNN3

对不同类型的模糊神经网络的定义如下。

定义 9.1 一个正则模糊神经网络（RFNN）为一具有模糊信号和/或模糊权值的神经网络，即：①FNN1 具有实数输入信号和模糊权值；②FNN2 具有模糊集输入信号和实数权值；③FNN3 具有模糊集输入信号和模糊权值。

定义 9.2 混合模糊神经网络（HFNN）是另一类 FNN，它组合模糊信号和神经网络权值，应用加、乘等操作获得神经网络输入。

下面，我们较详细地叙述 FNN3 的内部计算。设 FNN3 具有同图 9.2 一样的结构。输入神经元 1 和 2 的输入分别为模糊信号 X_1 和 X_2，于是隐含神经元 k 输入为

$$I_k = X_1W_{1k} + X_2W_{2k},\quad k=1,2,\cdots,K \tag{9.1}$$

而第 k 个隐含神经元的输出为

$$Z_k = f(I_k),\quad k=1,2,\cdots,K \tag{9.2}$$

若 f 为一 S 函数，则输出神经元的输入为

$$I_0 = Z_1V_1 + Z_2V_2 + \cdots + Z_kV_k \tag{9.3}$$

最后输入为

$$Y = f(I_0) \tag{9.4}$$

式中，应用了正则模糊运算。

2. *FNN 的学习算法*

对于正则神经网络，其学习算法主要分为两类，即需要外部教师信号的监督式（有师）学习以及只靠神经网络内部信号的非监督（无师）学习。这些学习算法可被直接推广至 FNN。FNNI（I=1,2,3）的最新研究工作可归纳于下：

（1）模糊反向传播算法。基于 FNN3 的模糊反向传播算法是由 Barkley 开发的。令训练集合为 $(X_l,T_l), X_l=(X_{l1},X_{l2})$，为输入，而 T_l 为期望输出，1≤l≤L；对于 X_l 的实际输出为 Y_l。假定模糊信号和权值为三角模糊集，使误差量

$$E = \frac{1}{2}\sum_{l=1}^{L}(T_l - Y_l)^2 \tag{9.5}$$

为最小。然后，对反向传播中的标准 Δ 规则进行模糊化，并用于更新权值。由于模糊运算需要，还得出了一种用于迭代的专门终止规则。不过，这个算法的收敛问题仍然是个值得研究的课题。

（2）基于 α 分割的反向传播算法。为了改进模糊反向传播算法的特性，已做出一些努力。下面对一种用于 FNN3 的单独权值 α-切割反向传播算法进行讨论。通常把模糊集合 A 的 α 切割定义为

$$A[\alpha] = \{x \mid \mu_A(x) \geqslant \alpha\}, 0 < \alpha \leqslant 1 \tag{9.6}$$

此外，还得出了另一种基于 α 切割的反向传播算法。不过，这些算法的最突出的缺点是其输入模糊信号和模糊权值类型的局限性。通常，取这些模糊隶属函数为三角形。

（3）遗传算法。为了改善模糊控制系统的性能，已在模糊系统中广泛开发遗传算法的应用。遗传算法能够产生一个最优的参数集合用于基于初始参数的主观选择或随机选择的模糊推理模型。这方面的研究还介绍了遗传算法在模糊神经网络中的训练问题，所用遗传算法的类型将取决于用作输入和权值的模糊集的类型以及最小化的误差测量。

（4）其他学习算法。模糊混沌（fuzzy chaos）以及基于其他模糊神经元的算法将是进一步研究感兴趣的课题。

3. FNN 的逼近能力

已经证明，正则前馈多层神经网络具有高精度逼近非线性函数的能力，这对非线性不定控制的应用是种很有吸引力的能力。模糊系统好像也可作为通用近似器，现在已对 FNN 的近似器能力表现出高度兴趣；已得出结论，基于模糊运算和扩展原理的 RFNN 不可能成为通用近似器，而 HFNN 因无须以标准模糊运算为基础而能够成为通用近似器。这些结论对建立 FNN 控制器可能是有用的。

9.3　自学习模糊神经控制系统

学习控制系统通过与环境的交互作用，具有改善系统动态特性的能力。学习控制系统的设计应保证其学习控制器具有改善闭环系统特性的能力；该系统为受控装置提供指令输入，并从该装置得到反馈信息。因此，学习控制系统，包括模糊学习控制系统、基于神经网络的学习控制系统以及自学习模糊神经控制系统，近年来已在实时工业领域获得一些应用。本节将介绍一个用于弧焊过程的自学习模糊神经控制系统，首先，讨论控制系统的方案，接着叙述自学习模糊神经控制器的算法，最后说明一个用于弧焊过程的自学习模糊神经控制器的结构、建模和仿真等问题。

9.3.1　自学习模糊神经控制模型

图 9.3 给出一个用于含有不确定性过程的自学习模糊神经控制系统的原理图，图中，模糊控制器 FC 把调节偏差 $e(t)$映射为控制作用 $u(t)$。过程的输出信号 $y(t)$由测量传感器检测。基于神经网络的过程模型由 PMN 网络表示。过程输出和传感器输出用同一 $y(t)$表示（略去两者之间的转换系数）。

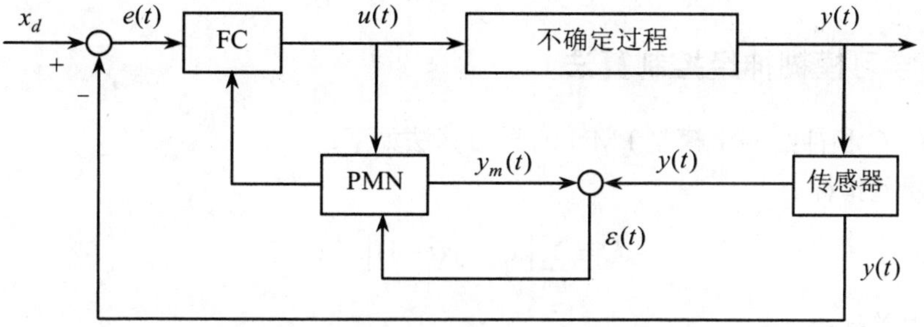

图 9.3　自学习模糊神经控制系统原理图

对 FC 和 PMN 模型分析如下。

模糊控制器 FC 可由解析公式（而不是通常的模糊规则表）描述如下

$$U(t)=\sigma\left[a(t)b(t)E(t)+(1-a(t)b(t))EC(t)+(1-b(t))ER(t)\right] \tag{9.7}$$

式中，$\sigma=\pm1$，与受控过程特性或模糊规则有关；例如，$\sigma=1$对应于$u\propto e,\ ec$，而$\sigma=-1$对应于$u\propto -e,\ -ec$；U、E、EC 和 ER 表示与精确变量相对应的模糊变量，这些精确变量分别为控制作用 $u(t)$、误差 $e(t)$、误差变化 $ec(t)=e(t)-e(t-1)$以及加速度误差 $er(t)=ec(t)-ec(t-1)$；$a(t)\in[0,1]$，$b(t)\in[0,1]$。模糊变量及其对应的精确变量对它们论域的转换系数不同。与一般方法不同的是，这里所考虑的全部论域均为连续。

用于不确定过程的 PMN 模型和测量传感器可由图 9.4 所示的四层反向传播网络来实现。

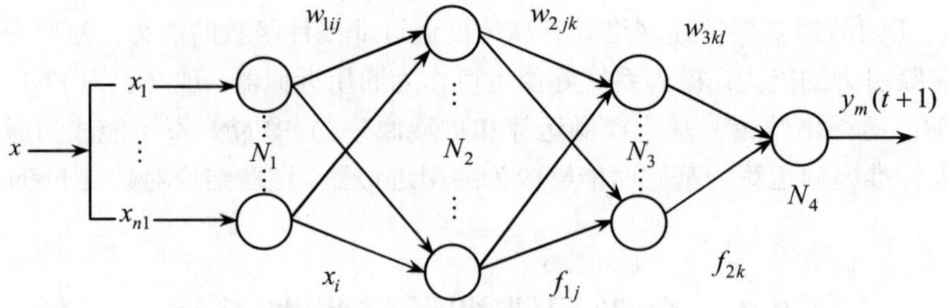

图 9.4 PMN 模型

可得该模型的映射关系为

$$y_m(t+1) = f_m(u(t), u(t-1), \cdots, u(t-m);\ y_m(t), \cdots, y_m(t-n)) \tag{9.8}$$

定义

$$x^{\mathrm{T}} = [x_1, \cdots, x_{n1}]^{\mathrm{T}} = [u(t), u(t-1), \cdots, u(t-m);\ y_m(t), \cdots, y_m(t-n)]^{\mathrm{T}}$$

式中，m 和 n 表示不确定系统的级别，并可由系统经验粗略估计。

PMN 的网络函数可由下式描述

$$f_{1j} = 1 \bigg/ \left\{1 + \exp\left[-\left(\sum_{i=1}^{N_1} W_{1ij} x_i + q_{1j}\right)\right]\right\}, j = 1, \cdots, N_2 \tag{9.9}$$

$$f_{2k} = 1 \bigg/ \left\{1 + \exp\left[-\left(\sum_{j=1}^{N_2} W_{2jk} f_{1j} + q_{2k}\right)\right]\right\}, k = 1, \cdots, N_3 \tag{9.10}$$

$$y_m(t+1) = 1 \bigg/ \left\{1 + \exp\left[-\left(\sum_{k=1}^{N_3} W_{3kl} f_{2k} + q_{3l}\right)\right]\right\} = f_m(f_{2k}(f_{1j}(x))) \tag{9.11}$$

9.3.2 自学习模糊神经控制算法

模糊控制器 FC 和神经网络模型 PMN 的学习算法如下：

（1）控制误差指标。

$$J_e = \sum_{t=1}^{N} [x_d - y(t+1)]^2 / 2 \tag{9.12}$$

（2）模型误差指标。

$$J_\varepsilon = \sum_{t=1}^{N} \varepsilon^2(t+1)/2 = \sum_{t=1}^{N} [y(t+1) - y_m(t+1)]^2 / 2 \tag{9.13}$$

（3）PMN 模型学习算法。可用离线学习算法和在线学习算法来修改 PMN 网络的参数。PMN 的初始权值可由采样数据对 $\{u(t), y(t+1)\}$ 得到。PMN 离线学习结果可用作实际不确定受控过程的参考模型。应用在线学习算法，PMN 的网络权可由指标式（9.12）和误差梯度下降原理来修正，即 $\Delta W(t) \propto -\partial J_\varepsilon / \partial W(t)$

$$W(t+1) = W(t) + \Delta W(t) \tag{9.14}$$

用于 PMN 网络的学习算法简述如下。定义

$$v_3(t) = (y(t) - y_m(t))(1 - y_m(t)) y_m(t)$$

$$v_{2k}(t) = f_{2k}(t)(1 - f_{2k}(t)) W_{3kl}(t) v_3(t), k = 1, \cdots, N_3$$

$$v_{1j}(t)=f_{1j}(t)(1-f_{1j}(t))\sum_{k=1}^{N_3}W_{2jk}(t)v_{2k}(t),j=1,\cdots,N_2$$

被修正的权值为

$$\Delta W_{3kl}(t)=h_3v_3(t)f_{2k}(t)+g_3\Delta W_{3kl}(t-1)$$

$$W_{3kl}(t+1)=W_{3kl}(t)+\Delta W_{3kl}(t) \tag{9.15}$$

$$q_{3l}(t+1)=q_{3l}(t)+h_3v_3(t) \tag{9.16}$$

$$\Delta W_{2jk}(t)=h_2v_{2k}(t)f_{1j}(t)+g_2\Delta W_{2jk}(t-1)$$

$$W_{2jk}(t+1)=W_{2jk}(t)+\Delta W_{2jk}(t) \tag{9.17}$$

$$q_{2k}(t+1)=q_{2k}(t)+h_2v_{2k}(t) \tag{9.18}$$

$$\Delta W_{1ij}(t)=h_1v_{1j}(t)x_i+g_1\Delta W_{1ij}(t-1)$$

$$W_{1ij}(t+1)=W_{1ij}(t)+\Delta W_{1ij}(t) \tag{9.19}$$

$$q_{1j}(t+1)=q_{1j}(t)+h_1v_{1j}(t) \tag{9.20}$$

式中，h_i、$g_i\in(0,1)(i=1,2,3)$ 分别为学习因子和动量因子。式（9.14）～式（9.20）为用于一个控制周期内 PMN 网络的一步学习算法。

（4）FC 校正参数 $a(t)$、$b(t)$的自适应修改。假设 PMN 网络参数是由离线学习或最后一步学习结果得到的已知变量，可得修改模糊控制器 FC 的校正参数 $a(t)$、$b(t)$的算法如下

$$a(t+1)=a(t)+\Delta a(t) \tag{9.21}$$

$$b(t+1)=b(t)+\Delta b(t) \tag{9.22}$$

$$\Delta a(t)=-h_a(\partial J_e/\partial a(t)) \tag{9.23}$$

$$\Delta b(t)=-h_b(\partial J_e/\partial b(t)) \tag{9.24}$$

其中，学习因子 h_a、$h_b\in(0,1)$。

$$\begin{aligned}\partial J_e/\partial a(t)&\approx\left[x_d-y_m(t+1)+\varepsilon\right]\left[\partial y_m(t+1)/\partial a(t)\right]\\&=\left[x_d-y(t+1)\right]\left[\partial y_m(t+1)/\partial a(t)\right]\text{，（}\partial\varepsilon/\partial a\text{ 略去不记）}\end{aligned} \tag{9.25}$$

$$\partial y_m(t+1)/\partial a(t)=\left[\partial f_m/\partial u(t)\right]\left[\partial u(t)/\partial a(t)\right] \tag{9.26}$$

$$\partial u(t)/\partial a(t)=\sigma b(t)\left[E(t)-EC(t)\right] \tag{9.27}$$

$$\begin{aligned}\partial J_e/\partial b(t)&\approx\left[x_d-y_m(t+1)+\varepsilon\right]\left[\partial y_m(t+1)/\partial b(t)\right]\\&=\left[x_d-y(t+1)\right]\left[\partial y_m(t+1)/\partial b(t)\right]\text{，（}\partial\varepsilon/\partial b\text{ 略去不记）}\end{aligned} \tag{9.28}$$

$$\partial y_m(t+1)/\partial b(t)=\left[\partial f_m/\partial u(t)\right]\left[\partial u(t)/\partial b(t)\right] \tag{9.29}$$

$$\partial u(t)/\partial b(t)=\sigma\left[a(t)E(t)+(1-a(t))-EC(t)-ER(t)\right] \tag{9.30}$$

于是有：

$$\begin{aligned}\partial f_m/\partial u(t)&=\partial f_m/\partial x_1=[\partial f_m/\partial f_{2k}][\partial f_{2k}/\partial f_{1j}][\partial f_{1j}/\partial x_1]\\&=-\left\{f_m(1-f_m)\sum_{k=1}^{N_3}\left[W_{3kl}f_{2k}(1-f_{2k})\sum_{j=1}^{N_2}(W_{2jk}f_{1j}(1-f_{1j})W_{1ij})\right]\right\}\end{aligned} \tag{9.31}$$

式中，f、W 与 PMN 的状态和权值有关。

式（9.21）～式（9.31）是在一个控制周期内校正 FC 参数 $a(t)$、$b(t)$的一步自修改算法，它本质上意味着像操作人员实时操作一样来调整模糊控制规则。

9.3.3 弧焊过程自学习模糊神经控制系统

已经开发出一个用于弧焊过程的自学习模糊神经控制系统。下面讨论该系统的结构、建模、模拟和实验等。

1. 弧焊控制系统的结构

图 9.5 画出了脉冲 TIG（钨极惰性气体）弧焊控制系统的结构框图。

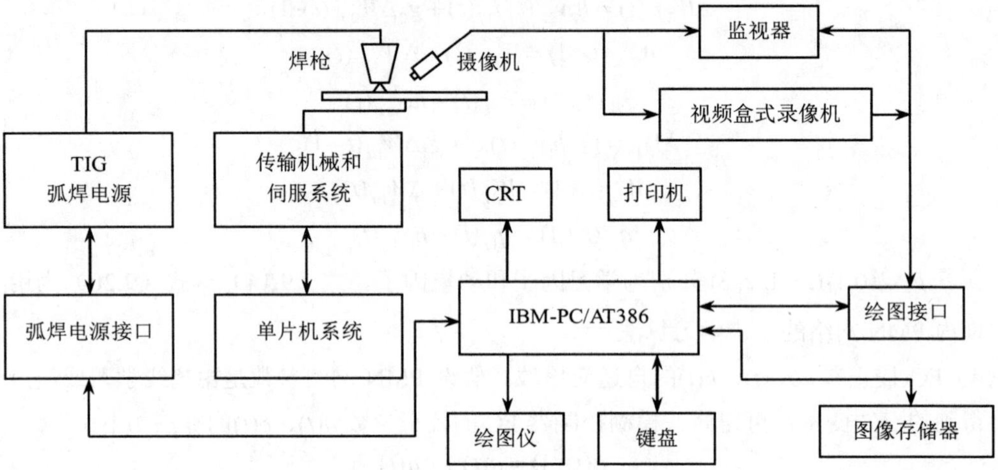

图 9.5　弧焊控制系统结构框图

本系统由一台 IBM-PC/AT386 个人计算机（用于实现自学习控制和图像处理算法）、一台摄像机（作为视觉传感器用于接收前焊槽图像）、一个图像接口、一台监视器和一台交直流脉冲弧焊电源组成，焊接电流由焊接电源接口调节，而焊接移动速度由单片计算机系统实现控制。

2. 焊接过程的建模与仿真

通过分析标准条件下脉冲 TIG 焊接工艺过程和测试数据，我们可以知道：影响焊缝变化的主要因素是在固定的技术标准参数（如板的厚度和接合空隙等）下的焊接电流和焊接移动速度。为了简化起见而又不失实用性，建立了一个用于控制脉冲 TIG 弧焊的焊槽动力学模型，该模型的输入和输出分别为焊接电流和焊槽顶缝宽度。采用输入输出对的批测试数据和离线学习算法，一个具有节点 N_1、N_2、N_3 和 N_4 分别为 5、10、10 和 1 的神经网络模型实现下列映射

$$y_m(t+1)=f_m(u(t),u(t-1),u(t-2),y_m(t),y_m(t-1)) \tag{9.32}$$

$y_m(t+1)$ 加上一个伪随机序列，如同图 9.3 所示的自学习模糊神经控制系统一样，见式（9.8）。应用前面开发的自学习算法，对脉冲 TIG 弧焊的控制方案进行仿真，获得满意的结果。

3. 控制弧焊过程的试验结果

以图 9.5 所示的系统方案为基础，进行了脉冲 TIG 弧焊焊缝宽度控制的试验。试验是对厚度为 2mm 的低碳钢板进行的，采用哑铃试样模仿焊接过程中热辐射和传导的突然变化；钨电极的直径为 3mm；保护氩气的流速为 8mL/min；试验中采用恒定焊接电流为 180A；直流电弧电压为 12～30V。试验结果表明：

（1）热传递情况改变时焊接试样的控制结果显示图 9.3 的自学习模糊神经控制方案适于控制脉冲 TIG 弧焊的焊接速度与焊槽的动态过程，控制结果表明对控制系统的调节效果与熟练焊工的

操作作用或智能行为相似，对不确定过程的时延补偿效果获得明显改善。

（2）控制精度主要受完成控制算法和图像处理周期的影响，并可由硬度实现神经网络的并行处理和提高计算速度来改善。

9.4　专家模糊复合控制器

我们已分别讨论过专家系统、专家控制系统、模糊逻辑和模糊控制系统。专家模糊复合控制综合了专家系统技术和模糊逻辑推理的功能，是又一种复合智能控制方案。本节首先讨论专家模糊控制器的结构，然后举例介绍一种专家模糊控制系统。

9.4.1　专家模糊控制系统的结构

模糊控制具有超调小、鲁棒性强和对系统非线性好的适应性等优点，因此，模糊控制是一种有效的控制策略。不过，模糊控制也存在一些缺点：首先，由于简单的模糊信息处理，使控制系统的精度较低，要提高精度就必须提高量化程度，因而增大系统的搜索范围。第二个不足之处是模糊控制器结构和知识表示形式两方面存在单一性，因而难于处理在控制复杂系统时所需要的启发知识，也使应用领域受到限制。第三个缺点是当系统非线性的程度比较高时，所建造的模糊控制规则会变得不完全或不确定，因而控制效果会变差。通过模糊控制和专家系统两种技术的集成，建造一种新的控制系统——专家模糊控制系统，能够弥补上述不足之处。

专家模糊控制系统的结构具有不同的形式，但其控制器的主要组成部分是一样的，即专家控制器和模糊控制器。下面给出 2 个专家模糊控制系统结构的例子，以期对专家模糊控制系统结构有个基本了解。

1. *船舰驾驶用专家模糊复合控制器的结构*

本船舰驾驶所用的控制器和控制系统如图 9.6 所示，该专家模糊控制系统为一多输入多输出控制系统，受控对象船舰的输入参量为行驶速度 u 和舵角 δ，输出参量为相对于固定轴的航向 ψ 和船舰在 xy 平面上的位置。从图 9.6 可见，本复合控制器由两层递阶结构组成，下层模糊控制器探求航向 ψ 与由上层专家控制器指定的期望给定航向 ψ_r 匹配，模糊控制器的规则采用误差 $e=(\psi-\psi_r)$ 及其微分来选择适应的输入舵角 δ。例如，模糊控制器的规则将指出：如果误差较小又呈减少趋势，那么输入舵角应当大体上保持不变，因为船舰正在移动以校正期望航向与实际航向间的误差。另一方面，如果误差较小但其微分（变化率）较大，那么就需要对舵角进行校正以防止偏离期望路线。

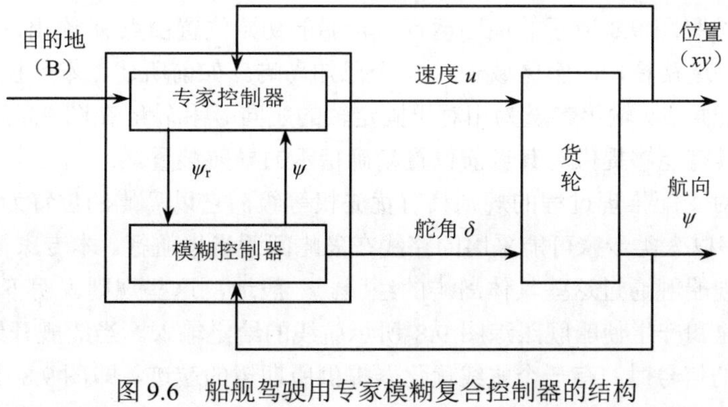

图 9.6　船舰驾驶用专家模糊复合控制器的结构

专家控制器由船舰航向 ψ、船舰在 xy 平面上的当前位置和目标位置（给定输入）来确定以什么速度运行以及对模糊控制器规定给定航向。

2. 具有辨识能力的专家模糊控制系统的结构

图 9.7 画出一个具有辨识能力的基于模糊控制器的专家模糊控制系统的结构图，图中，专家控制器（EC）模块与模糊控制器（FC）集成，形成专家模糊控制系统。

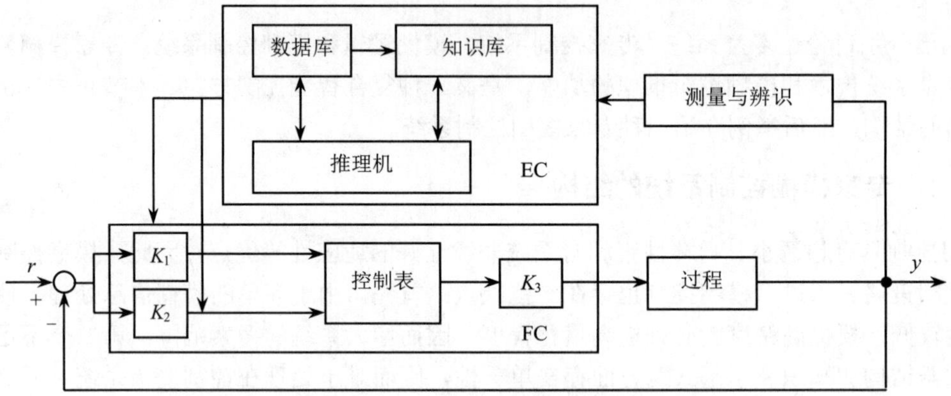

图 9.7 具有辨识能力的专家模糊控制系统的结构

在控制系统运行过程中，受控对象（过程）的动态输出性能由性能辨识模块连续监控，并把处理过的参数送至专家控制器。根据知识库内系统动态特性的当前已知知识，专家控制器进行推理与决策，修改模糊控制器的系数 K_1、K_2、K_3 和控制表的参数，直至获得满意的动态控制特性为止。

9.4.2 专家模糊控制系统示例

本示例介绍图 9.6 所示的船舰驾驶用专家模糊复合控制系统。首先解释船舰驾驶需要的智能控制问题，讨论所提出的智能控制器的作用原理；然后提供仿真结果以说明控制系统的性能；最后突出一些闭环控制系统评价中需要检查的问题。本示例所关注的不是控制方法和设计问题本身，而在于提供一个能够阐明已学基本知识的具体的科学实例。

1. 船舰驾驶中的控制问题

假定有人想开发一个智能控制器，用于驾驶货轮往返于一些岛屿之间而无须人的干预，即实现自主驾驶。

特别假定轮船按照图 9.8 所示的地图运行，轮船的初始位置由点 A 给出，终点位置为点 B，虚线表示两点间的首选路径，阴影区域表示 3 个已知岛屿。如前所述，本受控对象船舰的输入参量为行驶速度 u 和舵角 δ，输出参量为相对于固定轴的航向 ψ 和轮船在图 9.8 所示的 xy 平面上的位置，即假定该船具有能够提供对其当前位置精确指示的导航装置。

本专家控制器对支配推理过程的规则具有优先权等级，它以岛屿的位置为基础，选择航向和速度，以使船舰能够以人类专家可能采用的路线在岛屿间适当地航行。本专家控制器仅应用 10 条规则来表征船长驾驶船舰通过这些具体岛屿的经验。一般地，这些规则说明下列这些需要：船舰转弯减速、直道加速和产生使船舰跟踪图 9.8 所示航线的给定输入。当船舰开始处于位置 A 而且接收到期望位置 B 的信号时，有一个航线优化器提供所期望的航迹，即图 9.8 中虚线所示的航线。

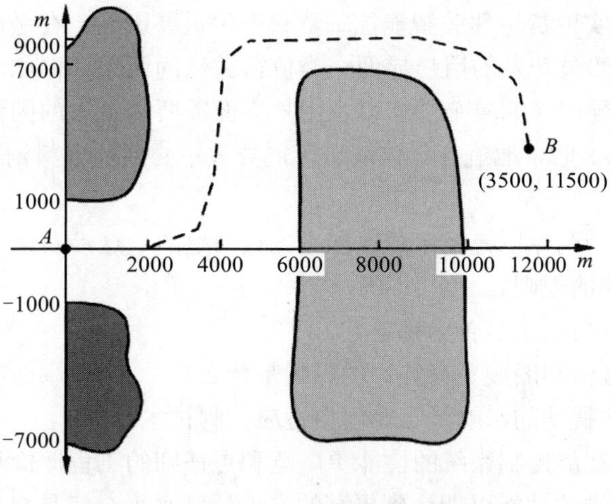

图 9.8　轮船自主导航的海岛与海域图

这里提出的基于知识的 2 层递阶控制器是本书第 2 章所讨论的 3 层智能控制器的特例。也可以把第 3 层加入本控制器以实现其他功能。这些功能有：①对船长、船员和维护人员的友好界面；②可能用于改变驾驶目标的基于海况气象信息的界面；③送货路线的高层调度；④借助对以往航程的性能评估能够使系统性能与时俱增的学习能力；⑤用于故障检测和辨识（如辨识某个发生故障的传感器或废件），使燃料消耗或航行时间为最小的其他更先进的子系统等。新增子系统所实现的功能将提高控制系统的自主水平。通过指定参考航行轨迹，由上层专家控制器来规定下层模糊控制器将做些什么。高层的专家控制器仅关注系统反应较慢的问题，因为它只在很短时间内调节船舰速度，而低层的模糊控制器则很经常地更新其控制输入舵角 δ 。

2. *系统仿真结果及其评价*

使用专家模糊复合控制器对货轮驾驶进行的仿真结果示于图 9.9。仿真结果表明，对专家模糊控制器使用一类启发信息，能够成功地驾驶货轮从起始点到达目的地。下面将讨论本智能控制系统性能的评价问题。

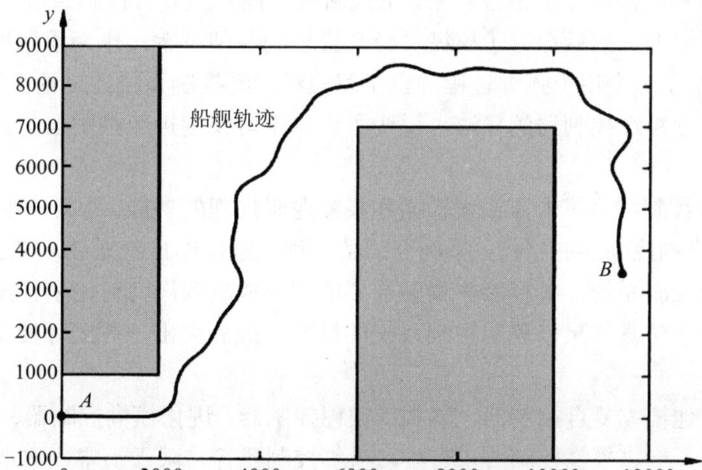

图 9.9　轮船驾驶的仿真结果

十分明显，技术对实现货轮驾驶智能控制器将产生重要影响。在考虑实现问题时，将会出现诸如复杂性和为船长和船员开发的用户界面一类值得关注的问题。例如，如果船舰必须对海洋中的所有可能的岛屿进行导航（的复杂性）以及用户界面需要涉及人的因素等问题。此外，当出现轻微的摆动运动（图 9.9）时，船舰穿行该航迹可能导致不必要的燃料消耗，这时，重新设计就显得十分重要。

实际上，如何修改规则库以提高系统性能是比较清楚的，这涉及如下问题：

（1）何时将有足够的规则？

（2）增加了新规则后系统是否仍稳定？

（3）扰动（风、波浪和船舰负荷等）的影响是什么？

（4）为了减少这些扰动的影响是否需要自适应控制技术？

非常清楚，保证对智能控制系统的性能更广泛和更仔细的工程评价和再设计是必要的。

研究如何引入更先进的功能以期达到更高的自主驾驶水平，将是自主驾驶的一个富有成效的研究方向。

9.5 本章小结

本章讨论复合智能控制问题。9.1 节对复合智能控制进行概述。所谓复合智能控制指的是智能控制手段（方法）与经典控制和/或现代控制手段的集成，还指不同智能控制手段的集成。由此可见，复合智能控制包含十分广泛的领域。就“一种智能控制+另一种智能控制”而言，就有很多集成方案，如模糊神经控制、神经专家控制、进化神经控制、神经学习控制、递阶专家控制和免疫神经控制等。仅模糊控制与其他智能控制（简称模糊智能复合控制）构成的复合控制就包括模糊神经控制、模糊专家控制、模糊进化控制和模糊学习控制等。本章以模糊智能复合控制为线索进行较为详细的和有代表性的讨论，所讨论的内容包括模糊神经控制、模糊专家控制和模糊进化控制的结构和示例等。此外，由于仿人控制综合了递阶控制、专家控制和基于模型控制的特点，因此也是一种复合控制，本章最后扼要介绍了仿人控制。

模糊控制可与神经控制原理组合起来，形成新的模糊神经复合控制系统。9.2 节首先介绍了模糊神经网络的作用原理，然后探讨了模糊神经复合控制各种方案。作为模糊神经控制系统的一个示例，9.3 节中介绍了一个用于弧焊过程的自学习模糊神经控制系统，讨论了该控制系统的方案，叙述了该自学习模糊神经控制器的算法，说明了该自学习模糊神经控制器的结构、建模和仿真等问题。

专家模糊复合控制综合了专家系统技术和模糊逻辑推理的功能，是又一种复合智能控制方案。9.4 节讨论了专家模糊控制器的结构，举例介绍了一种专家模糊控制系统。该示例介绍一种船舰驾驶用专家模糊复合控制系统，解释船舰驾驶需要的智能控制问题，讨论所提出的智能控制器的作用原理；然后提供了仿真结果以说明控制系统的性能；最后突出一些闭环控制系统评价中需要检查的问题。

此外，还有其他模糊复合控制器，如 PID 模糊控制器、进化模糊控制器、自组织模糊控制器、自校正模糊控制器、专家模糊控制器、自学习模糊控制器等。限于篇幅，本章未予介绍。

复合智能控制已经获得越来越广泛的应用。除了一些比较简单的智能控制系统外，对用于复杂系统的智能控制往往采用复合智能控制策略与方案。

习　题　9

9-1　什么是复合智能控制？为什么要采用复合智能控制？

9-2　试述模糊神经网络原理。模糊逻辑与神经网络的集成有何优点？

9-3　举例介绍自学习模糊神经控制模型，并分析其控制算法。

9-4　举例分析专家模糊控制系统的结构和控制仿真结果。

9-5　如何对多输入单输出进化模糊控制系统进行形式化描述及遗传表示？

9-6　简述直流电动机 GA 优化模糊速度控制系统的调速模型、控制结构和仿真结果。

9-7　试述基于进化算法、模糊逻辑和神经网络的复合故障诊断系统的设计原理。

第 4 篇

智能控制的算法与算力

第 10 章 智能控制算法与编程

智能控制算法是智能控制的核心要素之一，也是智能控制系统架构的重要组成部分。各种智能控制系统具有不同的控制原理和控制方法，而且需要通过各种相应的控制算法和控制计算能力实现智能控制目标。也就是说，智能控制需要通过相关编程软件和新型硬件来实现其控制目标。

为了合适而有效地表示知识和进行知识推理，以数值计算为主要目标的传统编程语言（诸如 BASIC、FORTRAN 和 PASCAL 等）已不能满足要求；一些专用于人工智能和智能系统的、面向任务和知识的、以知识表示和逻辑推理为目标的符号和逻辑处理编程语言和专用开发工具以及 MATLAB 工具箱等便应运而生。20 世纪 90 年代又出现一种跨平台解释型脚本语言 Python。

10.1 智能控制算法的定义、特点与分类

本节简介智能控制算法的定义、特点与分类，了解智能控制算法的基本概念，建立智能控制算法的一般认识。

10.1.1 智能控制算法的定义与特点

1. 智能控制算法的定义

当前学术界和科技界对智能控制算法尚无统一的认识和定义。有些专家认为：智能控制算法就是智能控制方法，是智能算法在控制领域的应用。我们不能苟同这种认识，特提出如下智能控制算法的定义。

定义 10.1 智能控制算法是求解智能控制问题的一系列指令描述，代表着用系统方法描述智能控制问题求解的策略机制。简而言之，智能控制算法是智能控制问题求解的指令描述。

递阶控制算法、MATLAB 控制工具箱、强化学习算法、深度学习算法、遗传算法和免疫算法等是智能控制算法的代表。

除了已在各章介绍和应用了相关智能控制算法外，本章集中讨论智能控制的算法和编程问题，以求对智能控制算法作用的进一步理解和对智能控制体系架构的更深刻认识。

2. 智能控制算法的特点

一般来说，智能控制语言应具备如下特点：

（1）同时具有符号处理和数值运算能力，即非数值处理能力和数值处理能力。

（2）适于结构化程序设计，易于编程。能够将系统分解成若干易于理解和处理的子系统，从而能够比较容易实现问题求解。

（3）递归功能和回溯功能。

（4）良好的人机交互能力。

（5）能够进行推理。

（6）具有将过程与说明式数据结构混合起来的能力，又要有辨别数据、确定控制模式匹配机制的能力。

下面分别对智能控制算法的两种编程语言，即符号和逻辑处理编程语言及解释型脚本语言 Python 的特点加以说明。

3. 符号和逻辑处理编程语言的特点

符号和逻辑处理程序设计语言除了应具有一般程序设计语言的特性外，还必须具备下列特性或功能：

（1）具有表结构形式。LISP 的处理对象和基本数据结构是符号表达式，具有一组用于表处理的基本函数，能对表进行比较自由的操作。PROLOG 的处理对象是项，是表的特例。由于这类语言都以结构数据作为处理对象，而且都具有表处理能力，因而特别适用于符号处理。

（2）便于表示知识和逻辑计算。例如，PROLOG 是以一阶谓词为基础的，而一阶逻辑是一种描述关系的形式语言，很接近于自然语言的描述方式。智能控制（如专家控制）系统中的大量知识都是以事实和规则的形式表示的，所以用 PROLOG 表示知识就十分方便。

（3）具有识别数据、确定控制匹配模式和进行自动演绎的能力。PROLOG 具有搜索、匹配

和回溯等推理机制，在编制问题求解程序时，无须编写出专用搜索算法。当用 LISP 编程时，不仅要对问题进行描述，而且要编写搜索算法或利用递归来完成求解。

（4）能够建立框架结构，便于聚集各种知识和信息，并作为一个整体存取。

（5）具有以最适合于特定任务的方式把程序与说明数据结合起来的能力。

（6）具有并行处理的能力。

4. 解释型脚本语言 Python 的特点

（1）可读性：Python 的设计思想理念可以使用优雅、明确、简单三个词来总结。如果面临多种选择，开发者一般会选择明确的、没有或者很少有歧义的语法。同时，代码简洁易懂和规范，具有极佳的可读性。

（2）简单：Python 是一种代表简单主义思想的语言。阅读一个良好的 Python 程序就感觉像是在读英语一样，Python 的这种伪代码本质是最大的优点之一。

（3）易学：Python 具有相对少的关键字，语法定义明确，学习起来更加简单。

（4）免费与开源：Python 是自由开放源码软件 FLOSS（Free/Libre and Open Source Software）之一。

（5）高层语言：使用 Python 语言编程时，不需要考虑诸如如何管理程序使用的内存一类的细节。

（6）可移植性：由于其开源本质，Python 已被成功移植到许多平台上。如果开发时避免使用依赖于系统的特性，那么所有 Python 程序无须修改就可以在众多任何平台上运行。

（7）可解释性：用 Python 语言写的程序不需要编译成二进制代码，可以直接从源代码运行程序。Python 解释器把源代码转换成字节码的中间形式，然后再把它翻译成计算机使用的机器语言并运行。

（8）面向对象编程：Python 既支持面向过程的编程也支持面向对象的编程。在面向过程语言中，程序是由过程或仅仅是可重用代码的函数构建起来的。在面向对象语言中，程序是由数据和功能组合而成的对象构建起来的。Python 以一种非常强大而又简单的方式实现面向对象编程。

（9）可扩展性：如果在项目中，需要一段关键代码运行得更快或者希望某些算法不公开，可以把部分程序用 C 或 C++编写，然后在 Python 程序中使用它们。

（10）丰富的库：Python 的标准库非常庞大，可以处理各种工作，包括正则表达式、文档生成、单元测试、线程、数据库、网页浏览器、电子邮件、密码系统、GUI（图形用户界面）和其他与系统有关的操作。除了标准库以外，还有许多其他高质量的库，如 Twisted 和 Python 图像库等。

正是具有上述特点，使得 Python 在流行编程语言中占有一席之地，并且其用户数量上升速率已经远远赶超 C++语言。

Python 主要应用在科学运算、人工智能、大数据、云计算、系统运维等领域，市场占有率不断加大。此外，Python 在 Web 开发方面也受到了重用，其中 YouTube、CIA、NASA 都大量使用了 Python。在国内一些大型网站，如豆瓣、知乎、搜狐、金山、腾讯、网易、百度、阿里、淘宝、新浪等公司都大量使用 Python 进行开发。

10.1.2　智能控制算法的分类

智能控制的算法丰富多彩，既有显式算法，也有隐式算法。根据算法原理的相似和差异，将智能控制算法归纳分类如下。

（1）反馈型智能控制算法。相对于传统的PID反馈控制，在智能控制中有递阶控制算法（如IPDI原理、遗忘迭代滤波算法，平移平均滤波算法等）以及分布式控制算法（DPS问题求解、MAS的感知与反馈策略）。

（2）专家控制算法。专家控制系统根据领域专家的知识和经验，模拟专家的决策过程。专家控制的算法有基于规则的算法、基于框架的算法、基于模型的算法等。

（3）学习控制算法。在学习控制中，实际经验起到控制参数和算法的类似作用。这类算法包括迭代学习控制算法、重复学习控制算法、增强学习控制算法（Q 学习算法）和深度学习算法等。

（4）仿生算法。模拟生物界竞争和生存机制，开发出一些仿生控制算法，如蚁群算法、粒子群优化算法、遗传算法、进化算法和免疫算法等，用于进行运动规划和决策以及智能控制。

（5）马尔可夫随机搜索算法。马尔可夫过程（Markov process）是一类随机过程，是研究离散事件动态系统状态空间的重要方法，它的数学基础是马尔可夫随机过程理论。模拟退火算法就是一种基于马尔可夫过程的随机搜索算法，可用于运动规划与控制等。

（6）MATLAB 智能控制工具箱。MATLAB 控制系统工具箱对控制系统的建立、调试和求解进行了很好的封装，是进行各种控制任务仿真的高效工具。该工具箱含有 MATLAB 模糊控制工具箱和 MATLAB 神经网络控制工具箱等。

（7）Python 编程和开源算法。Python 是一种跨平台的解释型脚本语言，具有解释性、编译性、互动性和面向对象等特点，已在科学计算、人工智能、智能控制等方面得到广泛应用。

（8）复合智能控制算法。各种控制系统和方法的巧妙结合，综合运用各种控制算法，进行复合控制，解决单一控制算法无法实现的控制目标。这类复合智能控制算法有模糊神经复合控制算法、自学习模糊神经控制算法、专家模糊复合控制算法、进化模糊复合控制算法、仿人控制原型算法等。

10.2 智能控制算法的 MATLAB 仿真设计与实现

MATLAB 工具箱是 MATLAB 软件的智能算法工具包，可以实现多种算法，安装对应的 MATLAB 工具箱后，即可直接调用对应的算法和函数，便于使用。MATLAB 工具箱包括 MATLAB 遗传算法工具箱、MATLAB 模糊控制工具箱、MATLAB 神经网络工具箱、MATLAB svm 工具箱、MATLAB 小波工具箱、MATLAB mpt 工具箱等。

10.2.1 MATLAB 模糊控制工具箱简介

MATLAB 模糊控制工具箱为模糊控制器设计提供了一种便捷途径。它不必进行复杂的模糊化、模糊推理及模糊判决等运算，只需要设定相应参数就可以很快得到所需要的控制器，而且修改非常方便。MATLAB 模糊逻辑工具箱的模糊推理系统（fuzzy inference system，FIS）包括五个部分，即规则编辑器、FIS 编辑器、隶属度函数编辑器、规则观察器、界面观察器，如图 10.1 所示。其中，规则编辑器用于定义系统行为的一系列规则；而 FIS 编辑器可为系统处理高层属性，如系统输入和输出变量定义以及它们的命名等；隶属度函数编辑器用于定义对应于每个变量的隶属度函数的形状；规则观察器是基于 MATLAB 的用于显示模糊推理框图的工具，如显示正在使用的规则，或单个隶属度函数形状是如何影响结果的；界面观察器用于显示输出与输入之间的依赖关系，即为系统生成和绘制输出界面映射图。

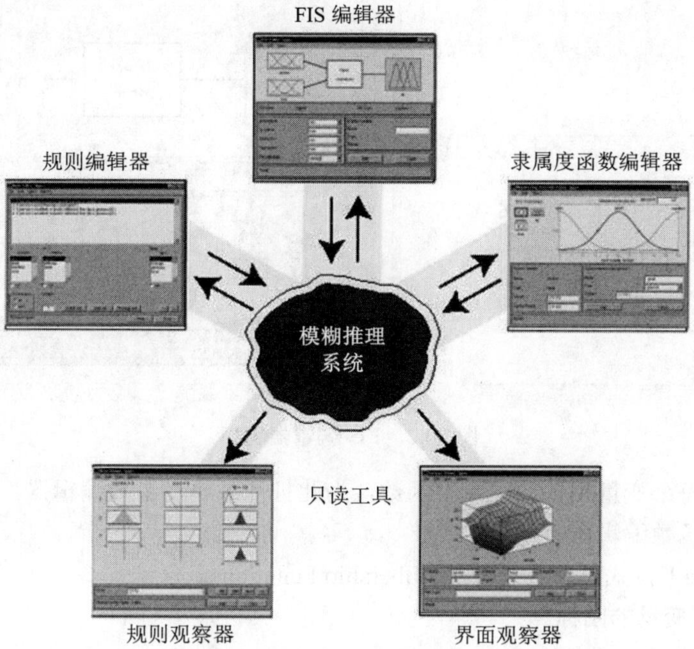

图 10.1　MATLAB 模糊逻辑工具箱的 5 个组成部分

MATLAB 工具箱的图形用户接口（graph user interface，GUI）工具的 5 个基本组成部分可以相互作用并交换信息。它们中的任意一个可以对工作空间和磁盘进行读和写，只读型观察器仍可以与工作空间或磁盘交换图形。对于任意模糊推理系统，可以打开任意或所有这 5 个 GUI 组件。如果对一个系统打开一个以上的编辑器，各种 GUI 窗口可以知道其他 GUI 窗口的存在。编辑器可同时打开任意数量的不同的 FIS 系统。FIS 编辑器、隶属度函数编辑器和规则编辑器都可读写或修改 FIS 数据，但是规则观察器和界面观察器无法修改 FIS 数据。

下面将根据模糊控制器的设计步骤，简要介绍如何利用 MATLAB 工具箱的图形用户接口工具来设计模糊控制器。

首先，在 MATLAB 的命令窗口（command window）中输入“fuzzy”命令即可打开 FIS 编辑器，如图 10.2 所示。FIS 编辑器显示有关模糊推理系统的一般信息。在上半部用简单的方框图形式列出了模糊推理系统的基本组成部分：输入模糊变量、模糊规则和输出模糊变量。在该图左边的每个方框下显示了每个输入变量的名字。在该图右边的每个方框下显示每个输出变量的名字。值得注意的是，此时显示在框中的隶属度函数示例只是图标并不表示实际的隶属度函数的形状。在该图中间的白色方框中显示 FIS 名和 FIS 类型。方框图下面是系统的名字和使用的推理类型。默认时是 Mamdani 型推理。如果要使用 Sugeno 型推理，则在创建系统时就必须指明。在模糊推理系统名字下面，左边是下拉式菜单，可用于修改推理过程的各个属性值。图的下部右边是显示区，用于显示当前选定的输入或输出变量的名字以及与其相关的隶属度函数的类型和范围。而隶属度函数范围域和显示范围域只能在设定隶属度函数后指定。此区域的下面是 Help 和 Close 按钮，可分别调用在线帮助和关闭窗口。底部是状态栏，用于再现系统的信息。

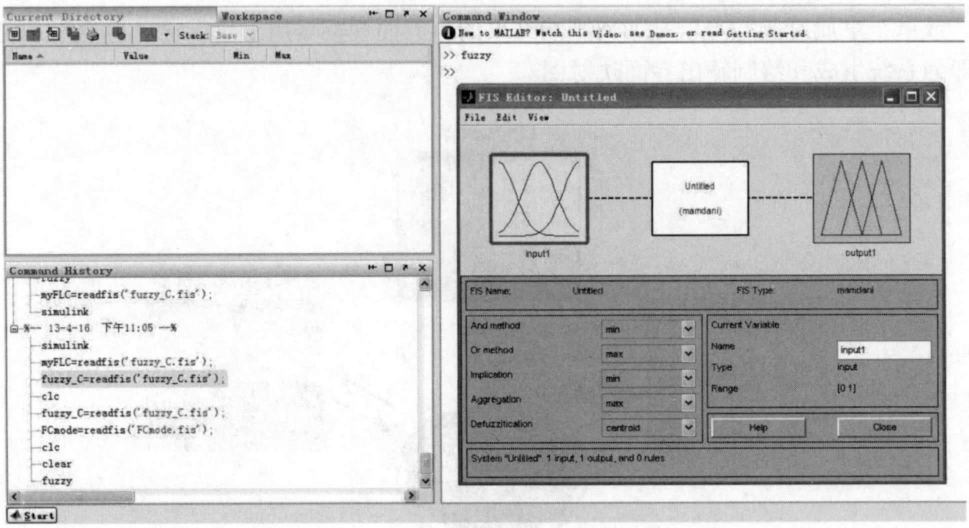

图 10.2 FIS 编辑器窗口

然后，定义与每个变量相关的隶属度函数，为此打开隶属度函数编辑器。可以用下列 3 种方法之一打开隶属度函数编辑器。

（1）打开 Edit 下拉式菜单并选择 Membership Functions…。

（2）双击相应变量的图标。

（3）在命令行键入 mfedit。

隶属度函数编辑器与 FIS 编辑器共享某些特征。隶属度函数编辑器是一个工具，显示编辑与整个模糊推理系统相关的所有输入变量和输出变量的隶属度函数。为设置与 FIS 的输入或输出变量相关的隶属度函数，在此区域通过单击它来选择 FIS 变量。

选择 Edit 下拉式菜单，并选择【Add MFs…】，出现一个新窗口，可以用它来选择与所选变量相关的隶属度函数类型和隶属度函数数量。

最后，为调用规则编辑器，打开 Edit 下拉式菜单并选择 Membership Functions…，或在命令行键入 rule edit。使用图形化规则编辑器接口构造规则是简明充分的。通过单击并在每个输入变量框中选择一项，在每个输出框中选择一项，并选择一个连接项，规则编辑器允许自动地构造出规则语句。选择 none 作为一个变量的参数将从给定规则中除去该变量。选择任一变量名下面的 not，就将该变量求反。通过单击相应的按钮可以改变、删除或增加规则。

类似于 FIS 编辑器和隶属度函数编辑器，规则编辑器也有某些类似的标志，包括菜单和状态行。从顶部的菜单的 Options 下拉式菜单可以使用 Format 弹出式菜单，该菜单通常用于设置显示的格式。类似地，也可以从 Options 下设置 Language 菜单。单击 Help 按钮将引出 MATLAB 帮助窗口。

为了详细介绍基于模糊逻辑工具箱的使用，下面将以电烤箱为控制对象，实现双入单出温度模糊控制器的设计。在此基础上，将以水箱液位模糊控制系统为例，阐述了模糊控制系统的 Simulink 仿真。

10.2.2 模糊控制算法的仿真程序设计与实现

MATLAB 的 Simulink 是一个用来对动态系统建模、仿真和分析的软件包，支持连续、离散或两者混合的线性和非线性系统。在 MATLAB 命令窗口中键入 Simulink，即进入了 Simulink 环境。此时，系统提供给用户 Simulink 结构图编辑界面和模块库两个主界面。用户复制模块库中的模块到结构图编辑器中，再将它们适当连接便构成自己的控制系统结构图，然后即可用 Simulink 进行仿真，并可通过示波器模块（scope）观察仿真曲线。一个水箱液位模糊控制系统的仿真结构图如图 10.3 所示。

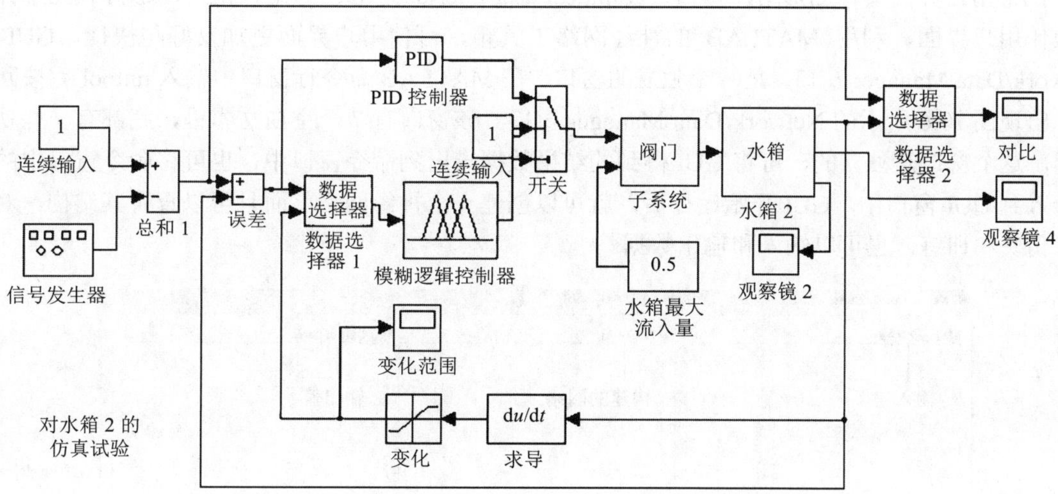

图 10.3 水箱液位模糊控制系统仿真结构图

在 Simulink 环境下运行，得到水箱液位模糊控制系统的仿真结果如图 10.4 所示。从图中可以看出系统的实际输出液位能及时跟踪给定的液位方波信号，超调量为 4.1%，稳定性能很好，输出液位信号响应时间约 6s，稳态误差控制在 5%之内，达到了良好的控制性能指标。在图 10.3 中用 PID 模块（P=2，D=1）取代模糊逻辑控制器，可得水箱液位 PID 控制系统的仿真结果如图 10.5 所示。从图 10.5 可以得出超调量为 9.3%，输出液位信号响应时间约 8s，水箱液位模糊控制的效果优于水箱液位 PID 控制的效果。

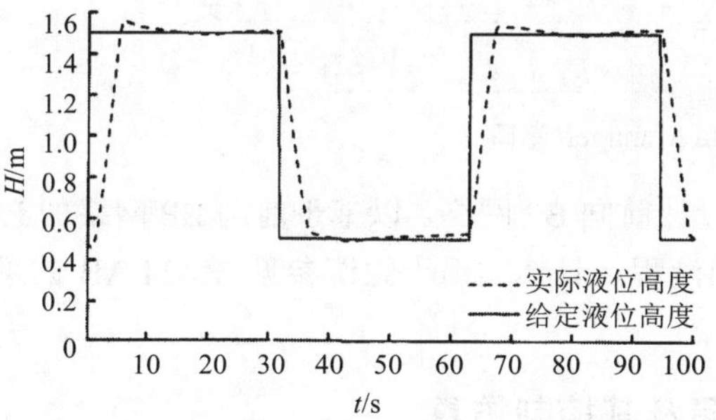

图 10.4 水箱液位模糊控制的仿真结果

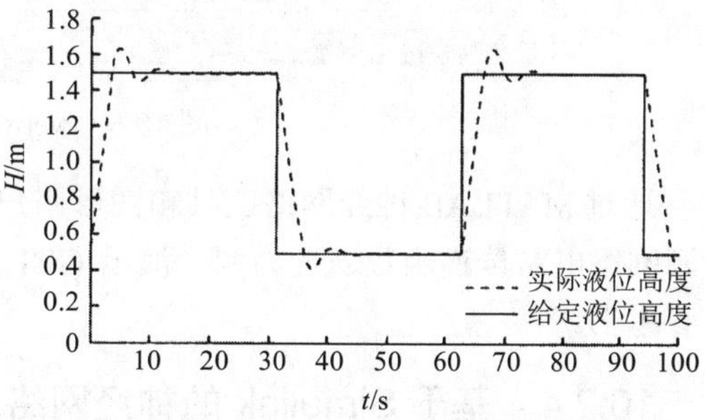

图 10.5 水箱液位 PID 控制的仿真结果

10.2.3 MATLAB 神经网络工具箱图形用户界面设计

神经网络工具箱就是以人工神经网络理论为基础，在 MATLAB 环境下用 MATLAB 语言构造出典型神经元网络的激发函数（传递函数），如 S 型、线型、竞争层、饱和线型等激发函数，使设计者对所选定网络输出的计算，变成对激发函数的调用。MATLAB 神经网络工具箱包括许多现有的神经网络成果，涉及网络模型的有感知器模型、BP 网络、线形滤波器、控制系统网络模型、自组织网络、反馈网络、径向基网络、自适应滤波和自适应训练等。神经网络工具箱包含人工神经元网络设计函数及其分析函数，可通过 help nnet 命令获得神经网络工具箱函数及其相应的功能说明。

图形用户界面又称图形用户接口（graphical user interface，GUI）是指采用图形方式显示计算机操作用户界面。利用 MATLAB 的神经网络工具箱，可使用户界面更加友好与快捷。GUI 的 Network/Data Manager 窗口，是一个独立的窗口。在 MATLAB 命令行窗口中输入 nntool 后按回车键，出现图 10.6 所示的 Network/Data Manager 窗口。该窗口有 7 个空白文本框，底部有一些功能按键。这个窗口是独立的，可将 GUI 得到的结果数据导出到命令窗口中，也可将命令窗口中的数据导入到 GUI 窗口中。GUI 开始运行后，就可以创建一个神经网络，而且可以查看其结构，对其进行仿真和训练，也可以输入和输出数据。

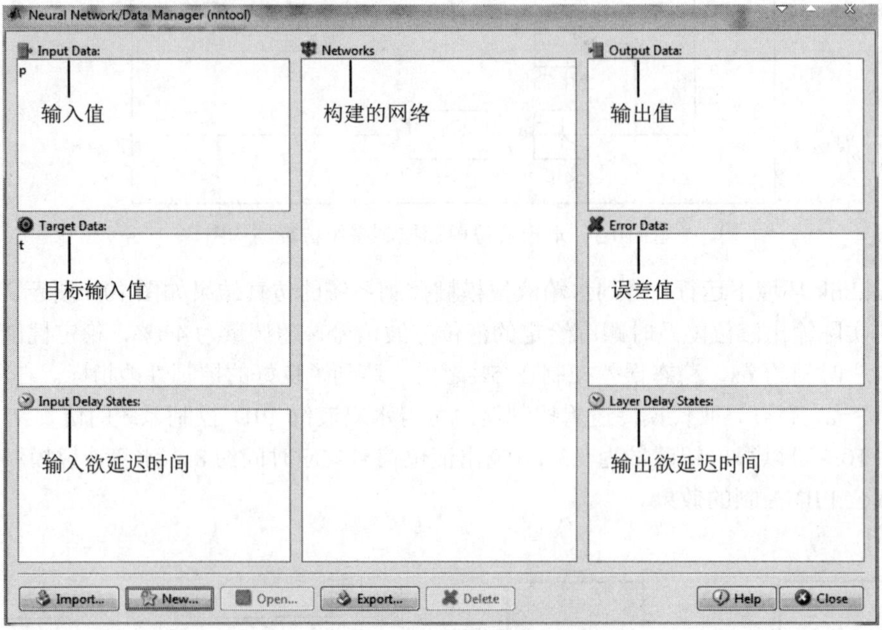

图 10.6 Network/Data Manager 窗口

通过 MATLAB 神经网络工具箱图形用户界面设计前向 BP 网络，以基于前向 BP 网络的 RLC 无源网络电路传递函数逼近为例，演示 GUI 的使用流程，具体实现步骤请参见 MATLAB 的手册或参考书。

10.2.4 基于 Simulink 的神经网络工具箱及其控制仿真

Simulink 是 MATLAB 中的软件包，采用模块描述系统的典型环节。因此，是面向结构的动态系统仿真软件，适合用于连续线性与非线性系统、离散线性与非线性系统以及混合系统，具有可视化特点。应用 Simulink 构建设计神经网络有两条途径：

（1）在神经网络工具箱（neural network toolbox，NNTOOL）提供了可在 Simulink 中构建网络的模块。

（2）在 MATLAB 工作空间中设计的网络，能用函数 gensim()很方便地生成相应的 Simulink 模型网络。函数 gensim(*net*, *st*)中的 *net* 是需要生成模块化描述的网络，该网络需在 MATLAB 工作空间进行设计。*st* 是采样周期，若 *st*=−1，为连续；若 *st*=其他实数，为离散采样。

Simulink 模型是程序，是扩展名为.mdl 的 ASCII 代码，方框图形式，采用分层结构。Simulink 神经网络模块有 5 个子模块库，在 MATLAB 工作空间（command window）输入：Neural 后回车，可见图 10.7 所示界面。

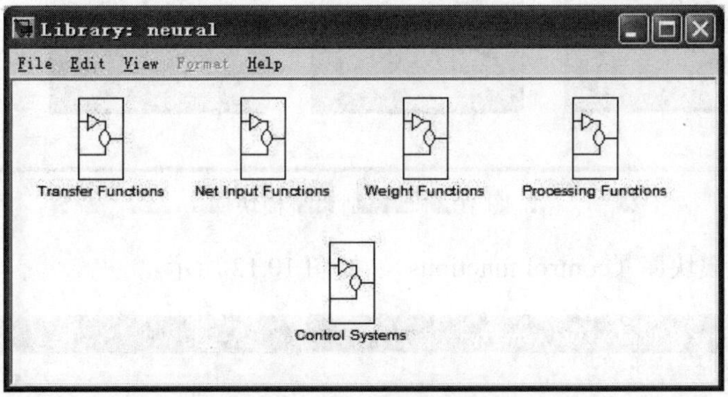

图 10.7　神经网络工具箱子模块窗口

Simulink 神经网络模块各子模块库如下：

（1）传递函数模块库（transfer functions），如图 10.8 所示。

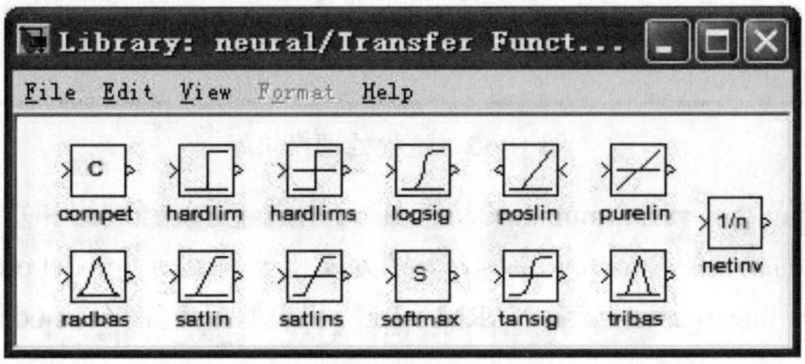

图 10.8　传递函数模块库

（2）网络输入模块库（net input functions），有加或减、点乘或点除计算等，如图 10.9 所示。

（3）权值设置模块库（weight functions），有点乘权值函数、距离权值函数、距离负值计算权值函数、规范化的点乘权值函数等，如图 10.10 所示。

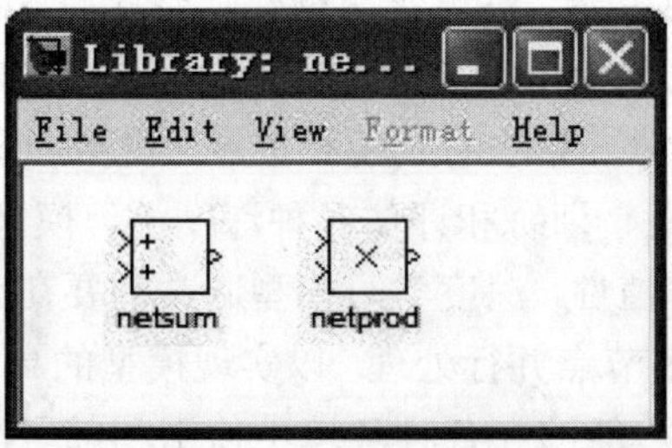

图 10.9　网络输入模块库

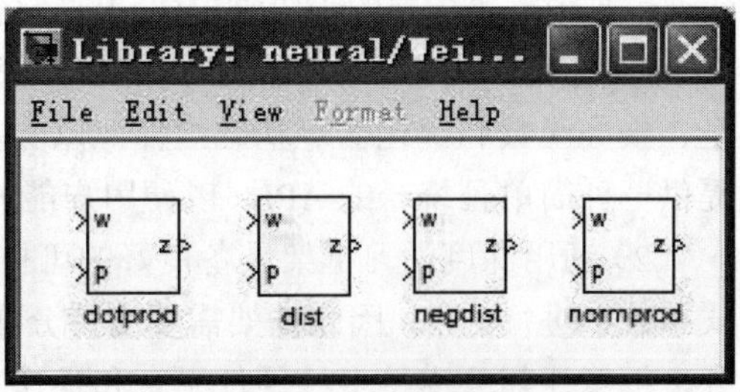

图 10.10　权值设置模块库

（4）控制系统模块库（control functions），有模型参考控制器、NARMA-L2 控制器、神经网络预测控制器、示波器等，如图 10.11 所示。

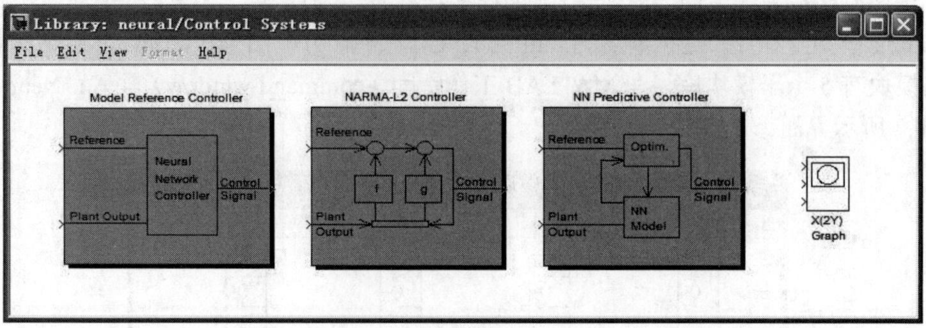

图 10.11　控制系统模块库

（5）过程处理模块库（control functions），如图 10.12 所示。

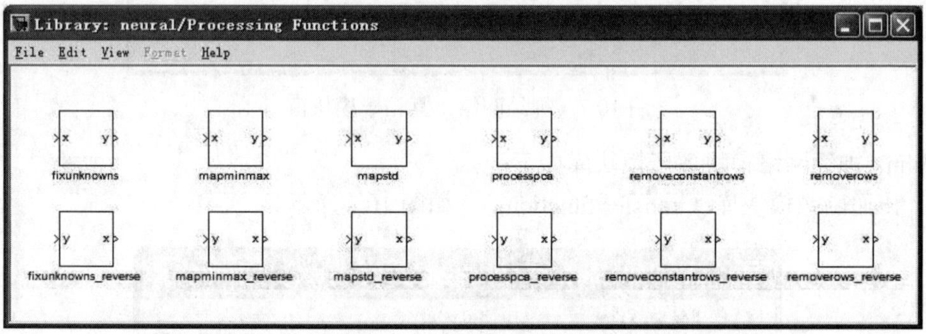

图 10.12　过程处理模块库

神经网络工具箱提供了一组 Simulink 模块工具，可用来建立神经网络和基于神经网络的控制器。工具箱提供 3 类控制的相关的 Simulink 实例，分别为模型预测控制（model predictive control）、反馈线性化控制（feedback linearization 或者 NARMA-L2）和模型参考控制（model reference control）。

10.3　基于 Python 的深度学习框架设计

深度学习框架是现代人工智能领域的核心技术之一。深度学习框架是一款软件，它的作用在于屏蔽底层硬件复杂、烦琐的使用方式，对外提供简单应用的功能函数，为研究者和开发者提供了一种快速、高效、可扩展的手段来构建和训练各种深度学习模型。深度学习框架需要具备下列性能：

（1）通用深度学习框架能够支持多种深度学习算法和模型。这意味着框架需要提供丰富的层类型、损失函数和优化器等基础组件，以支持各种深度学习算法的实现和扩展。此外，框架还需要提供一种简单且统一的 API，以便用户能够轻松地定义、训练和评估各种深度学习模型。

（2）通用深度学习框架具备良好的可扩展性和可移植性。深度学习模型通常需要在大规模分布式系统中进行训练，因此框架需要支持分布式计算和多节点并行处理，以实现模型的高效训练。此外，框架还需要支持多种硬件平台和操作系统，使用户能够在各种环境中使用和部署深度学习模型。

（3）通用深度学习框架能够提供高效的计算和存储机制。由于深度学习模型通常具有大量的参数和复杂的计算图结构，因此框架需要采用高效的计算和存储机制，以保证模型的训练和推理效率。例如，框架可以使用 GPU 或其他专用硬件加速计算，或者使用高效的张量计算库来优化计算性能。

（4）通用深度学习框架能够提供灵活的部署和集成方式。框架应该支持将深度学习模型部署到各种环境中，如移动设备、嵌入式设备、云端服务器等。此外，框架还需要提供易于集成的 API 和工具，以便与其他应用程序和服务进行集成，如图像和语音识别、自然语言处理、机器翻译等。

（5）通用深度学习框架能够关注用户体验和易用性。框架应该提供友好的文档和示例代码，以帮助用户快速入门和使用。此外，框架还应该提供可视化工具和调试工具，以便用户可以更方便地监控模型的训练和调试过程，发现和解决潜在的问题。

10.3.1 Python 语言简介

Python 是一个具有解释性、编译性、互动性和面向对象的高层次脚本语言，可读性强，语法结构颇具特色。本节将简要地介绍 Python 的基础知识，为人工智能编程提供支撑。

1. Python 发展简史

荷兰人吉多・范罗苏姆（Guido van Rossum）于 1989 年开始开发了一个新的脚本解释程序，作为 ABC 语言的一种继承，并以 Python（大蟒蛇）作为该编程语言的名称。Python 自诞生之日起就是一种天生开放的语言。

2000 年 10 月，Python 2.0 发布。自 2004 年开始，Python 语言逐渐引起广泛关注，使用用户率呈线性增长。2008 年 12 月 Python 3.0 发布。此后，Python 语言成为最受欢迎的程序设计语言之一。

Python 是一种跨平台的解释型脚本语言，具有解释性、编译性、互动性和面向对象等特点。由于 Python 语言的简洁性、易读性以及可扩展性，深受广大用户的青睐，已在科学计算、人工智能、软件开发、后端开发、网络爬虫等方面得到广泛应用。

Python 语言容易上手，但它跟传统的高级程序设计语言（如 C/C++语言、Java、C#等）存在较大的差别，比较直观的差别是它跟其他语言的编程风格不一样。Python 语言主要是用缩进和左对齐的方式来表示语句的逻辑关系，而其他高级语言则通常用大括号“{}”来表示。本节主要介绍 Python 语言的基本语法，以为人工智能编程提供支撑。

2. Python 版本

Python 目前有两个版本，分别为 Python 2.x 版和 Python 3.x 版。这两个版本是不兼容的，3.x 版本不考虑对 2.x 版本的向后兼容。此前大部分项目都是基于 2.7 版本进行开发的，但是 3.x 版本会越来越普及，未来的趋势是向 3.x 版本迁移。建议读者安装 Python 3.7.3 及以上版本进行学习。

3.x 版本与 2.x 版本的区别在于一些语法、内建函数和对象的行为均有所调整。但是，大部分 Python 库都支持两个版本。为了能够更好地做项目，有必要参阅 Python 的相关手册了解 2.x 版本和 3.x 版本。

10.3.2 深度学习框架发展

进入 21 世纪前，已经出现了一些工具，如 MATLAB、OpenNN、Torch 等，可以用来描述和开发神经网络。然而，它们不是专门为神经网络模型开发定制的，拥有复杂的 API 并缺乏 GPU 支持。

2012 年，多伦多大学的 Alex Krizhevsky 等人提出了 AlexNet 深度神经网络模型，该网络在 ImageNet 数据集上达到了最高精度，并大大超过了第二名。这一出色结果引发了深度神经网络的热潮，此后各种深度神经网络模型在 ImageNet 数据集的准确性上不断创下新高。这时，一些深度学习框架，如 Caffe、Chainer 和 Theano 应运而生。使用这些框架，用户可以方便地建立复杂的深度神经网络模型，如 CNN、RNN、LSTM 等。此外，这些框架还支持多 GPU 训练，大大减少了模型的训练时间，而且能够对以前无法装入单一 GPU 内存的大型模型进行训练。在这些框架中，Caffe 和 Theano 使用声明式编程风格，而 Chainer 采用命令式编程风格。这两种不同的编程风格也为深度学习框架设定了两条不同的开发路径。

AlexNet 的成功引起了计算机视觉领域的高度关注，并重新点燃了神经网络的希望，大型科技公司加入了开发深度学习框架的行列。其中，谷歌开源了著名的 TensorFlow 框架，它至今仍是人工智能领域最流行的深度学习框架。Caffe 的发明者加入了 Facebook 并发布了 Caffe2；与此同时，Facebook AI 研究（FAIR）团队也发布了另一个流行的框架 PyTorch，它基于 Torch 框架，但使用了更流行的 Python api。微软研究院开发 CNTK 框架。亚马逊采用了 MXNet，这是华盛顿大学、CMU 和其他机构的联合学术项目。TensorFlow 和 CNTK 借鉴了 Theano 的声明式编程风格，而 PyTorch 则继承了 Torch 的直观和用户友好的命令式编程风格。命令式编程风格更加灵活并且容易跟踪，而声明式编程风格通常为内存和基于计算图的运行优化提供了更多的空间。另一方面，被称为 mix-net 的 MXNet 同时支持一组符号（声明性）API 和一组命令式 API，并通过一种称为杂交（hybridization）的方法优化了使用命令式 API 描述模型的性能，从而享受到这两个领域的好处。

2015 年，何凯明等人提出了 ResNet，再次突破了图像分类的边界，在 ImageNet 的准确率上再创新高。业界和学界已经达成共识，深度学习将成为下一个重大技术趋势，解决各种领域的挑战，这些挑战在过去被认为是不可能实现的。在此期间，所有深度学习框架都对多 GPU 训练和分布式训练进行优化，提供更加直观的用户 API，并衍生出专门针对计算机视觉和自然语言处理等特定任务的 model zoo 和工具包。值得注意的是，Francois Chollet 几乎是独自开发了 Keras 框架，该框架比现有框架（如 TensorFlow 和 MXNet）提供了神经网络和构建块的更直观的抽象。现在，这种抽象已成为 TensorFlow 模型层面事实上的 API。

正如人类历史发展一样，深度学习框架经过一轮激烈的竞争，最终形成了 TensorFlow 和 PyTorch 的双头垄断，它们代表了深度学习框架研发和生产中 95%以上的用例。2019 年，Chainer 团队将他们的开发工作转移到 PyTorch；类似地，微软停止了 CNTK 框架的开发，部分团队成员转向支持 Windows 和 ONNX 运行的 PyTorch。Keras 被 TensorFlow 收购，并在 TensorFlow 2.0 版本中成为其高级 API 之一。在深度学习框架领域，MXNet 仍然位居第三。

尽管 TensorFlow、PyTorch 在技术发展上已经非常成熟，但是外部环境变化，使得我国拥有自主创新的 AI 底层能力成为眼下之刚需，这也为国内深度学习开源框架带来了发展的土壤。过去几年中，“开源”“AI 底层”成了国内 AI 厂商们十分重视的发展战略。百度飞桨（PaddlePaddle），深度学习开源框架的先头兵，2016 年率先对外发布。2020 年，国内开源框架迎来了第一波集中爆发。独角兽旷视拿出工业级深度学习框架天元（MegEngine），此外，一流科技 OneFlow、华为昇思（MindSpore）也在同年登场。学界方面，清华大学开源了支持即时编译的深度学习框架计算图（Jittor）。

目前，深度学习框架朝着支持超大规模模型和更好可用性的趋势发展。

首先是大型模型训练。随着 BERT（Bidirectional Encoder Representation from Transformers，来自 Transformers 的双向编码表示）及其近亲 GPT-3 的诞生，训练大型甚至超大规模模型的能力成了深度学习框架的理想特性。这就要求深度学习框架能够在数百台设备规模下有效地进行训练。

第二个趋势是可用性。深度学习框架都采用命令式编程风格，语义灵活，调试方便。同时，这些框架还提供了用户级的装饰器或 API，以通过一些 JIT（即时）编译器技术实现高性能编程。

深度学习在自动驾驶、个性化推荐、自然语言理解和医疗保健等广泛应用领域取得巨大成功，带来前所未有的用户、开发者和投资者热潮。这也是未来十年开发深度学习工具和框架的黄金时期。还有很多令人兴奋的机遇和工作等待探索和完成。

10.3.3　深度学习开源框架的比较

下面将对最为经典和常用的深度学习开源框架进行介绍和比较。

1. TensorFlow

TensorFlow 是一个采用数据流图(Data Flow Graphs)，用于数值计算的开源软件库。TensorFlow 最初由 Google 大脑小组（隶属于 Google 机器智能研究机构）的研究员和工程师们开发出来，用于机器学习和深度神经网络方面的研究，但这个系统的通用性使其也可广泛用于其他计算领域。它是谷歌研发的基于 DistBelief 的第二代人工智能学习系统。2015 年 11 月 9 日，Google 发布人工智能系统 TensorFlow 并宣布开源。

TensorFlow 命名来源于本身的原理，tensor（张量）意味着 N 维数组，flow（流）意味着基于数据流图的计算。TensorFlow 运行过程就是张量从图的一端流动到另一端的计算过程，即 Data Flow Graphs。TensorFlow 是一种基于图的计算框架，其中节点（nodes）在图中表示数学操作，线（edges）则表示在节点间相互联系的多维数据数组，即张量（tensor），这种基于流的架构让 TensorFlow 具有非常高的灵活性，该灵活性也让 TensorFlow 框架可以在多个平台上进行计算。例如，台式计算机、服务器、移动设备等。

TensorFlow 有如下优势：

（1）高度的灵活性：只要能够将计算表示成为一个数据流图，那么就可以使用 TensorFlow。

（2）可移植性：TensorFlow 支持 CPU 和 GPU 的运算，并且可以运行在台式机、服务器、手机移动端设备等。

（3）自动求微分：TensorFlow 内部实现了自动对于各种给定目标函数求导的方式。

（4）多种语言支持：Python、C++。

（5）性能高度优化。

TensorFlow 是一个非常全面的框架，基本可以满足对深度学习的所有需求。但是，它的缺点是非常底层，使用 TensorFlow 需要编写大量的代码。

2. PyTorch

PyTorch 是 Torch 的 Python 版本，由 Facebook 开源的神经网络框架，专门针对 GPU 加速的深度神经网络编程。Torch 是一个经典的对多维矩阵数据进行操作的张量（tensor）库，在机器学习和其他数学密集型应用有广泛应用。与 TensorFlow 的静态计算图不同，PyTorch 的计算图是动态的，可以根据计算需要实时改变计算图。但由于 Torch 语言采用 Lua，导致在国内一直很小众，并逐渐被支持 Python 的 TensorFlow 抢走用户。作为经典机器学习库 Torch 的端口，PyTorch 为 Python 语言使用者提供了舒适的写代码选择。

PyTorch 有如下优势：

（1）简洁：PyTorch 的设计追求最少的封装，尽量避免重复造轮子。不像 TensorFlow 中充斥着 session、graph、operation、name_scope、variable、tensor、layer 等全新的概念，PyTorch 的设计遵循 tensor→variable(autograd)→nn.Module 三个由低到高的抽象层次，分别代表高维数组（张量）、自动求导（变量）和神经网络（层/模块），而且这三个抽象之间联系紧密，可以同时进行修改和操作。简洁的设计带来的另外一个好处就是代码易于理解。PyTorch 的源码只有 TensorFlow 的十分之一左右，更少的抽象、更直观的设计使得 PyTorch 的源码十分易于阅读。

（2）速度：PyTorch 的灵活性不以速度为代价，在许多评测中，PyTorch 的速度表现胜过 TensorFlow 和 Keras 等框架。框架的运行速度和程序员的编码水平有极大关系，但同样的算法，使用 PyTorch 实现的那个更有可能快过用其他框架实现的。

（3）易用：PyTorch 是所有的框架中面向对象设计的最优雅的一个。PyTorch 的面向对象的接口设计来源于 Torch，而 Torch 的接口设计以灵活易用而著称。

（4）活跃的社区：PyTorch 提供了完整的文档，循序渐进的指南，作者亲自维护的论坛供用户交流和求教问题。

3. PaddlePaddle

PaddlePaddle 由百度公司在 2016 年 9 月推出。至此，百度公司成为继谷歌、脸书、IBM 之后另一个将人工智能技术开源的科技巨头，同时也是国内首个开源深度学习平台的科技公司。Paddle 的全称是 Parallel Distributed Deep Learning，即并行分布式深度学习，是在百度公司内部已经使用多年的框架。PaddlePaddle 打出的宣传语即是易学易用的分布式深度学习平台。同时，背靠百度公司扎实的开发功底，PaddlePaddle 也是一个十分成熟、稳定可靠的开发工具。

PaddlePaddle 有如下优势：

（1）易用：相比偏底层的谷歌 TensorFlow，PaddlePaddle 能让开发者聚焦于构建深度学习模型的高层部分。

（2）更快的速度：PaddlePaddle 上的代码更简洁，用它来开发模型显然能为开发者省去一些时间。这使得 PaddlePaddle 很适合于工业应用，尤其是需要快速开发的场景。另外，自诞生之日起，它就专注于充分利用 GPU 集群的性能，为分布式环境的并行计算进行加速。这使得在 PabblePabble 上，用大规模数据进行 AI 训练和推理可能要比 TensorFlow 这样的平台快很多。

4. MindSpore

MindSpore 是华为公司推出的新一代深度学习框架，是源于全产业的最佳实践，最佳匹配昇腾处理器算力，支持终端、边缘、云全场景灵活部署，开创全新的 AI 编程范式，降低 AI 开发门槛。

2018 年华为全联接大会上提出了人工智能面临的十大挑战，其中提到训练时间少则数日多则数月，算力稀缺昂贵且消耗大，仍然面临没有“人工”就没有“智能”等问题。这是一项需要高级技能的专家的工作，高技术门槛、高开发成本、长部署周期等问题阻碍了全产业 AI 开发者生态的发展。为了助力开发者与产业更加从容地应对这一系统级挑战，新一代 AI 框架 MindSpore 具有如下优点：

（1）编程简单：MindSpore 函数式可微分编程架构可以让用户聚焦模型算法数学原生表达。深度学习手动求解过程，不仅求导过程复杂，结果还很容易出错。所以现有深度学习框架，都有自动微分的特性，帮助开发者利用自动微分技术实现自动求导，解决这个复杂、关键的问题。

（2）端云协同：MindSpore 针对全场景提供一致的开发和部署能力，以及按需协同能力，让开发者能够实现 AI 应用在云、边缘和手机上快速部署，全场景互联互通，实现更好的资源利用和隐私保护，创造更加丰富的 AI 应用。

（3）调试轻松：开发者可以只开发一套代码，通过变更一行代码，从容切换动态图/静态图调试方式。

（4）性能卓越：MindSpore 通过 AI Native 执行新模式，最大化发挥了“端—边—云”全场景异构算力；还可以通过灵活的策略定义和代价模型，自动完成模型切分与调优，获取最佳效率与最优性能。

（5）开源开放：在门户网站、开源社区提供更多学习资源、支持与服务。

10.3.4　深度学习框架基本功能

考虑到深度学习的计算特点、模型通用的基本模块和解决大计算量问题，大部分深度学习框架都包含张量、计算图、自动微分、基本深度模型组件、计算加速等基本功能。

1. 张量（Tensor）

张量是所有深度学习框架中最核心的组件，深度学习中的所有运算和优化算法都是基于张量进行的。几何代数中定义的张量是基于向量和矩阵的推广，通俗一点理解的话，可以将标量视为零阶张量，矢量视为一阶张量，那么矩阵就是二阶张量。

举例来说，可以将任意一张 RGB 彩色图片表示成一个三阶张量(三个维度分别是图片的高度、宽度和色彩数据)。一张普通的水果图片，按照 RGB 三原色表示可以拆分为红色、绿色和蓝色的三张灰度图片。如果将这种表示方法用张量的形式写出来，则如表 10.1 所示。

表 10.1　水果图片对应的张量

	0	1	2	3	4	5	6	7	8	9	…	310	311	312	313	314	315	316	317	318	319
0	[1.0, 1.0, 1.0]	[1.0, 1.0, 1.0]	[1.0, 1.0, 1.0]	[1.0, 1.0, 1.0]	[1.0, 1.0, 1.0]	[1.0, 1.0, 1.0]	[1.0, 1.0, 1.0]	[1.0, 1.0, 1.0]	[1.0, 1.0, 1.0]	[1.0, 1.0, 1.0]	…	[1.0, 1.0, 1.0]	[1.0, 1.0, 1.0]	[1.0, 1.0, 1.0]	[1.0, 1.0, 1.0]	[1.0, 1.0, 1.0]	[1.0, 1.0, 1.0]	[1.0, 1.0, 1.0]	[1.0, 1.0, 1.0]	[1.0, 1.0, 1.0]	[1.0, 1.0, 1.0]
2	[1.0, 1.0, 1.0]	[1.0, 1.0, 1.0]	[1.0, 1.0, 1.0]	[1.0, 1.0, 1.0]	[1.0, 1.0, 1.0]	[1.0, 1.0, 1.0]	[1.0, 1.0, 1.0]	[1.0, 1.0, 1.0]	[1.0, 1.0, 1.0]	[1.0, 1.0, 1.0]	…	[1.0, 1.0, 1.0]	[1.0, 1.0, 1.0]	[1.0, 1.0, 1.0]	[1.0, 1.0, 1.0]	[1.0, 1.0, 1.0]	[1.0, 1.0, 1.0]	[1.0, 1.0, 1.0]	[1.0, 1.0, 1.0]	[1.0, 1.0, 1.0]	[1.0, 1.0, 1.0]
3	[1.0, 1.0, 1.0]	[1.0, 1.0, 1.0]	[1.0, 1.0, 1.0]	[1.0, 1.0, 1.0]	[1.0, 1.0, 1.0]	[1.0, 1.0, 1.0]	[1.0, 1.0, 1.0]	[1.0, 1.0, 1.0]	[1.0, 1.0, 1.0]	[1.0, 1.0, 1.0]	…	[1.0, 1.0, 1.0]	[1.0, 1.0, 1.0]	[1.0, 1.0, 1.0]	[1.0, 1.0, 1.0]	[1.0, 1.0, 1.0]	[1.0, 1.0, 1.0]	[1.0, 1.0, 1.0]	[1.0, 1.0, 1.0]	[1.0, 1.0, 1.0]	[1.0, 1.0, 1.0]
4	[1.0, 1.0, 1.0]	[1.0, 1.0, 1.0]	[1.0, 1.0, 1.0]	[1.0, 1.0, 1.0]	[1.0, 1.0, 1.0]	[1.0, 1.0, 1.0]	[1.0, 1.0, 1.0]	[1.0, 1.0, 1.0]	[1.0, 1.0, 1.0]	[1.0, 1.0, 1.0]	…	[1.0, 1.0, 1.0]	[1.0, 1.0, 1.0]	[1.0, 1.0, 1.0]	[1.0, 1.0, 1.0]	[1.0, 1.0, 1.0]	[1.0, 1.0, 1.0]	[1.0, 1.0, 1.0]	[1.0, 1.0, 1.0]	[1.0, 1.0, 1.0]	[1.0, 1.0, 1.0]

表 10.1 中只显示了前 5 行和前 320 列的数据，每个方格代表一个像素点，其中的三维数组为颜色值。假设用[1.0,0,0]表示红色、[0,1.0,0]表示绿色、[0,0,1.0]表示蓝色，则前面 5 行的数据全是[1.0,1.0,1.0]，即为白色。

将这一定义进行扩展，也可以用四阶张量表示一个包含多张图片的数据集，其中的四个维度分别是：图片在数据集中的编号，图片高度、宽度以及色彩数据。

将各种各样的数据抽象成张量表示，然后再输入神经网络模型进行后续处理是一种非常必要且高效的策略。因为如果没有这一步骤，就需要根据各种不同类型的数据组织形式定义各种不同类型的数据操作，这会浪费大量的开发者精力。更关键的是，当数据处理完成后，还需要方便地将张量再转换回指定的格式。例如 Python NumPy 包中 numpy.imread 和 numpy.imsave 两个方法，分别用来将图片转换成张量对象（即代码中的 Tensor 对象）和将张量再转换成图片保存起来。

所谓的“学习”就是不断纠正神经网络的实际输出结果和预期结果之间误差的过程。这一过程中需要对输入张量进行一系列的数学运算和处理操作。这里的一系列操作包含的范围很宽，可以是简单的矩阵乘法，也可以是卷积、池化和 LSTM 等稍复杂的运算。各开源库和深度学习框架支持的张量操作通常会不尽相同，详细情况可以查看官方文档。

由于大部分的深度学习框架都是用面向对象的编程语言实现的，因此张量操作通常都是基于类实现的，而并不是函数。这种实现思路一方面允许开发者将各种类似的操作汇总在一起，方便组织管理。另一方面也保证了整个代码的复用性、扩展性和对外接口的统一。总体上让整个框架更灵活和易于扩展，为将来的发展预留了空间。

2. 计算图（Computation Graph）

有了张量和基于张量的各种操作之后，下一步就是将各种操作整合起来，输出需要的结果。但不幸的是，随着操作种类和数量的增多，管理起来十分困难。各操作之间的关系难以理清，有可能引发各种意想不到的问题，包括多个操作之间应该并行还是顺次执行，如何协同各种不同的底层设备，以及如何避免各种类型的冗余操作等。这些问题将降低整个深度学习网络的运行效率或者引入不必要的错误，而计算图正是为解决这一问题产生的。

计算图首次被引入人工智能领域是 2009 年的论文。最初的计算图如图 10.13 所示，图中用不同的占位符（*，+，-，sin）构成操作节点，以字母 x、a、b 构成变量节点，再以有向线段将这些节点连接起来，组成一个表征运算逻辑关系的清晰明了的“图”型数据结构。

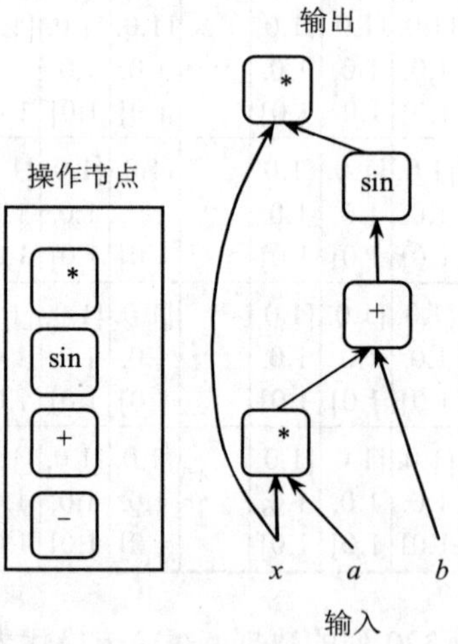

图 10.13 计算图表示的函数示例

随着技术的不断演进，结合脚本语言建模方便但执行缓慢和低级语言建模难但执行效率高的特点，逐渐形成了这样的一种开发框架：前端用 Python 等脚本语言建模，后端用 C++等低级语言执行，以此综合了两者的优点。可以看到，这种开发框架大大降低了传统框架做跨设备计算时的代码耦合度，也避免了每次后端变动都需要修改前端的维护开销。这里，在前端和后端之间起到关键耦合作用的就是计算图。

将计算图作为前后端之间的中间表示（Intermediate Representations）可以带来良好的交互性，开发者可以将 Tensor 对象作为数据结构，函数/方法作为操作类型，将特定的操作类型应用于特定的数据结构，从而定义出类似 MATLAB 的强大建模语言。

需要注意的是，通常情况下开发者不会将用于中间表示得到的计算图直接用于模型构造，因为这样的计算图通常包含了大量的冗余求解目标，也没有提取共享变量。因而，通常都会经过依赖性剪枝、符号融合、内存共享等方法对计算图进行优化。

目前，不同的深度学习框架对于计算图的实现机制和侧重点各不相同。例如，Theano 和 MXNet 都是以隐式处理的方式在编译中由表达式向计算图过渡。而 Caffe 则比较直接，可以创建一个 Graph 对象，然后以类似 Graph.Operator(xxx)的方式显式调用。

因为计算图的引入，开发者得以从宏观上俯瞰整个神经网络的内部结构。类似编译器可以从整个代码的角度决定如何分配寄存器那样，计算图也可以从宏观上决定代码运行时的 GPU 内存分配，以及分布式环境中不同底层设备间的相互协作方式。除此之外，现在也有许多深度学习框架将计算图应用于模型调试，可以实时输出当前某一操作类型的文本描述。

3. 自动微分（Automatic Differentiation）

计算图带来的另一个好处是让模型训练阶段的梯度计算变得模块化且更为便捷，也就是自动微分法。

正如前文提到的，若将神经网络视为由许多非线性过程组成的一个复杂的函数体，计算图则以模块化的方式完整表征了这一函数体的内部逻辑关系。因此这一复杂函数体的微分，即求取模型梯度的方法就变成了在计算图中简单地从输入到输出进行一次完整遍历的过程。

针对一些非线性过程（如修正线性单元 ReLU）或者大规模的问题，使用传统的微分法的成本往往非常高昂，有时甚至不可微。因此，以上述迭代式的自动微分法求解模型梯度已经被广泛采用，并且成功应对一些传统微分不适用的场景。

目前，许多计算图程序包（例如 Computation Graph Toolkit）都已经预先实现了自动微分。另外，由于每个节点处的导数只能相对于其相邻节点计算，因此实现了自动微分的模块一般都可以直接加入任意的操作类中，当然也可以被上层的微分大模块直接调用。

4. 基本深度模型组件

深度学习的计算主要包含训练和预测（或推理）两个阶段，训练的基本流程是：输入数据→网络层前向传播→计算损失→网络层反向传播梯度→更新参数，预测的基本流程是：输入数据→网络层前向传播→输出结果。从运算的角度看，主要可以分为三种类型的计算：

（1）数据在网络层之间的流动：前向传播和反向传播可以看作张量 Tensor（多维数组）在网络层之间的流动（forward 前向传播流动的是输入输出，backward 反向传播流动的是梯度），每个网络层会进行一定的运算，然后将结果输入给下一层。

（2）计算损失：衔接前向和反向传播的中间过程，定义了模型的输出与真实值之间的差异，用来后续提供反向传播所需的信息。

（3）参数更新：使用计算得到的梯度对网络参数进行更新的一类计算。

基于这三种类型，又可以对深度学习的基本组件做一个抽象：

（1）张量（tensor），这个是神经网络中数据的基本单位，已在前面介绍。

（2）网络层（layer），负责接收上一层的输入，进行该层的运算，将结果输出给下一层，由于张量的流动有前向和反向两个方向，因此对于每种类型网络层我们都需要同时实现前向传播和反向传播两种运算。

（3）损失（loss），在给定模型预测值与真实值之后，该组件输出损失值以及关于最后一层的梯度（用于梯度回传）。

（4）优化器（optimizer），负责使用梯度更新模型的参数。

深度学习框架还需要一些组件把上面这四种基本组件整合到一起，形成一个流水线（pipeline）。

（5）网络（net）组件，负责管理张量在张量之间的前向和反向传播，同时能提供获取参数、设置参数、获取梯度的接口。

（6）模型（model）组件，负责整合所有组件，形成整个流水线。即网络组件进行前向传播→损失组件计算损失和梯度→网络组件将梯度反向传播→优化器组件将梯度更新到参数。

图 10.14 给出了上述深度学习框架基本组件架构图。

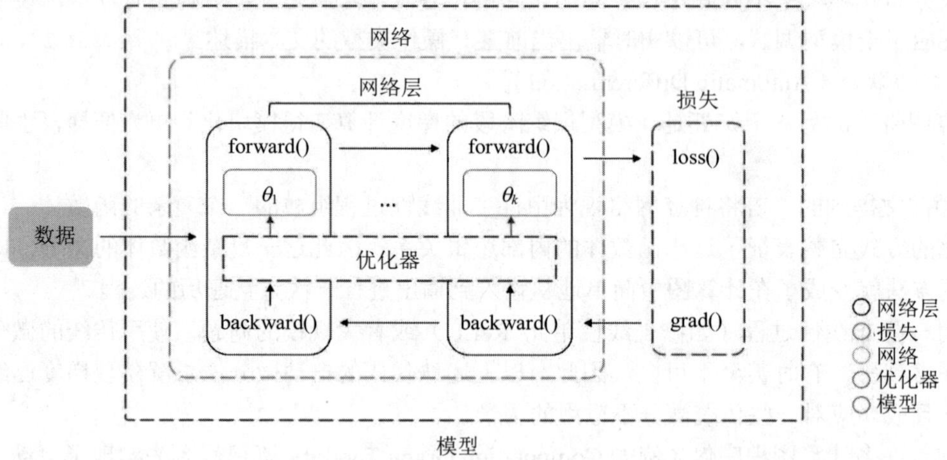

图 10.14 深度学习框架基本组件架构图

5. 计算加速

考虑到深度学习计算量巨大，计算加速对于深度学习框架来说至关重要，例如同样训练一个神经网络，不加速需要 4 天的时间，加速的话可能只要 4 小时。深度学习框架主要从编程语言、分布式并行计算和数据处理优化等方面实现计算加速功能。

由于此前的大部分实现都是基于高级语言的（如 Java、Python、Lua 等），而即使是执行最简单的操作，高级语言也会比低级语言消耗更多的 CPU 周期，更何况是结构复杂的深度神经网络，因此运算缓慢就成了高级语言的一个天然的缺陷。目前，针对这一问题有两种解决方案。

第一种方案是模拟传统的编译器。如传统编译器会把高级语言编译成特定平台的汇编语言实现高效运行一样，这种方法将高级语言转换为 C 语言，然后在 C 语言基础上编译、执行。为了实现这种转换，每一种张量操作的实现代码都会预先加入 C 语言的转换部分，然后由编译器在编译阶段将这些由 C 语言实现的张量操作综合在一起。目前 pyCUDA 和 Cython 等编译器都已经实现了这一功能。

第二种方案就是前文提到的，利用脚本语言实现前端建模，用低级语言如 C++实现后端运行，这意味着高级语言和低级语言之间的交互都发生在框架内部，因此每次的后端变动都不需要修改前端，也不需要完整编译（只需要通过修改编译参数进行部分编译），因此整体速度也就更快。

除此之外，由于低级语言的最优化编程难度很高，而且大部分的基础操作其实也都有公开的最优解决方案，因此另一个显著的加速手段就是利用现成的扩展包。例如，最初用 Fortran 实现的 BLAS（基础线性代数子程序），就是一个非常优秀的基本矩阵（张量）运算库，此外还有英特尔的 MKL（Math Kernel Library）等，开发者可以根据个人喜好灵活选择。值得一提的是，一般的 BLAS 库只是针对普通的 CPU 场景进行了优化，但目前大部分的深度学习模型都已经开始采用并行 GPU 的运算模式，因此利用诸如 NVIDIA 推出的针对 GPU 优化的 cuBLAS 和 cuDNN 等更具针对性的库可能是更好的选择。

在深度学习中，当数据集和参数量的规模越来越大，训练所需的时间和硬件资源会随之增加，最后会变成制约训练的瓶颈。分布式并行训练，可以降低对内存、计算性能等硬件的需求，是进行训练的重要优化手段。根据并行的原理及模式不同，一般深度学习框架支持的并行训练的功能有以下几种：

数据并行（Data Parallel）：对数据进行切分的并行模式，一般按照批数据维度切分，将数据分配到各个计算单元中，进行模型计算。

模型并行（Model Parallel）：对模型进行切分的并行模式，可分为算子级模型并行、流水线模型并行、优化器模型并行等。

混合并行（Hybrid Parallel）：指涵盖数据并行和模型并行的并行模式。

目前，MindSpore 支持数据并行、半自动并行、自动并行、混合并行四种模式。

随着数据的增加，数据的存储、处理架构和计算资源会影响深度模型的性能。通常，深度学习框架要具有数据调优和均衡负责的功能。比如，MindSpore 提供了一种自动数据调优的工具——Dataset AutoTune，用于在训练过程中根据环境资源的情况自动调整数据处理管道的并行度，最大化利用系统资源加速数据处理管道的处理速度。此外，MindSpore 提供了一种运算负载均衡的技术，可以将 MindSpore 的 Tensor 运算分配到不同的异构硬件上，一方面均衡不同硬件之间的运算开销，另一方面利用异构硬件的优势对运算进行加速。

10.4 本章小结

本章讨论智能控制算法编程实现与深度学习开源框架。

10.1 节给出智能控制算法的定义、特点与分类。将智能控制算法定义为求解智能控制问题的一系列指令描述，代表着用系统方法描述智能控制问题求解的策略机制。分别归纳出智能控制算法的特点、符号和逻辑处理编程语言的特点以及解释型脚本语言 Python 的特点。根据算法原理的相似和差异，对智能控制算法进行归纳分类。

10.2 节介绍智能控制算法的 MATLAB 仿真设计与实现。MATLAB 工具箱、MATLAB 软件的智能算法工具包，可以实现多种算法。本节介绍的 MATLAB 工具箱包括 MATLAB 模糊控制工具箱、模糊控制算法的 MATLAB 仿真程序设计与实现、MATLAB 神经网络工具箱图形用户界面设计、基于 Simulink 的神经网络工具及控制仿真等。

10.3 节研究基于 Python 的深度学习框架设计。首先介绍 Python 语言的发展历史和特点，接着结合一些代码对 Python 的基本语法进行了讲解。根据深度学习实践的一般学习步骤，从深度学习常用编程语言 Python 到深度学习开源框架的基础知识，逐一进行介绍。介绍了深度学习开源框架的发展，对常用开源框架进行分析和比较，然后介绍深度学习框架的基本功能。

习 题 10

10-1 智能控制算法是怎么定义的？你是如何理解这一定义的？

10-2 试论智能控制算法在智能控制中的地位和作用。

10-3 智能控制算法有哪些特点？

10-4 智能控制算法如何分类？你对智能控制算法的分类有什么看法？

10-5 智能控制算法的 MATLAB 仿真设计与实现包括哪些内容？

10-6 MATLAB 模糊控制工具箱有什么基本功能？如何进行仿真？

10-7 MATLAB 模糊控制工具箱的图形用户接口由哪些部分组成？参阅相关工具资料并利用 MATLAB 工具箱的图形用户接口工具来设计模糊控制器。

10-8 试用 MATLAB 为下列两系统设计模糊控制器，使其稳态误差为零，超调量不大于 1%，输出上升时间。假定被控对象的传递函数分别为

（1）$G_1(s)=\dfrac{\mathrm{e}^{-0.5s}}{(s+1)^2}$

（2）$G_2(s)=\dfrac{4.2}{(s+0.5)(s^2+1.6s+8.5)}$

10-9 MATLAB 神经网络工具箱有什么基本功能？如何进行仿真？

10-10 利用 MATLAB 神经网络工具箱图形用户界面实现正弦与余弦函数的逼近。

10-11 请学习 MATLAB 神经控制工具箱，并用于一种跟踪控制系统。

10-12 试述 Python 语言的发展简史。

10-13 Python 语言具有什么特点？

10-14 Python 语言有哪些基本数据结构？

10-15 请用 Python 语言的 if 语句编写一个函数，用于判断给定的年份是否为闰年。

10-16 简述 Python 语言 array 数组的切片方法，简要说明 array 在机器学习编程中的应用。

10-17 试述深度学习开源框架的发展情况。

10-18 请对常用开源框架进行分析和比较。

10-19 深度学习框架有哪些基本功能？

10-20 深度学习框架中的张量是什么意思？

10-21 简述深度学习常用的算法。

10-22 请举一例分析基于 Python 的深度学习算法的应用。

第 11 章 智能控制算力及架构

算力即计算能力（computing power），是智能控制的核心要素之一和实现智能控制的重要保障，是继人力、畜力、水力、热力、电力之后的一种新的先进生产力。

随着人工智能和智能控制科技的发展，智能控制算力再不是单纯的硬件设施，而是硬件和软件高度融合的智能融合架构，对智能控制的发展及其产业化起到举足轻重的作用，已成为智能控制新的重要研究领域。

本章将研讨智能控制的算力问题，论述智能控制算力的定义和分类，介绍具有推理能力的智能芯片和智能芯片多数据计算中心，研究智能控制算力网络的研究进展、基本构架和应用示例，讨论分布式智能协同计算和云计算，为进一步深入研究智能控制算力打下不可或缺的基础。

11.1 智能算力的定义与分类

本节介绍智能控制算力的定义和分类，有助于对智能控制算力的理解与评价。

11.1.1 智能算力的定义

目前对算力还没有统一的标准定义。

定义 11.1 2018 年诺贝尔奖获得者威廉·诺德豪斯（William D. Nordhaus）将算力定义为设备根据内部状态的改变每秒能够处理的信息数据量。

定义 11.2 算力是机器在数学上的归纳和转化能力，把抽象复杂的数学表达式或数字通过数学方法转换为可以理解的数学式子的能力。

定义 11.3 算力是机器通过对信息数据进行处理实现目标结果输出的计算能力。

定义 11.4 算力（也称哈希率）是比特币网络处理能力的度量单位，即计算机计算哈希函数输出的速度（每秒运算次数）。

综上可见，算力代表了数据处理速度的能力，是数字化技术持续发展的衡量标准，也是人工智能的核心生产力和基本执行能力。

如同水力、热力、电力等各有衡量指标和计量单位一样，算力也有衡量指标和基准单位。

常用的算力衡量单位是 FLOPS、TFLOPS 等。还有 MIPS、DMIPS、OPS 等，见表 11.1。

表 11.1 算力的衡量单位

衡量单位	英文全称	中文全称
MIPS	Million Instructions Per Second	每秒钟执行的百万指令数
DMIPS	Dhrystone Million Instructions excuted Per Second	整数运算每秒钟执行的百万指令数
OPS	Operators Per Second	每秒运算次数
FLOPS	Floating-point Operators Per Second	每秒浮点运算次数
Hash/s	Hash Per Second	每秒哈希运算次数

浮点算力运算的不同量级有 MFLOPS、GFLOPS、TFLOPS、PFLOPS 等，见表 11.2。

表 11.2 算力的浮点运算衡量单位

衡量单位	英文全称	中文全称
MFLOPS	megaFLOPS	每秒一百万（10^6）次的浮点运算
GFLOPS	gigaFLOPS	每秒十亿（10^9）次的浮点运算
TFLOPS	teraFLOPS	每秒一万亿（10^{12}）次的浮点运算
PFLOPS	petaFLOPS	每秒一千万亿（10^{15}）次的浮点运算
EFLOPS	exaFLOPS	每秒一百亿亿（10^{18}）次的浮点运算
ZFLOPS	zettaFLOPS	每秒十万亿亿（10^{21}）次的浮点运算

11.1.2　智能算力和芯片的分类

1. 按技术架构分类

一般将算力分为两大类，即通用算力和专用算力。承担输出算力任务的芯片，也相应地分为通用芯片和专用芯片。

CPU（Central Processing Unit，中央处理器）芯片，如 x86 处理器，就是通用芯片。它们能完成多样化和灵活的算力任务，但其功耗较高。

专用芯片主要包括 FPGA（Field Programmable Gate Array，现场可编程门阵列）和 ASIC（Application Specific Integrated Circuit，专用集成电路）。

FPGA 可以通过硬件编程来改变芯片的逻辑结构，其软件是深度定制的，用于执行专门任务。此类芯片非常适合在芯片功能尚未完全定型、算法仍需不断完善的情况下使用。使用 FPGA 芯片需要通过定义硬件去实现软件算法，技术水平要求较高，因此在设计并实现复杂的人工智能算法方面难度较高。

ASIC 绝大部分软件算法都固化于硅片，是一种根据特殊应用场景要求进行全定制化的专用人工智能芯片。与 FPGA 相比，ASIC 芯片无法通过修改电路进行功能扩展。与 CPU、GPU 等通用计算芯片相比，ASIC 性能高、功耗低、成本低，适用于对性能功耗比要求极高的移动设备端。

FPGA 的性能和灵活性介于 CPU 和 ASIC 之间。

此外，还有神经拟态芯片（Neuromimetic Chip，NMC），即类脑芯片，如 IBM 研发的 TrueNorth 芯片，是一种模拟人脑神经网络结构的新型芯片，通过模拟人脑神经网络的工作机理实现感知和认知等功能。NMC 具有很高的研究和开发难度，是目前研究热点之一，其成果多数属于实验室产品。

上述各种智能芯片的特点对比见表 11.3。

表 11.3　智能芯片特点对比

芯片类型	适用场景	主要优点	主要缺点
GPU	高级复杂算法和通用性人工智能平台	通用性和浮点运算能力强、速度快	性能功耗比较低
半定制化 FPGA	具体行业	灵活性强、速度快、功耗低、可编程性强	价格高、编程复杂、整体运算能力不高
全定制化 FPGA	全定制场景	性能高、功耗低	电路需定制、开发周期长、扩展难、风险高
神经拟态芯片	实验室、自研平台	功耗低、可扩展性强、算存一体	算力低、对主流算法支持差、难以商用

2. 按芯片位置分类

（1）云端智能芯片。这类芯片运算能力强大，功耗较高，一般部署在公有云、私有云、混合云或数据中心、超算中心等计算基础设施领域，主要用于深度神经网络模型的训练和推理，处理语音、视频、图像等海量数据，支持大规模并行计算，通常以加速卡的形式集成多个芯片模块，并行完成相关计算任务。

在数据中心，又将算力的计算任务分为基础通用计算和 HPC 高性能计算（High-performance computing）。HPC 计算又细分为三类：①科学计算：基础科学，如数学、物理、化学、生命科学和天文科学等研究，以及需要超大规模数据的领域，如气象、环保、石油勘探、天文探测和宇航等；②工程计算：计算机辅助工程、计算机辅助制造、计算机辅助设计、新型自动化系统设计与实现、高速磁悬浮列车仿真等领域；③智能计算：包括机器学习、深度学习、数据分析以及众多智能产业化等领域。专用智能计算数据中心除了智算中心外，还有超算中心。超算中心放置超级计算机，专门承担各种大规模科学计算和工程计算任务。

智能计算是一个算力大户，特别会“吃”算力。在智能计算中，涉及较多的矩阵或向量的乘法和加法，专用性较高，所以不宜使用 CPU 进行计算。实际应用中主要使用 GPU（Graphic Processing Unit，图形处理器）和前述专用芯片进行计算。GPU 上集成了规模巨大的计算矩阵，从而具备了更强大的浮点运算能力和更快的并行计算速度，是一种由大量运算单元组成的大规模并行计算架构芯片，主要用于处理图形、图像领域的海量数据运算，更加适用于解决智能算法的训练难题。GPU 已成为智能算力的主力。

（2）边缘端智能芯片。这类芯片一般功耗低、体积小、性能要求不高、成本也较低，相比于云端芯片来说，不需要运行特别复杂的算法，只需具备少量的智能计算能力，一般部署在智能手机、无人机、摄像头、边缘计算设备、工控设备等移动设备或嵌入式设备上。

3. 按算力任务分类

（1）智能训练芯片。指专门对智能训练算法进行优化加速的芯片，由于训练所需的数据量巨大，算法复杂度高，因此，训练芯片对算力、能效、精度等要求非常高，还要具备较高的通用性，以支持已有的多种算法，甚至还要考虑未来的算法的训练。由于对算力有着极高要求，训练芯片一般更适合部署在大型云端设施中，而且多采用“CPU+GPU”“CPU+GPU+加速芯片”等异构模式，加速芯片可以是 GPU 或 FPGA、ASIC 专用芯片等。

（2）智能推理芯片。指专门对智能推理算法进行优化加速的芯片，更加关注能耗、算力、时延、成本等综合因素，可以部署在云端和边缘端，实现难度和市场门槛相对较低，因此，这一领域的市场竞争者较多。

11.2 智能芯片的发展

智能算力的进步离不开芯片的发展。本节讨论作为智能算力基础的智能芯片发展历史和发展趋势，可以看到智能芯片已取得重大发展和巨大进步，今非昔比。

11.2.1 智能芯片的发展简史

1. CPU 阶段（2006 年以前）

本阶段智能算法尚未出现突破，能够获取的数据也较为有限，传统通用 CPU 已能完全满足计算需要，学术界和产业界对智能芯片均未提出特殊要求。因此，这个阶段智能芯片产业的发展较为缓慢。

2. GPU 阶段（2006—2010 年）

本阶段智能游戏和高清视频等行业快速发展，助推了 GPU 产品的迭代升级。2006 年英伟达（INVIDIA）第一次让 GPU 具备了可编程能力，使 GPU 的核心流式处理器既具有处理像素和图形等渲染能力，又同时具备通用的单精度浮点处理能力。GPU 编程更加便捷，所具有的并行计算特性比 CPU 的计算效率更高，更适用于深度学习等人工智能先进算法所需的算力场景。使用 GPU，智能算法的运算效率可以提高几十倍。因此，GPU 在人工智能领域的研究和应用中开始获得大规模使用。

3. CPU+GPU 阶段（2010—2015 年）

2010 年之后，以云计算和大数据等为代表的新一代信息技术高速发展并开始普及，云端采用“CPU+GPU”混合计算模式使得智能系统所需的大规模计算更加便捷高效，进一步推动了智能算法的演进和智能芯片的广泛使用，同时也促进了各种类型的智能芯片的研究与开发。

4. 专用 AI 芯片阶段（2016 年至今）

2016 年，谷歌旗下 DeepMind 公司研发的阿尔法狗（AlphaGo）围棋人工智能系统击败了世界冠军李世石，使得以深度学习为核心的智能技术得到了全球范围内的极大关注。该智能系统采用 TPU (Tensor Processing Unit)，即张量处理单元，一款为机器学习而定制的芯片，经过专门深度机器学习训练，使系统具有更高的计算能力。此后，研究人员开始研发专门针对智能算法进行优化的各种定制化芯片。专用智能芯片呈现出蓬勃发展局面，智能算力在应用领域、计算能力、能耗比等方面都有了极大的提升。

11.2.2　智能芯片的发展态势

目前智能芯片出现如下发展态势：物联网等人工智能应用领域快速发展催生超低功耗智能芯片、开源芯片有望成为智能芯片的发展新秀、智能芯片将从确定算法和场景的加速芯片向通用智能芯片发展、类脑芯片领域呈现异军突起之势。

1. 开发超低功耗芯片

随着以人工智能及其相关产业的高速发展，涌现出越来越多新的应用需求。新一代物联网、智能控制、智能手机、智能可穿戴设备、智能家居和工业部门应用的各种智能传感器等领域将需要体积更小、功耗更低、能效比更高的人工智能芯片。常见的边缘端芯片如手机中的智能芯片，其功耗一般在几百毫瓦至几瓦，而超低功耗智能芯片的工作功耗一般是几十毫瓦甚至更低。例如，以智能手表为代表的智能可穿戴设备领域，设备的电池容量因尺寸等原因受到极大限制，而此类设备需要具备心率检测、手势识别、语音识别等智能生物信号处理功能，因此需要集成体积小且能效比超高的智能加速芯片，降低对电池的消耗。又如，在智能家居等领域，具备人脸识别、指纹识别等功能的智能门锁须由电池供电，而且不能经常更换电池，这就对门锁中执行人脸识别等功能的智能模块提出了极高的能效比要求。

2. 开源芯片成为新秀

当前，摩尔定律已逼近极限，传统通用架构的芯片性能提升也有限，难以适应需求各异的智能算法和广泛的应用场景，对新型架构智能芯片的需求日益增长，为各类初创型中小企业带来新的市场机遇。然而，芯片领域过高的技术门槛和知识产权壁垒，严重阻碍了智能芯片的进一步技术创新和发展。开源芯片的兴起有望突破这一瓶颈。开源芯片大幅降低了芯片设计领域的门槛，为企业节省了芯片架构和 IP 核等方面的授权费用，可以有效降低企业的研发成本。同时，由于开源社区的开发者们会持续不断地对开源芯片进行更新迭代，企业可以免费获取到最新、最优化的版本，并向社区贡献自己的力量，不断提升行业整体发展水平，有效促进智能芯片产业的繁荣。

3. 发展通用智能芯片

近几年，人工智能技术在语音识别和图像识别等领域取得突破性的进展，但要全面推广需要人工智能领域产生通用智能计算芯片，适用于任意人工智能应用场景。短期内人工智能芯片仍以

“CPU+GPU+AI 加速芯片”的异构计算模式为主，中期会重点发展可自重构、自学习、自适应的智能芯片，未来将会走向通用的智能芯片。通用智能芯片就是能够支持和加速包括智能控制在内的任意智能计算场景的芯片，即通过一个通用的数学模型，最大限度概括出人工智能的本质，经过一定程度的学习后能够精确、高效地处理任意场景下的智能计算任务。随着芯片制程工艺、新型半导体材料和物理器件等出现新突破，以及人类对于大脑和智能形成更深层次的认知，将有望最终实现真正意义上的通用智能芯片。

4. 类脑芯片异军突起

近年来在类脑芯片领域呈现可喜进展，国内外众多研究者开发出一款款具有优良性能的类脑芯片。例如，2014 年 IBM 公司推出了 TrueNorth 类脑芯片，采用 28nm 工艺，集成了 54 亿个晶体管，包括 4096 个内核、100 万个神经元和 2.56 亿个神经突触。又如，2019 年清华大学发布了“天机芯”类脑芯片，使用 28 纳米工艺流片，包含约 40000 个神经元和 1000 万个突触，支持同时运行卷积神经网络、循环神经网络以及神经模态脉冲神经网络等多种神经网络，是全球首款既能支持脉冲神经网络又可以支持人工神经网络的异构融合类脑计算芯片。此外，西井科技发布的 DeepSouth 芯片，用 FPGA 模拟神经元以实现脉冲神经网络的工作方式，包含约 5000 万个神经元和高达 50 多亿个神经突触，可以直接在芯片上完成计算，处理相同计算任务时，功耗仅为传统芯片的几十至几百分之一。

11.3 智能控制算力网络

本节研究人工智能算力网络的定义、特征、基本架构、工作机制、关键技术和应用示例，是人工智能算力网络的主要内容。

11.3.1 智能算力网络的定义和特征

1. 智能算力网络的定义

目前对算力网络（Computing Force Network 或 Computing First Network，CFN，或 Computing Network）尚无统一定义。

定义 11.5 算力网络是以算为中心、网为根基，与云计算、人工智能、边缘计算、区块链、智能终端、网络安全等技术深度融合，提供一体化服务的新型基础设施。

定义 11.6 算力网络是一种根据业务需求，在云、网、边之间按需分配和灵活调度计算资源、存储资源以及网络资源的新型信息基础设施。

从宏观上看，算力网络是一种思路，一种概念。从微观上看，算力网络是一种架构和性质与传统网络完全不同的网络。

算力网络的作用是为用户提供算力资源服务，但其实现方式与“云计算+通信网络”的传统方式不同，是将算力资源彻底“融入”通信网络，以整体形式提供符合用户需求的算力资源服务。

算力与水力和电力一样，可实现“一点接入、即取即用”的服务。算力网络好比是电网，算力好比电力。构建了一张“电网”，有了电力就可以使用电话、电视机、电风扇、洗衣机和电饭煲等家电设备以及驱动各种机电设备运转。现在，构建了一张“算网”，有了算力就能够通过“超算”实现自主驾驶、人脸识别、同声翻译、智能游戏、脑机对接等智能行为。

2. 智能算力网络的特征

智能算力网络具有以下 4 个特征：

（1）资源抽象。算力网络需要将计算资源、存储资源、网络资源（尤其是广域范围内的连接资源）以及算法资源等都抽象出来，作为产品的组成部分提供给客户。

（2）业务承诺。以业务需求划分服务等级，而不是简单地以地域划分，向客户承诺诸如网络性能、算力大小等业务，屏蔽底层的差异性（如异构计算、不同类型的网络连接等）。

（3）统一管控。统一管控云计算节点、边缘计算节点、网络资源（含计算节点内部网络和广域网络）等，根据业务需求对算力资源以及相应的网络资源、存储资源等进行统一调度。

（4）弹性调度。实时监测业务流量，动态调整算力资源，完成各类任务的高效处理和整合输出，并在满足业务需求的前提下实现资源的弹性伸缩，优化算力分配。

11.3.2 智能算力网络的基本架构和工作机制

从算力网络的定义可知，算力网络是将分布的计算节点连接起来，动态实时感知计算资源和网络资源状态，统筹分配和调度计算任务，形成一张计算资源可感知、可分配、可调度的网络，满足用户对算力的要求，是一种云边网深度融合的新范式，也是边缘计算向泛在计算（普适计算）网络融合的新进展。

本节依据 IETF（Internet Engineering Task Force，互联网工程任务组）的算力网络技术方案，介绍智能算力网络的基本架构和工作机制。

1. 算力网络的主要任务

算力网络基本架构关注边缘计算节点状态的实时感知和边缘计算资源的分布式协同处理及调度 2 个重点。

（1）边缘计算节点状态的实时感知。实时感知边缘计算节点的负载状况对于合理分配计算任务，高效利用边缘计算资源具有重要意义。不同边缘计算节点在不同时间段的计算负载差异很大，而传统基于静态的服务调度方法无法适应不同边缘计算节点计算负载不平衡或计算负载快速变化。因此，边缘计算节点状态的实时感知是均衡地使用计算和网络资源、动态高效地处理调度计算任务的基础。

（2）边缘计算资源的分布式协同处理及调度。边缘计算正从单一的边缘节点扩展成为网络化、协作化的边缘计算网络。算力网络支持大规模边缘计算节点互联和协作，可提供优化的服务访问和负载均衡机制，以适应计算服务的动态特性。算力网络可根据计算任务的要求，结合实时的计算负载和网络状态条件，动态地将计算任务调度到最匹配的边缘计算节点，从而提高计算资源利用率和用户体验。

2. 算力网络的基本架构

算力网络（CFN）的原理架构如图 11.1 所示，包括 CFN 节点、CFN 服务、CFN 适配器等 3 个部分。

（1）CFN 节点。CFN 节点是 CFN 网络的基本功能实体，一般集成在边缘计算节点中，可以实时提供节点的计算资源负载情况以及向用户终端提供 CFN 服务访问的能力。CFN 节点主要包括 CFN 入口和 CFN 出口。其中，CFN 入口面向客户端，负责服务的实时寻址和流量调度；CFN 出口面向服务端，负责服务状态的查询、汇聚和全网发布。CFN 节点可作为虚拟网络功能部署于服务器，也可部署在接入环或城域网中的接入路由器等物理设备。

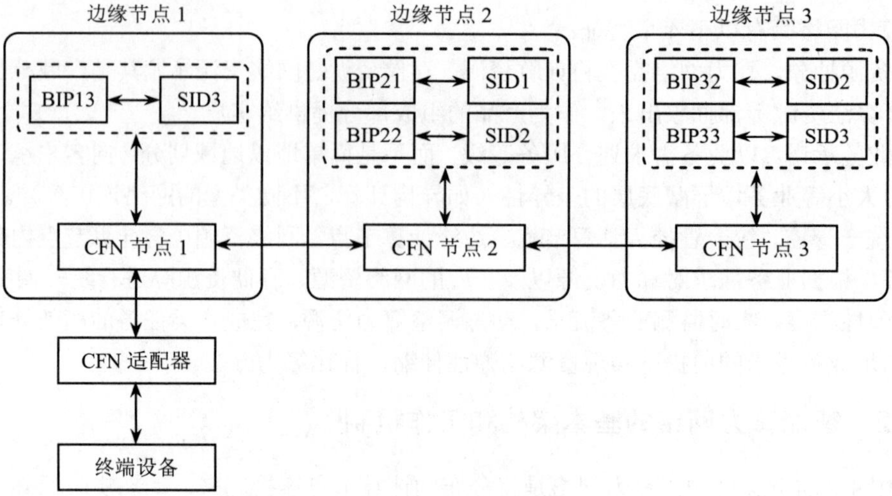

图 11.1 CFN 的原理架构

（2）CFN 服务。CFN 服务是 CFN 节点服务注册表中的一个单位，代表一个应用服务，具有唯一服务 ID（SID）。在 CFN 中，SID 用来标识由多个边缘计算服务节点提供的特定应用服务，同时终端设备也采用 SID 来启动对服务的访问。在 CFN 系统中，SID 是一个任播地址，对某 SID 的请求可由不同的边缘计算节点响应。通过感知和计算网络状况，决定选择响应请求的边缘计算节点的过程称为算力服务调度。在算力服务调度期间，会选择最合适的边缘计算节点（即 CFN 出口），并基于该节点处理指定的计算服务请求。

一个服务通常可以部署在多个边缘计算服务节点中，这些节点可以由运行在 Pod、容器或者虚拟机上的工作负载实例实现，每个服务节点可以由 IP 地址来区分。例如，在图 11.1 中，SID2 标识的服务可以由具有 BIP22 的 CFN 节点 2 或具有 BIP32 的 CFN 节点 3 来提供。当从终端设备到 SID2 的服务请求到达 CFN 入口（在本例中是 CFN 节点 1）时，CFN 入口节点应动态确定该请求应发送到哪个 CFN 出口；在确定具体的边缘计算服务节点之后，所有访问该服务且来自相同流的后续数据包都将发送到所选服务节点的 BIP。

（3）CFN 适配器。在 CFN 中，CFN 适配器是一个重要的功能实体，并通过保持 BIP 信息、识别初始请求包等方式帮助终端设备接入 CFN。它可以作为 CFN 节点（内部模式）的一部分实现，也可以在单独的设备（外部模式）上实现。图 11.1 中显示了 CFN 适配器的外部模式，它可以部署在客户端侧（如连接多个用户设备的虚拟网关），并作为移动网络中的用户平面功能或固定网络中的宽带远程访问服务器。采用外部模式，可以将 CFN 适配器放在离客户端更近的地方，同时 CFN 节点可以放置在某个聚合点上，并连接多个 CFN 适配器。与内部模式相比，外部 CFN 适配器可保留较少的客户端绑定信息。

算力网络的体系架构如图 11.2 所示，可以分为控制平面和数据平面。控制平面的主要作用是在 CFN 间通告扩散服务状态信息，包括计算服务状态信息和网络服务状态信息。数据平面主要作用是基于 SID 从 CFN 入口经过 IP 底层、CFN 出口和应用编程接口 API 至服务端，进行寻址和路由转发，进而实现计算任务的分发调度。

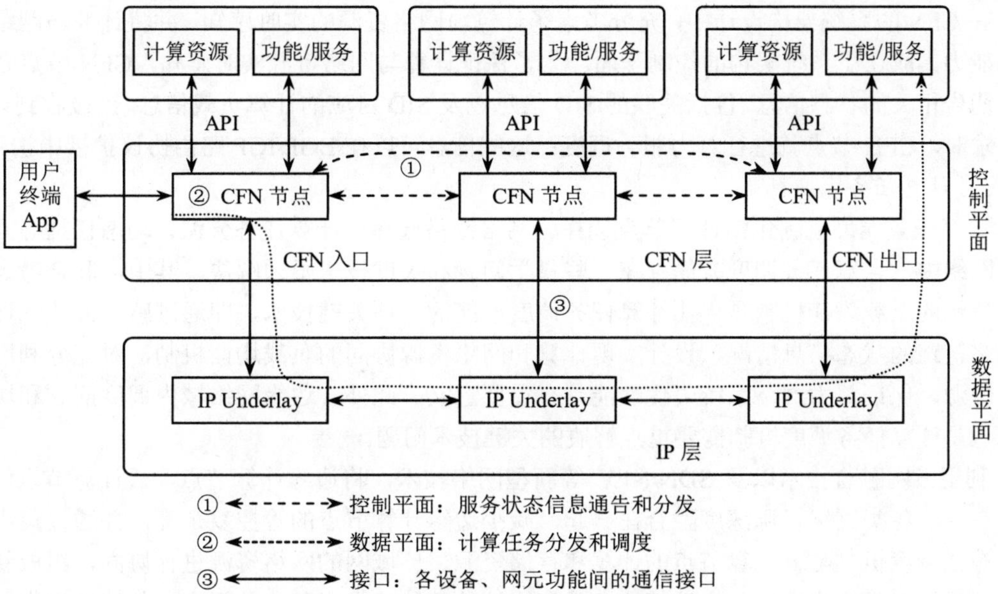

图 11.2　CFN 体系架构的控制平面和数据平面

3. 智能算力网络的工作机制

基于上述算力网络基本架构，参阅图 11.1 和图 11.2，进一步介绍算力网络的基本工作流程如下：

（1）CFN 适配器识别来自终端设备的新服务请求，可通过特定的 SID 任播地址范围来识别。

（2）CFN 适配器将请求转发到其关联的 CFN 节点，即 CFN 入口。

（3）CFN 入口基于服务节点的计算资源负载状况、网络状态和其他信息，确定最合适的 CFN 出口；然后，CFN 入口将请求转发到选定的 CFN 出口。需要注意的是，CFN 入口也可以选择本节点来服务请求；在这种情况下，该节点既是 CFN 入口也是 CFN 出口。

（4）CFN 出口接收来自 CFN 入口的请求，并使用绑定 IP（BIP）作为目的地址，来接入所需的服务。

（5）CFN 适配器会保持关于流的绑定信息（包括 SID、CFN 出口等）。

（6）CFN 入口将来自相同流中相同服务的后续数据包发送到绑定的 CFN 出口，以保持其业务流粘性。

（7）CFN 各节点将服务节点的状态（如特定服务的可用计算资源）定期彼此分发。

11.3.3　智能算力网络的关键技术

算力网络作为一种新型网络技术，在关键技术方面特别是状态感知、任务调度等方面有关键性的技术创新。

1. 计算与网络资源状态感知机制

异构泛在计算资源状态的实时感知是算力网络的一项关键技术。实时动态地感知边缘网络的状态，如传输时延、抖动、带宽资源利用率等网络信息，进而选择一条最优的传输路径分发计算任务对提升算力网络系统性能具有重要意义。因此，异构泛在网络状态的实时感知是算力网络中的一项关键技术。

在 CFN 的系统架构设计中，充分考虑了计算与网络资源的实时感知，并将计算与网络资源的感知能力集成在了系统架构的控制平面。为了保证计算与网络资源实时感知，CFN 节点之间需要相互通告相关的状态信息，包括关联的 SID 信息以及 SID 对应的计算负载信息。当接收到访问 SID 的请求时，CFN 节点就进行算力服务调度；这些信息可以在 BGP/IGP 路由协议扩展中携带。

2. 计算任务调度机制

计算任务调度机制包括计算节点选择、网络链路选择、计算任务分派、动态任播等问题。在算力网络中，计算任务调度方面存在一些科学问题和关键技术亟须解决。其中，联合考虑计算和网络资源的负载均衡机制是优化计算任务调度性能的一项关键技术，即通过感知的边缘计算节点和网络链路的状态信息情况，设计实现计算和网络资源协同的负载均衡机制，对充分利用计算和网络资源，保证算力网络系统最优性能具有重要意义。此外，边缘网络域内调度问题和域间调度问题也是计算任务调度机制需要重点解决的关键技术问题。

利用云网融合技术以及 SDN/NFV 等新型网络技术，将边缘计算节点、云计算节点以及含广域网在内的各类网络资源深度融合在一起，减少边缘计算节点的管控复杂度，并通过集中控制或者分布式调度机制与云计算节点的计算和存储资源、广域网的网络资源进行协同，组成新一代信息基础设施，为客户提供包含计算、存储和连接的整体算力服务，并根据业务特性提供灵活、可调度的按需服务。

11.3.4 智能算力网络的应用示例

本小节介绍一种融合边缘计算的新型科研云服务架构，阐述该架构的基本功能，给出相关典型应用场景与服务能力。该架构能够满足科学计算在数据传输优化、虚拟组网、5G 融合接入、边云协同算力网络和边缘云科研应用服务等包括智能控制、智能管控和智能调度在内的多场景需求。

1. 系统架构

本系统以计算存储网络融合路线为基础，整合 5G、边缘计算、人工智能、网络虚拟化等技术，形成异构融合、云边协同人工智能算力网络架构，如图 11.3 所示。

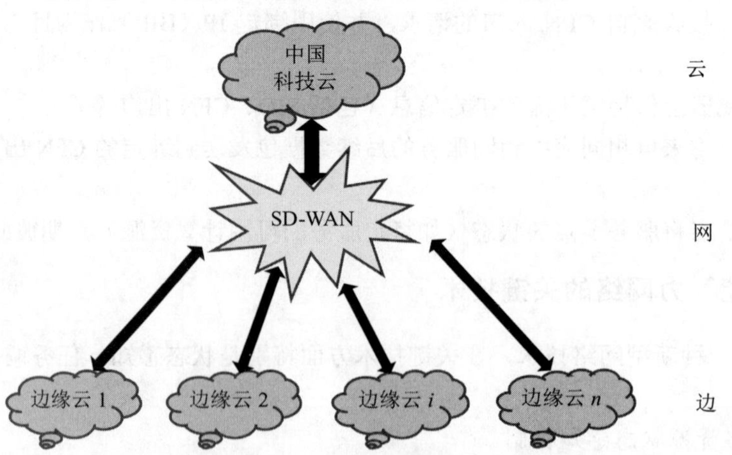

图 11.3 云网边协同的科技云系统架构

图 11.3 中，云为中国科技云，执行云网边端智能协同调度和计算、存储、网络融合管理。网为基于 SD-WAN 和网络切片等技术，构建连接云边的高效虚拟网络，基于智能路由和传输优化等

技术，实现端对端的高效数据传输和服务访问。**边**为由研究单位、大学研究机构、科研园区、大数据中心或算力中心、超算中心和野外计算台站等组成的网络边缘集合，向网络边缘提供异构接入管理以及面向应用的传输管理、分布式数据处理和边缘应用服务。

2. 功能架构

云网边协同的科技云功能架构如图 11.4 所示。基于“智能接入与边缘计算”与“SDN 高速网络”，实现多样化接入资源与高速广域传输资源的一体化管理，为科研用户提供端到端的柔性网络服务；基于超融合计算及大数据存储管理技术，有效整合边缘计算、云计算、超级计算、智能计算、分布式存储等全局计算与存储资源，为科研用户提供高通量计算、可靠存储与可视化交互服务；基于“智能管控与运行服务”，实现全局计算、存储、网络资源的智能调度管理，打通科学数据“采集、汇聚、传输、处理、交互”全流程，为重大科技创新活动提供新型“云网一体”智能服务。

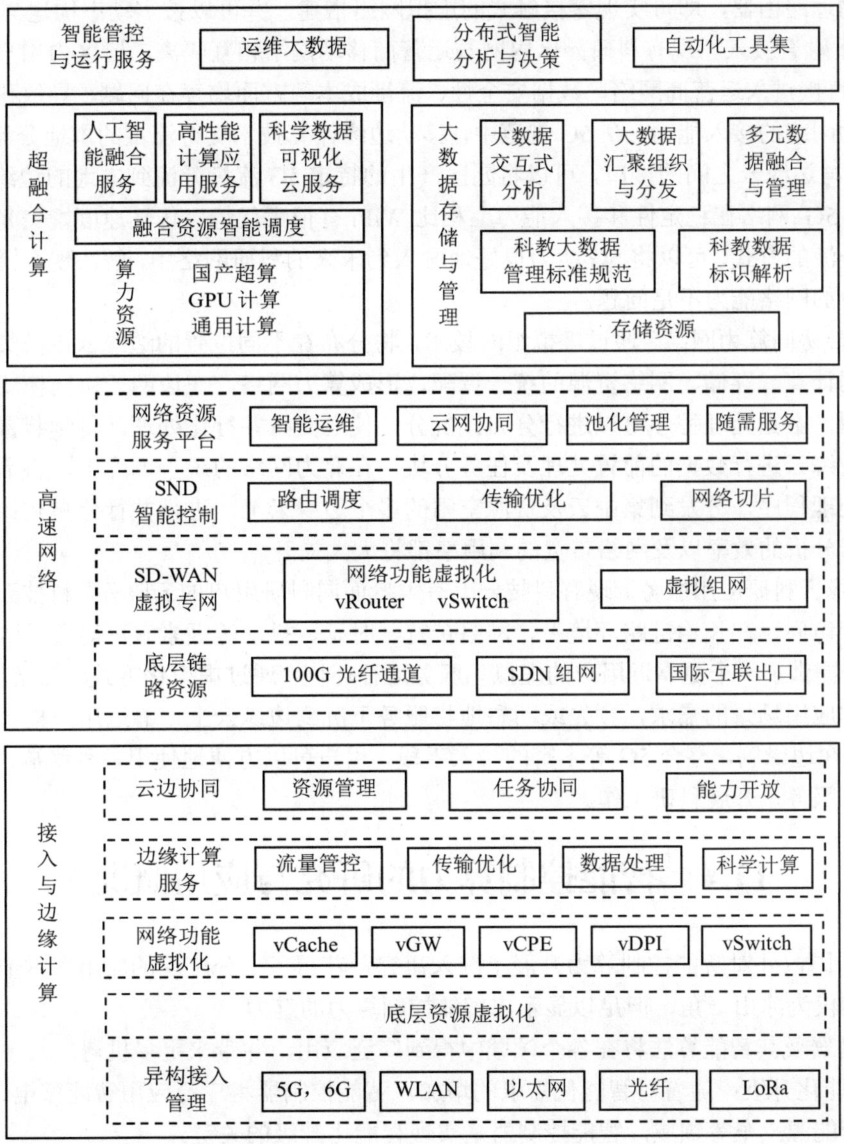

图 11.4　云网边协同的科技云功能架构

3. 典型应用场景与服务能力

（1）传输优化。针对不同类型的用户及其应用场景，利用边缘计算网络功能虚拟化技术，提供灵活的流量接入方式和精细化的流量管理能力。在科技网及互联网上部署云转发节点，通过节点间的虚拟组网，在物理网络之上构建面向不同应用的虚拟加速专网。边缘云与云端转发节点之间形成虚拟加速网，采用动态路由及优化传输协议，实现对特定的科学数据流量的端到端传输优化，建设覆盖多场景、全终端的网络加速服务能力，并支持通过云服务的形式向用户提供加速服务开放，实现自助管理。

（2）虚拟组网。针对需要专有网络保障的科研应用（如重大联合项目组和大科学装置等），在边缘云上动态部署虚拟接入网关，与科技网上的云转发节点一起组成虚拟网络，在物理网络之上构建面向不同科研应用的虚拟专网。采用边缘云虚拟化技术，不需要在用户侧部署设备和在骨干网上部署物理路由器，即可实现零接触式的虚拟网络搭建，并可以按需动态构建与撤销。

（3）5G 融合接入。现有科研园区内网与运营商移动网络相互隔离，园区内用户终端产生的 4G 流量全部直接进入运营商网络，数据安全性、流量成本等方面均存在问题，导致科研活动无法直接使用移动网络的接入能力。在 5G 规范中，移动边缘计算技术支持流量的本地分流。通过打通园区 5G 基站与边缘云之间的接口，可以将园区产生的特定 5G 流量分流到本地的边缘云，实现流量的内网化。5G 网络在稳定性和接入能力上相比 WiFi 有很大优势，传输速度媲美光纤。通过边缘计算本地分流的方式，可以将 5G 能力很好地融入到未来的科研网络中，解决现有园区网络在部分应用场景中的网络能力不足问题。

（4）边云协同算力网络。通过虚拟组网技术，将分布在不同位置的边缘云以及集中云连接起来，实现全网计算、存储、网络资源的统一调配，形成算力网络。在边网云协同模式下，根据不同的计算模型，数据处理程序可以进行分布式拆分，使之支持并行化处理。科学装置的数据产生后，在邻近边缘云进行数据的前置处理及任务分块，在算力网络的统一调度下，将需要处理的数据及对应的处理程序，分发到集中云及资源空闲的多个边缘云上，进行并行分布式计算。在此模式之下，数据分析的效率以及网络带宽的利用率都将大大提升。

（5）边缘云科研应用服务。现有科技云上有大量面向科研用户的云服务，科技云用户通过中国科技网进行访问，在长途链路环境下，网络带宽、时延、抖动等因素有可能会导致服务质量不稳定。边缘云提供了一个更靠近用户的虚拟化服务运行环境，通过虚拟化方式将云端服务封装后，可以根据具体应用场景的需求，预先或动态地将服务下沉到边缘云上，靠近用户提供更高质量的服务。同时，在边缘侧，整合 5G 等丰富的接入手段，用户可以方便地使用各种终端，随时随地高效访问科技云服务，开展科研工作。

11.4 智能控制算力的研究与应用概况

近年来，国内外对智能控制算力开展了深入研究，获得了十分广泛的应用。本节介绍其中部分成果，虽然仅为冰山一角，但足以显示出智能控制算力的魅力。

智能控制器及其智能算法将在各个领域中得到广泛应用，并带来更多机遇：

（1）智能化升级：随着对智能化需求的增加，智能控制器将广泛应用智能家电、电动工具、园林工具和新能源汽车等领域，智能控制器是实现智能化升级的关键。

（2）数据收集与分析：智能控制器通过传感器等设备收集大量数据，并利用智能算法进行分析和处理，用于产品的优化和改进，并为企业提供更准确的决策支持。智能控制器作为物联网大数据平台的基本组成部分，承担着信息采集、传输和控制的重要功能。

（3）人机交互：随着人工智能技术的不断进步，智能控制器将能够更好地与人进行交互。智能制造、智慧交通、智能音箱、智能家居等产品需要智能控制器的支持，以实现更自然、智能、人性化的交互方式。例如，在生产线上，智能控制器可以控制机器人、AGV 等设备，实现自动化生产。

有关智能控制算力的大量研究和应用成果，如雨后春笋般促进智能控制以及人工智能的发展。下面略举智能算力研究和应用的一些实例，以供参考。

李强等发表了“大电网网络分析计算能力提升及多级协同计算架构关键技术与应用”发明专利[191]。特高压交直流混联大电网的一体化调控运行和间歇性新能源的大规模接入对网络分析应用提出了新的要求。首先，调控系统电网建模规模日益扩大使得应用计算量大幅增加，间歇性新能源的快速波动要求调控系统快速提供安全计算和分析结果。其次，在计算精度方面，为更加准确地把握和控制大电网运行态势，需要应用更高计算精度的安全分析结果。第三，多级调度的一体化调控运行，要求各级系统具备全网统一的分析计算能力。针对上述需求，项目利用 GPU 并行、集群多核并行和分布式计算等技术，从网络分析应用新型计算方法、多级调度一体化协同计算方法、计算结果准确性分析与评价以及编程辅助工具等方面开展研究，多方面提升系统的计算能力。

天弛网络基于软件定义网络（SDN）新型网络创新架构，自主研发的玄武智能网络控制系统，通过将网络控制与数据转发相分离，实现集中式的网络管理和动态的流量控制，为高效、灵活和安全的网络提供了新的解决方案[237]。玄武智能网络控制系统的核心优势之一是其集中式的网络控制。通过玄武平台，管理员可以集中管理和配置网络设备，实现对整个网络的实时监控和控制。这种集中化的控制架构使得网络管理更加简单高效，可以快速响应网络变化需求。同时，SDN 的灵活性使得网络流量的调度和负载均衡更加智能化，提高了网络的性能和资源利用率。

Hung 等发表了“一种智能计算设备，具有连接到控制电路的算力模块，其中每个算力模块包括多个算力单元，以通过算力单元的分配来运行加密算法”发明专利[54]。本专利提供了一种用于分配计算能力的智能计算设备、系统和方法。智能计算设备包括控制电路和一个或多个计算模块。每个计算模块都具有多个计算单元。每个计算单元实现一个通用计算芯片，该芯片包括多个加密逻辑元件，并且每个加密逻辑元件都支持一个加密功能。计算芯片可以通过设置它们的连接和计算顺序以加密算法进行操作。当智能计算设备运行时，该设备将其计算能力投入各矿池以参与数据挖掘，从而获得关于各种加密货币的投入回报。之后，设备根据投入回报动态分配其计算能力。因此，这些设备组成的智能计算设备或系统可以在最佳利润模式下运行。

Liu Y等的实用新型发明专利“基于云计算的智能能源供电系统，配电箱与智能断路器控制器相连，供电电路根据控制指令控制智能断路器的开关状态”[72]，是一种基于云计算技术的智能节能供电系统方法，包括智能配电节能控制单元（含智能断路器控制器和智能网关）和智能断路器监控供电回路。将用电负荷数据发送给主控制器，主控制器采集智能断路器对用电数据的监测并发送给智能网关；智能网关通过互联网向节能控制单元发送用电数据；节能控制单元接收智能网关发送的用电数据，分析用电量数据，根据节能措施生成开关控制指令，开关控制指令通过互联网发送给智能网关；所述主控制器通过智能网关获得开关控制指令，以控制智能断路器的电源电路接通或断开电力负载。

唐道贵完成了硕士学位论文“基于智能控制算法的混合动力船舶能量管理策略研究”[234]。针对蓄电池推进原型船的燃料电池、蓄电池和超级电容混合动力系统设计，采用基于小波变换和模糊控制的智能控制策略对各个动力源的输出进行优化。其中小波变换根据各动力系统的特性进行功率分配，模糊控制保证动力系统满足船舶的功率需求。在MATLAB/Simulink平台中对系统进行建模。设计基于智能控制算法的混合动力船舶能量管理策略，利用小波变换对功率信号进行分解，并对细节信号和近似信号分别重构，根据各个动力源的不同特性进行功率的分配；确定模糊控制的输入输出量，制定其隶属度函数，根据专家经验设计模糊规则，完成模糊控制器的总体设计，并在MATLAB/Simulink平台对能量管理策略进行编程与建模。

11.5 本章小结

本章讨论智能算力，即计算能力，是人工智能和智能控制的核心要素之一和实现智能功能的重要保障。算力是继人力、畜力、水力、热力、电力之后的一种新的先进生产力。

11.1 节讨论智能算力的定义和分类。目前对智能算力还没有统一的标准定义，简而言之可将算力理解为机器通过信息数据处理实现目标结果输出的计算能力。本节还给出了算力的衡量指标和基准单位。

按技术架构将智能算力分为两大类，即通用算力和专用算力。与此相应，将承担输出算力任务的芯片也分为通用芯片和专用芯片。按芯片位置分类可分为云端人工智能芯片和边缘端人工智能芯片。按算力任务分类分为智能训练芯片和智能推理芯片。

11.2 节探讨智能芯片的发展历史。芯片是智能算力的基础，芯片的发展水平是衡量智能算力的重要依据。按照技术进步过程可把智能芯片分为CPU、GPU、CPU+GPU、专用AI芯片4个阶段。

智能芯片出现如下发展态势：人工智能应用领域快速发展催生超低功耗智能芯片、智能芯片将从确定算法和场景的加速芯片向通用智能芯片发展、开源芯片有望成为智能芯片的发展新秀、类脑芯片领域呈现异军突起之势。从智能芯片的发展历史和发展趋势可以看到，智能芯片已取得重大发展和巨大进步。

11.3 节研究智能算力网络的定义、特征、基本架构、工作机制、关键技术和应用示例，是智能算力网络的主要内容。

算力网络是一种在云、网、边之间按需分配和灵活调度计算资源、存储资源以及网络资源的新型信息基础设施。智能算力网络具有资源抽象、业务承诺、统一管控、弹性调度等4个特征。

算力网络的原理架构由CFN节点、CFN服务、CFN适配器等3个部分组成。基于算力网络原理架构给出了人工智能算力网络的工作机制。

在算力网络关键技术方面，讨论了计算与网络资源状态感知机制和计算任务调度机制等关键性技术创新。本节还提供一个比较典型的智能算力网络应用示例，一种融合边缘计算的新型科研云服务架构，阐述该架构的基本功能，给出相关典型应用场景与服务能力。

11.4 节介绍智能控制算力研究和应用的部分成果，虽然仅为冰山一角，但足以显示出智能控制算力的魅力。智能控制器及其智能算法将在各个领域中得到广泛应用，并带来更多机遇。

习　题　11

11-1　智能算力有何定义？你是如何理解算力的？

11-2　算力在人工智能和智能控制中的地位和作用是什么？

11-3　算力和电力都是生产力，试比较电力和算力的相应关系。

11-4　算力是如何衡量的？有哪些常用衡量单位？

11-5　智能算力与芯片是什么关系？它们是怎么分类的？

11-6　试评介智能芯片的发展历史。

11-7　当前智能芯片出现怎样的发展态势？

11-8　如何定义智能的算力网络？试比较电网和算网的作用。

11-9　智能算力网络具有哪些特征？

11-10　算力网络的主要任务是什么？

11-11　智能算力网络的基本架构由哪些部分组成？每个部分的作用是什么？

11-12　结合插图，试介绍算力网络的工作机制或流程。

11-13　算力网络有哪些关键技术和机制？

11-14　请你在查阅文献资料的基础上，评介一个智能算力网络的应用实例。

11-15　与一般智能算力网络比较，普适智能算力网络有何特点？

11-16　举例介绍智能控制算力的开发与应用。

第 12 章 智能控制的发展简史与展望

本章探讨人工智能发展历史，特别是中国人工智能发展简史，并展望人工智能在研究、开发和应用诸方面的发展方向。

12.1 智能控制发展简史

关于国际智能控制的发展过程，已在第 1 章作过概述。本节结合国际人工智能发展足迹着重介绍我国智能控制的简要发展历程，概括我国智能控制基础研究、学术研究和科技研究取得的成果，归纳我国智能控制教育、教学和人才培养的基本成就，指出我国智能控制发展中存在的一些问题。

12.1.1 国内外智能控制发展过程

智能控制的产生和发展正反映了当代自动控制的发展趋势，是历史的必然。值得回顾的国际智能控制主要事件有：

国际智能控制的奠基者、国际模式识别之父傅京孙（King-sun Fu）于 1965 年把人工智能的启发式推理规则用于学习控制，1971 年又论述了人工智能与自动控制的交接关系，成为“智能控制二元交集结构”的基础，开启智能控制的先河。

国际模糊集合的创始人扎德（Zadeh）于 1965 年发表了《模糊集合》论文，奠定了模糊逻辑的基础；1972 年又发表了《模糊控制的基本原理》论文，开启模糊控制的研究与应用，推动智能控制发展。

智能递阶控制的先行者萨里迪斯（Saridis）提出了智能控制的 3 级递阶控制结构，认为智能控制系统由组织级、协调级和执行级组成，并提出智能控制的“精度随智能降低而提高”的原理，为智能控制的分类和递阶控制理论做出特别贡献。

麦卡洛克（McCulloch）和皮特茨（Pitts）于 1943 年提出的“似脑机器”思想，反映出神经网络概念。经过许多神经网络研究者的努力，这方面的研究深入发展，尤其是在 20 世纪 70 年代由沃博斯（Werbos）开发的反向传播算法和霍普菲尔德（Hopfield）开发的一种递归神经网络以及 20 世纪 80 年代由珀克（Parker）和鲁姆尔哈特（Rumelhart）发现的反向传播（BP）算法，使神经网络持续发展，并获得日益广泛的应用。进入 21 世纪以来，神经网络的研究更上新台阶，其中深层神经网络及其深度学习算法已引人注目，获得包括智能控制界在内的各行各业的普遍应用，有力促进人工智能和智能控制的发展，产生极为深远的影响。

随着人工智能和机器人技术的快速发展，国内外智能控制的研究出现一股又一股新的热潮，并获得持续发展。各种智能控制系统，包括专家控制、模糊控制、递阶控制、学习控制、神经控制、进化控制、免疫控制和智能规划系统等已先后开发成功，并被应用于各类工业过程控制系统、智能机器人系统和智能制造系统等。

12.1.2 我国智能控制科技成果

在智能控制出现第一次思潮的 20 世纪 60 年代中期至 70 年代中期，我国未能加入早期国际智能控制研究行列。1978 年 12 月，中国共产党十一届三中全会召开，做出我国改革开放的伟大战略决策，也迎来了中国科学的春天。

相对于人工智能和机器人学，我国的智能控制研究虽然起步晚于智能控制的发源地——美国，但自国际智能控制学科诞生后，就基本上保持紧密跟踪状态，许多研究与国际智能控制前沿研究保持同步，并有所创新。在 20 世纪七八十年代，我国的专家控制和专家规划系统开发蓬勃发展，出现不少成果。国内外对模糊控制的理论探索和实际应用两个方面，都进行了广泛研究，并取得一批令人感兴趣的成果。近 20 多年来，基于神经网络控制的理论和机理已获进一步开发和应用。以神经控制器为基础而构成的神经控制系统已在非线性和分布式控制系统以及自学习、自适应系统中得到不少成功应用。我国的神经控制研究与应用成果令人瞩目，我国学者先后提出一些新的智能控制理论、方法和技术。

1. 形成智能控制学科

中国学者出席了 1987 年在美国费城召开的第一次智能控制国际学术研讨会（ISIC），为会议的成功做出了应有贡献。

自 20 世纪 90 年代以来，国内对智能控制的研究进一步活跃起来，相关学术组织不断出现，学术会议经常召开。已成立了一些关于智能控制的学术团体，如中国人工智能学会智能控制与智能管理专业委员会及智能机器人专业委员会，中国自动化学会智能自动化专业委员会等。与智能控制相关的刊物，如《模式识别与人工智能》《智能系统学报》和 *CAAI Transaction on Intelligence Technology*（《智能技术学报》）等期刊也先后创刊。这些情况表明，智能控制作为一门独立的新学科，已在我国开始建立起来了。1993 年由我国学者发挥重要作用与组织召开的首届“全球华人智能控制与智能自动化大会”，后更名为“智能控制与自动化世界大会”（World Congress on Intelligent Control and Automation，WCICA），至 2018 年已举行 13 届，不但说明在中国已经形成智能控制学科，而且也对国际智能控制的发展起到很大的促进作用。表 12.1 给出了历届智能控制与自动化世界大会的简况。

表 12.1 历届智能控制与自动化世界大会情况

序号	大会名称	召开时间	举行地点
1	第一届全球华人智能控制与智能自动化大会	1993 年 8 月 26—30 日	北京
2	第二届全球华人智能控制与智能自动化大会	1997 年 6 月 23—27 日	西安
3	第三届全球智能控制与自动化大会	2000 年 6 月 28 日—7 月 2 日	合肥
4	第四届全球智能控制与自动化大会	2002 年 6 月 10—14 日	上海
5	第五届全球智能控制与自动化大会	2004 年 6 月 15—19 日	杭州
6	第六届全球智能控制与自动化大会	2006 年 6 月 21—23 日	大连
7	第七届全球智能控制与自动化大会	2008 年 6 月 25—27 日	重庆
8	第八届智能控制与自动化世界大会	2010 年 7 月 7—9 日	济南
9	第九届智能控制与自动化世界大会	2011 年 6 月 21—25 日	台北
10	第十届智能控制与自动化世界大会	2012 年 7 月 6—8 日	北京
11	第十一届智能控制与自动化世界大会	2014 年 6 月 27—30 日	沈阳
12	第十二届智能控制与自动化世界大会	2016 年 6 月 12—15 日	桂林
13	第十三届智能控制与自动化世界大会	2018 年 7 月 4—8 日	长沙

此外，还举办了中国智能自动化学术会议、全国智能控制专家讨论会等，交流智能控制和智能自动化的研究成果。在其他相关国内学术会议上，也有反映国内智能控制、模糊控制、神经控制及其应用研究成果的论文发表。

2. 基础理论与方法研究颇具特色

我国的智能控制研究在跟踪国际发展步伐的同时，也创造了一批智能控制研究成果。智能仿人控制、基于智能特征模型的智能控制方法、生物控制论、智能控制四元结构理论和免疫控制系统等是这些成果的突出代表。

（1）基于智能特征模型的智能控制方法。吴宏鑫及其团队提出的“航天器变结构变系数的智能控制方法”和“基于智能特征模型的智能控制方法”等，为复杂航天器和工业过程智能控制器的设计开拓了一条新的道路。此外，他还在交会对接和空间站控制等方面进行了创新研究。他的理论方法已应用于“神舟”飞船返回控制、空间环境模拟器控制、卫星整星瞬变热流控制和铝电解过程控制等控制系统。

（2）多学科、多层次、系统化的智能控制方法。王飞跃采用多学科、多层次、系统化的研究方法，从交叉性的角度探索智能控制，从结构、过程、算法和实现方面建立了一个解析和完备的智能控制理论，并应用于许多工程中的复杂系统的控制和管理。例如，代理控制方法、智能指挥与控制体系、智能交通系统、智能空间和智能家居系统以及综合工业自动化等领域。

（3）智能控制系统和生物控制论研究。涂序彦于 1976 年在国内率先开展了智能控制研究，1980 年主持研制“模糊控制器”等智能控制器。1986 年承担国家自然科学基金项目“智能控制系统”，提出“多级自寻优智能控制器”“多级模糊控制”和“产生式自学习控制”等新方法。他们还将智能控制应用于冶金等生产过程。

（4）模拟人的控制行为与功能的仿人智能控制。仿人控制综合了递阶控制、专家控制和基于模型控制的特点，实际上可以把它看作一种复合智能控制。仿人控制的思想是周其鉴等于 1983 年正式提出的，具有明显特色和比较系统的设计方法。仿人控制的基本思想是在模拟人的控制结构的基础上，进一步研究和模拟人的控制行为与功能，并把它用于控制系统，实现控制目标。

（5）智能控制四元交集结构理论。智能控制的学科结构理论体系是智能控制基础研究的一个重要课题。自 1971 年傅京孙提出把智能控制作为人工智能和自动控制的交接（二元交集）领域之后，萨里迪斯于 1977 年提出三元交集结构。蔡自兴于 1987 年提出的智能控制的四元交集结构，认为智能控制是自动控制、人工智能、信息论和运筹学四个子学科的交集。这些智能控制学科结构思想有助于对智能控制的进一步深刻认识。此外，智能控制四元交集结构理论还推广到免疫控制，形成免疫控制的四元交集结构理论。

（6）钢铁工业神经学习控制系统的开发。吕勇哉于 1989 年把专家系统和知识工程用于工业控制，获得美国仪器学会 UOP 技术奖。1996 年和 1995 年发表在美国《钢铁工程师》杂志的论文 *Meeting the Challenge of Intelligent System Technologies in the Iron and Steel Industry* 和 *Integrated Neural System for Coating Weight Control of Hot Dip Galvanizing Line* 先后获得美国钢铁工程师协会的 Kelly 最优论文奖。后者是世界上第一个用于热浸镀线的神经学习控制系统。

3. 专著论文发表丰硕

国际上，美国等国较早开展智能控制研究，中国也保持同步，出版了一批智能控制专著和论文汇编。其中在 2000 年前出版的有代表性的专著包括：*Intelligent Control: Aspects of Fuzzy Logic and Neural Nets*（智能控制：模糊逻辑和神经网络的观点，1993）、*Industrial Intelligent Control: Fundamentals and Applications*（工业智能控制基础与应用，1996）、*Intelligent Control: Principles, Techniques and Applications*（智能控制原理、技术与应用，1997）、*Intelligent Control Based on Flexible Neural Networks*（基于柔性神经网络的智能控制，1999）。其中，有两部专著是由中国学者完成的。

我国学者在智能控制研究开发和应用的基础上，发表了许多以智能控制为主题的论著。据不完全统计，我国至今已编著出版了 30 多部智能控制专著。这些著作总结和交流了智能控制研究成果，对我国智能控制研究和国内外学术交流起到不可或缺的重要作用，对智能控制的进一步研究起到重要的指导作用。

我国学者在国内发表的与智能控制相关的论文数以万计，仅从百度百科查询到的“智能控制”相关论文就高达 325000 篇；从维普资讯中文期刊服务平台查询到的“智能控制”相关论文，2004—2018 年就达 28780 篇。

4. *科技及其应用研究成果显著*

在过去 40 多年，特别是近 20 多年来，我国广大智能控制科技工作者对智能控制进行了多方面研究，取得不俗的科技研究成果。根据国家科学技术奖获奖公告，统计出涉及智能控制的 2000—2018 年国家科技部颁发的科学技术奖项，包括国家自然科学奖二等奖三项、国家技术发明奖二等奖三项、国家科技进步奖二等奖十项。此外，还有吴文俊人工智能科学技术奖中涉及智能控制的奖项十多项。

如果说我国智能控制的理论基础研究开展还有待进一步深入，那么其应用研究就比较普遍，应用领域也比较广泛。下面简介智能控制在一些行业的应用状况。

（1）在过程控制中的应用。从 20 世纪 80 年代开始，智能控制在石油化工、航空航天、冶金、轻工等过程控制中获得比较广泛的发展。除了航空航天领域外，在石油化工领域将神经网络与专家系统结合，应用于炼油厂的非线性工艺过程控制，有效地提高生产效率。在冶金领域，采用模糊控制的高炉温度控制系统，可有效提高炉内温度控制精度，进而提高钢铁冶炼质量。

（2）在机器人控制中的应用。目前，智能控制技术已经应用到机器人技术的许多方面，如基于多传感器信息融合和图像处理的移动机器人导航控制与装配、机器人自主避障和路径规划、机器人非线性动力学控制、空间机器人的姿态控制等。将智能控制技术引入机器人，极大地推动机器人行业的发展，提高机器人的智能化程度和行业水平。

（3）在智能电网中的应用。智能控制对电力系统的安全运行与节能运行方面具有重要的意义。在电网运行的过程中，将智能控制技术应用于电网故障检测、测量、补偿、控制和决策系统中，能够实现电网的智能化，提高电网运行效率。采用模糊逻辑控制技术能够及时发现电网中的安全隐患，提高智能电网的可靠性、抗干扰能力，保证系统稳定运行。将专家控制系统应用于电网规划，可以充分利用电力专家的经验和知识，不断优化电网的规划质量，提高电网优化效率。

（4）在现代农业中的应用。我国农业生产过程的智能化程度也越来越高。将智能控制技术应用于农事操作过程中，能够调节植物生长所需的温度、肥力、光照强度、CO_2 浓度等环境因素，实现对植物生长因素的精准控制，实现规模化的发展和农业最大利益。同时建立农业数据库，使生产者能够大面积、低成本、快速准获取农业信息，根据市场确定农产品数量，实现农业数据处理的标准化与智能化。

（5）在智能制造中的应用。近年来智能制造获得快速发展，在智能制造过程中，广泛应用工业机器人和智能机器人完成各种加工、搬运和任务感知，实现精准和高效生产。利用物联网和云计算等技术，对制造系统进行集成，实现工业制造与信息技术的无缝对接。借助改进物流管理流程、优化物流配送和运输方式，实现快捷制造。对智能制造中的各种数据进行自动分析，提取关键数据，优化生产流程，实现企业精细管理。

此外，智能控制在我国的智能驾驶、智能安防、智能军事、智能指挥、智能家居和智慧城市等领域，也已获得日益广泛的应用。

12.1.3 我国智能控制教育与人才培养

智能控制教育和人才培养是智能控制学科发展、科学研究与产业开发应用的重要基础。自20世纪80年代中期开始，我国部分高校开设了智能控制课程。经过30多年的推广、提升与发展，现在全国大部分重点高校的智能科学与技术、自动化/自动控制、机械电子工程等专业都开设了智能控制类的本科生和研究生课程。有些课程的教学与教改取得有益经验，已成为国家级精品课程和国家级精品资源共享课程等。例如，蔡自兴所著《智能控制》是1988年由国家教育部计算机与自动控制教材编审委员会（张钟俊任主任）招投标、胡保生主审和评审通过，并于1990年由电子工业出版社正式出版的全国统编教材，也是我国首部智能控制系统教材，同时是国际上首部系统全面介绍各种智能控制系统的专著。以该书为基础于2007年起在清华大学出版社出版的《智能控制原理与应用》，传承了该书传统。该书提出了国内外智能控制学科基本体系，包括智能控制基础理论、智能控制系统、智能控制应用和智能控制展望等。李士勇等编著的《模糊控制和智能控制理论与应用》则是我国首部智能控制研究生教材。据不完全统计，我国已编写与出版了近50部智能控制教材。这些智能控制课程和智能控制教材对于我国智能控制科技知识的传播和智能控制学科科技人才的培养起到不可或缺的重要作用。

据统计，入选国家级质量工程的智能控制类相关精品课程共12门。这些课程仅是全国质量工程国家级课程很小的一部分。例如，国家教育部2016年7月15日公布第一批国家级精品资源共享课2686门，其中，本科教育课程1767门，高职教育课程759门，网络教育课程160门。而智能控制类课程虽然榜上有名，但只有3门，约占千分之一。不过，这些智能控制类课程来之不易，已在改革中不断发展壮大，并对全国智能控制教学发挥了重要的示范与辐射作用。

12.1.4 我国智能控制的存在问题

我国智能控制在发展过程中出现如下所述的一些问题。

1. 研究以跟踪为主，创新不够

在智能控制的发展过程中，我国智能控制科技工作者在模糊控制、递阶控制、专家控制、神经控制、分布式控制、网络控制等领域都能够紧跟国际发展潮流，但自主创新成果尚不够多，国际影响力有待提高。在仿人控制、进化控制和免疫控制等领域，我国学者虽然首先提出相关新思想，为这些领域的开创与发展做出贡献，但跟进力度不足，国际影响需要进一步扩大。国内重复研究的多，创造性研究的少，停留于实验成果的多，能够在工程上应用的少。需要各方面共同努力，尽快转变这一局面。

2. 缺乏更高水平的研究成果

从前面提到的智能控制科学技术研究成果可以看出，我国智能控制研究虽然已取得一大批值得庆贺的成果，但缺乏更高级别的奖项。在国家科学技术奖中，智能控制研究奖项都是国家级二等奖，还没有实现国家级一等奖“零的突破”。在这些二等奖奖项中，又是以科技进步奖为主，自然科学奖和技术发明奖成果较少。在吴文俊人工智能科技奖中，智能控制研究奖项的科技水平也有待进一步提高。由此可见，我国智能控制研究的整体水平有待提高，不仅要向更高的国家科技水平前进，而且要努力攀登智能控制研究的国际高峰。

3. 服务国民经济重大战略不够

我国智能控制研究与应用的整体水平不够高的原因，除了研究力度不够和缺乏创新驱动外，还与服务国民经济重大战略不够有关。需要把智能控制的研究、开发和应用与国民经济的重大战略对接，在服务国家重大需求中寻找发展机遇。现在，人工智能出现蓬勃发展的大好形势，国家制定了一系列重大发展战略，特别是《中国制造 2025》（国发〔2015〕28 号）和《新一代人工智能发展规划》（国发〔2017〕35 号）。智能控制应该也能够在这些国家战略框架内占有一席之地，谋求与人工智能取得同步发展。

4. 产业化规模和核心技术有待扩大

我国智能控制产业已建立了初步基础，但如同人工智能产业一样，我国的智能控制产业的规模还不够大，关键核心科技的创新能力还不够强，自主知识产权也不够多。

5. 急需培养各层次智能控制人才问题

我国智能控制已有一批领军人才，但不够多，特别是中青年科技骨干有待迅速锻炼成长。我们需要从国家发展战略高度有计划地培养智能控制各个专业和行业的高素质人才，高层、中层、底层的人才一个也不能少。

12.2　智能控制展望

这里将展望智能控制的发展，包括智能控制的研究展望、应用展望和发展展望等。

12.2.1　智能控制研究展望

毫无疑问，在过去 30 多年中，智能控制已经获得迅速发展，并得到日益广泛的应用。越来越多的研究者从不同方向从事智能控制学科的研究工作；他们相信，智能控制一定会以其新的成果对科学、技术、经济、社会以及人民生活做出重大贡献。不过，智能控制是一门比较新的学科，无论在理论上或应用上，仍然不够完善，有待继续研究与发展。

犹如人工智能和智能机器人一样，智能控制涉及许多科技领域，如人工智能、控制论、系统论、信息论、认知心理学、认知生理学、认知工程学、语言学、逻辑学、仿生学、机器人学、VLSI 和计算机科学等。

一方面，相关科学技术的进展已为智能控制学科的发展提供强大的推动力；另一方面，智能控制的研究与发展也为上述所有领域提供一个合适的试验和应用场所。图 12.1 提出相关科学技术与智能控制系统的关系，该关系强调了发展智能科学（包括智能控制）所需要的知识与智能。

在自动控制领域，智能控制也起到越来越重要的作用。智能控制方法已经为广泛的复杂系统及其应用打开了新的大门；这些复杂系统往往具有不确定性和强非线性等特征。常规控制在应用中已遇到不少困难，而且控制系统处理这类困难的成功程度取决于系统的智能水平。智能控制已成为克服这些困难的一种比较有效的方法，并在高级机器人、智能规划与调度、自动制造系统、故障检测与诊断、交通运输、医疗以及智能仪器等方面获得广泛应用。

为了巩固与发展智能控制研究与应用成果，提出下列一些智能控制进一步研究的问题。

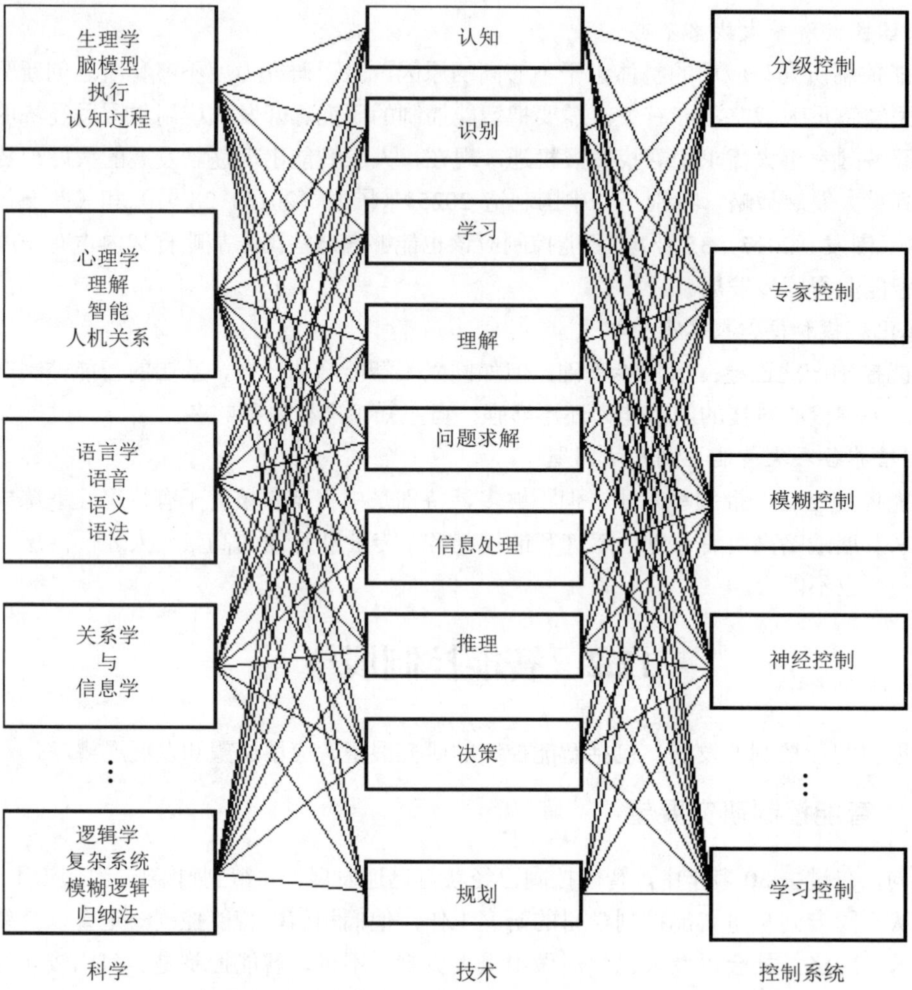

图 12.1　相关科学技术与智能控制系统的关系

1. 控制问题的表示

在过去，对控制系统的世界表示问题重视不够，而且通常只考虑采用微积分模型作为处理控制问题的主要工具，往往以隐含的方法来描述目标和控制概念。

传统上把控制系统看作表示输入和输出的时间函数的有序对集合。给出最少的受控对象（装置）为完成和描述系统未来行为所需要的信息。不过，传统的表示方法很难在广泛的范围内使用。

智能控制能够使用更多的表示方法，如图搜索、谓词演算、语义网络、过程、黑板、框架、算法和剧本等。目前已经提出和应用一些混合表示方法。还发展了一种统一的知识表示方法，而且在知识+数据的复合表示方法并用于控制过程的研究方面取得进展。

很长一段时间内，控制过程设计被理解为系统各参数的综合。后来，越来越清楚地认识到，控制过程设计是系统模型和实际结构的综合。现在，更进一步明确，这个综合包括控制任务形式化和控制策略系统化描述过程。

2. 认知控制器

当智能控制系统中的知识库规模很大而且包含多种感知信息时，智能控制器的操作将接近于人的判别。有许多人类判别（识别）的隐喻模型。不过，这些模型并非为用于智能控制系统而发明的。具有递阶感知和知识库的分级控制系统最接近（类似）于人类的认知活动。此外，对人类认知过程的理解仍然很有限和不完全。在这种情况下，设计认知控制器必将遇到许多困难。随着认知科学研究的进展，特别是人脑模型和人机接口研究的进展，将会开发出更好的认知模型和更先进的认知控制器。

3. 对智能机器研究的建议

在研究智能机器时可能考虑到的一些建议，包括：

（1）研究某种问题模糊集公式，用于智能机器分析设计，提供某种广义的组织器工作方法。

（2）开发具有判断能力的智能机器设计技术，为控制系统的规划组织、建立和执行提供更大的灵活性。

（3）用于设计智能机器的编程语言方法和直接语音控制方法，是可供选择的新的解决方法。这些方法与数学方法比较将提供更有效的信息。

（4）智能机器每个功能的可靠性分析将提供机器鲁棒性测量，并有助于选择预备程序。

（5）为了计算不同协调器的交互作用，需要注意修改数学模型和结构模型。

如果某个控制系统仅仅采用顺序控制，那么它就算不上一类智能控制。其他控制模式，诸如交互控制、自主控制、逻辑控制、认知控制以及直接语音控制等，则被认为属于智能控制。交互控制是用得最多和最易实现的，也是智能程度较低的一类智能控制。自主控制用于需要更高控制性能且含有不确定环境的系统或装置。用于复杂系统的直接语音控制一直是令人感兴趣的研究课题，而且已有所突破，获得日益广泛的应用。此外，常常采用混合控制模式。

12.2.2 智能控制应用展望

前面各章中已介绍与分析了智能控制的许多应用例子，它们涉及各类智能控制系统。智能控制是否能得到成功的应用？这是许多人关注的问题。尽管智能控制的应用还有待于进一步发展，它们的有效性也有待进一步通过实践来检验，但是，在短短 30 多年内，智能控制能够在那么广泛的范围内和较大的深度上获得成功应用，已给从事智能控制研究、开发和应用的人们以极大的鼓舞。

智能控制的研究和应用是一幅多彩多姿的图像，从实验室到工业现场，从家用电器到火箭制导，从制造业到采矿业，从飞行器到武器控制，从轧钢机到各种邮件处理机，从工业机器人到康复假肢等，都有智能控制的用武之地。下面通过实例简介，说明智能控制的几个主要应用研究领域。

1. 智能机器人规划与控制

尽管目前在工业上运行的大多数机器人还缺乏智能，但随着人工智能和机器人技术的迅速发展，已对机器人及其系统的自动化和智能化程度以及机器人的功能提出更高的要求，特别需要各种不同程度智能的机器人，其中包括产业机器人、服务机器人、空间机器人和海洋机器人等。

机器人研究者们所关心的主要研究方向之一是机器人运动的规划与控制。给出一个规定的任务之后，首先必须作出满足该任务要求的运动规划；然后，这个规划再由控制来执行，该控制足以使机器人适当地产生所期望的运动。这里，以复式自主水下运载器（Multiple Autonomous Undersea Vehicle，MAUV）的运动规划与控制系统为例加以说明。

为实现 MAUV 在复杂环境下的实时智能控制，需要研究的问题包括分布式控制、基于智能的系统、实时规划、环境建模、阈值驱动推理、智能传感、智能通信、交互问题求解、对策和学习等。MAUV 系统需要完成的作用则包括预测、探索、潜入、伪装、攻击、逃逸、通信和合作等。这些作用是在自然的和潜在危险的环境中完成的。

本项工程的目标在于对上述某些问题进行检验，这些检验对象是海洋 MAUV 和太空站遥控机器人，使它们能在多运载器情况下实现智能、自主和合作行为。

图 12.2 给出 MAUV 的一种智能控制结构方案，其实际结构采用分段分层框架。各段计算模块由一个通信系统和一个公共存储器提供服务。MAUV 系统的硬件包括计算机工作站、工业型控制机、微型处理器、多种图形处理系统等。

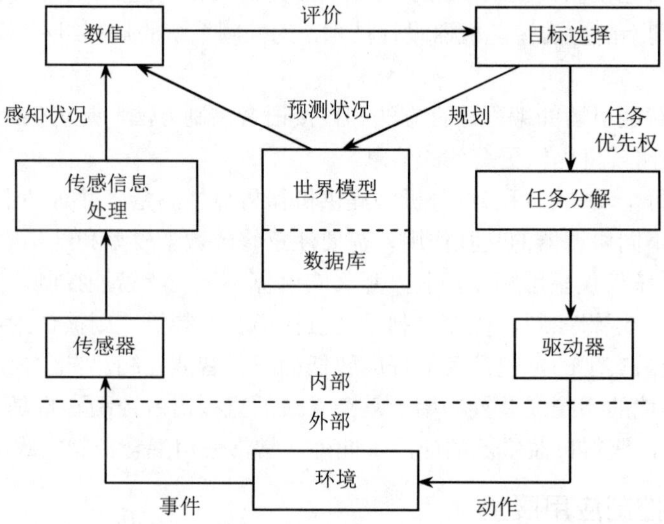

图 12.2 MAUV 的智能控制原理结构图

智能机器人的应用范围是十分广泛的，从地面机械手和移动机器人到太空飞行机器人及海洋深处的水下机器人，以及种类繁多的服务机器人，都有智能机器人的身影，不乏这类应用的例子。

2. 生产过程的智能监控

许多工业连续生产线，如轧钢、冶炼、铸造、化工、制药、炼油、材料加工、邮件分拣、造纸和核反应等，其生产过程需要监视和控制，以保证高性能和高可靠性。为保持物理参数具有一定的精度，确保产品的优质高产，已在一些连续和离散生产线/工业装置上采用了有效的智能控制模式。例如，旋转水泥窑的模糊控制、汽车工业的高级模糊逻辑控制、轧钢机的神经控制、分布式材料加工系统、分级智能材料处理、智能 pH 值过程控制、塑料剪切过程的智能控制、工业锅炉的递阶智能控制以及核反应器的知识基控制等。其中，工业锅炉的递阶智能控制可作为这方面的典型。图 12.3 表示该控制系统的混合控制器方框图。从图 12.3 可知，其控制模式包括专家控制、多模型控制和自校正 PID 控制。

本控制系统的智能控制算法采用偏差 $e(k)$与 $\Delta e(k)$的相平面分析方法，并采用产生式规则表示应当采用的控制模式。专家控制用以模拟人类专家的操作经验，并编制出 40 多条控制规则。自校正 PID 控制除了数据库、知识库和推理机外，还包括模式识别装置等。

工业现场运行结果表明，本控制器的混合结构是相当成功的。专家控制模式对于锅炉燃烧过程是适用的，当负荷增减或燃煤质量变化时，专家控制十分有效。自寻优和自学习算法则实现煤炭的经济燃烧。工业锅炉的效率因引用本专家控制而显著提高。

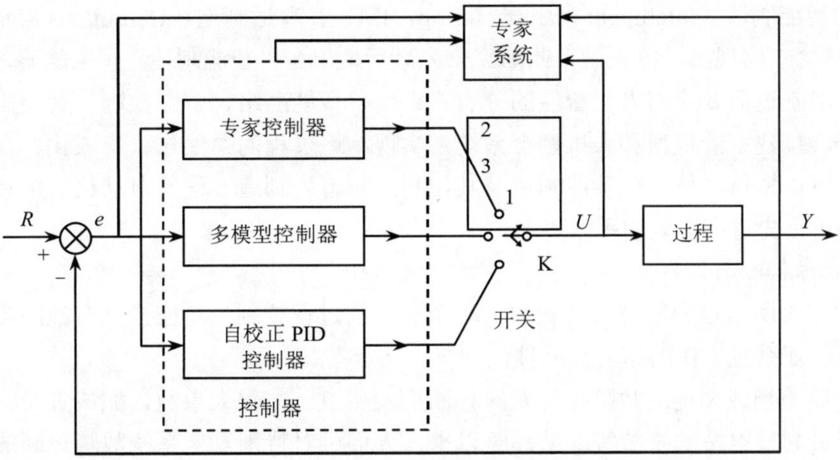

图 12.3　工业锅炉智能控制的混合控制框图

3. 智能制造系统的智能控制

作为先进制造的主要形式，计算机集成加工系统（CIMS）和柔性加工系统（FMS）在过去20多年获得迅速发展。在一个复杂的加工过程中，不同条件下的多种操作是必要的，以求保证产品质量。环境的不确定性以及系统硬件和软件的复杂性，向当代控制工程师们设计和实现有效的集成控制系统提出了挑战。

图 12.4 表示一种基于 Petri 网的自动加工智能控制系统的结构。为了把现有的 Petri 网技术用于现代加工系统，需要开发出一种新技术，把机器智能技术和 Petri 网理论以及智能离散事件控制器连接起来。我们可把 CIMS 和 FMS 系统作为离散事件驱动系统来处理，而基于 Petri 网的方法则可用来设计这类智能控制器，对 CIMS 或 FMS 系统和 Petri 网模型进行具体分析。

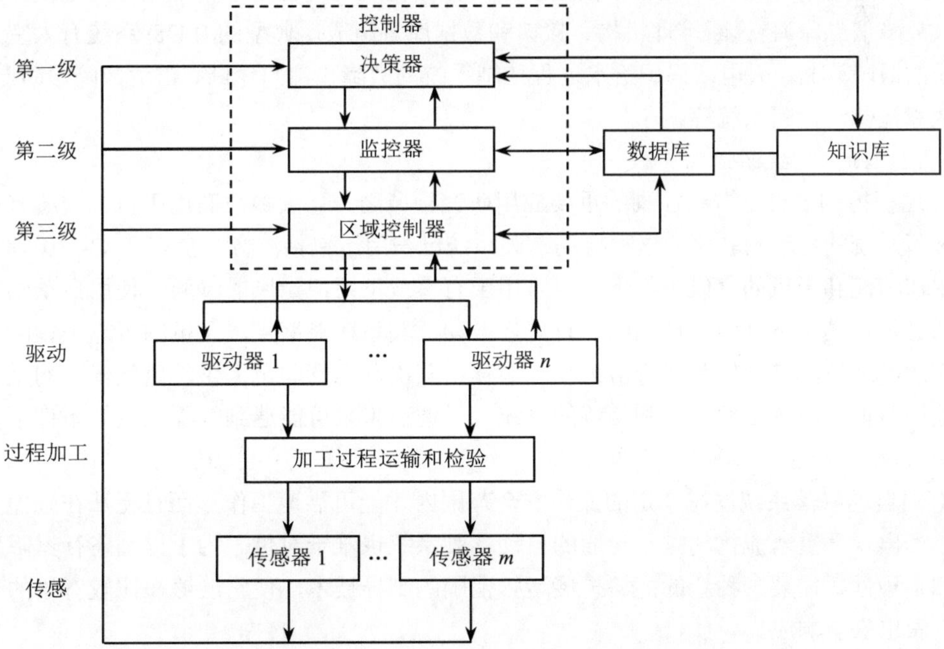

图 12.4　基于 Petri 网的自动加工智能控制系统的结构

近年来，智能制造（Intelligent Manufacturing，IM）和普适制造（Ubiquitous Manufacturing，UM）已经从概念走向现实，各先进工业国家争先恐后地出台“智能制造”国家战略，成为令人瞩目的焦点。智能制造需要应用人工智能的分布式系统、智能网络、智能控制、智能推理与智能决策等关键技术，构建智能机器和人机融合系统，实现制造过程的柔性化、集成化、自动化、信息化与智能化。可以期待，新一代智能制造及其控制系统将为制造过程的自动化、信息化、数字化和智能化提供更为先进和有效的手段。

4. 智能故障检测与诊断

故障检测和诊断与过程监控密切相关。一个高级的过程控制系统应当具有故障自动检测和自诊断能力，以保证系统工作的高度可靠性。

曾经因控制不当或未能对故障进行及时诊断而发生过一些重大事故，酿成灾难。例如，发生在苏联切尔诺贝利核电站的事故等。从那时以来，人们已对特别复杂系统故障诊断的重要性引起前所未有的重视。

当然，许多高级的医疗诊断系统也是智能故障诊断系统；不同之处仅仅在于诊断的对象不同。所有智能故障检测与诊断（IFDD）系统的一般任务是根据已观察到的状况、领域知识和经验，推断出系统、部件、人体或器官的故障原因，以便尽可能及时发现和排除故障，以提高系统或装备的可靠性。生产过程故障诊断系统能够了解各部分的特性以及这些特性间的关系，发现一种现象掩盖的另一现象，为用户提供检测数据，并尽可能正确地从不确定信息作出诊断结论。更准确地说，故障检测与诊断系统的主要任务为：①检测出系统或过程在某一时刻是否发生故障，并在故障发生后立即发出故障警报；②在故障发生后，迅速确定故障部件或部位、故障原因和程度，以及故障对系统的影响和发展趋势；③提供消除有关故障的措施，以便隔离和替换故障部件，抑制和消除有关故障，使系统或过程恢复正常工作状态。

智能故障检测与诊断系统是一个问题求解的计算机系统，也是一种智能控制系统。它一般由知识库（故障信息库）、诊断推理机构、接口和数据库等组成。典型的IFDD系统有太空站热过程控制系统的故障诊断、火电站锅炉给水过程控制系统的故障检测与诊断、雷达故障诊断专家系统、核电站故障检测与诊断系统等。

5. 飞行器的智能控制

飞行过程控制一直是自动控制的重要应用研究领域之一。大多数商用飞机都装备有可供选择的自动降落系统的自动驾驶仪。这种自动驾驶系统已被用于包括波音、空客和C-919等飞机上；一般使用在晴朗和无风的气候条件下，也可用于有雾或下雨但无风的气候。使用自动驾驶系统代替飞机驾驶员是基于下列两个理由的：首先，自动驾驶系统能够实现飞机的可靠平稳降落，从而提高乘客的舒适感，减少轮胎和降落齿轮的磨损；其次，为驾驶员提供无风气候下的重要训练手段，使他们习惯于一个必须了解和信赖的系统，以便在未来可能遇到的不利气候条件下，能够操作自如。

现有的自动降落系统仅在一定的操作安全范围内才能可靠地工作，而且无法在强烈下降气流下运行。当出现严重紊流扰动时，一般的自动驾驶系统也难于对付。为了提高飞行器降落过程的可靠性和平稳性，需要一种新的能够扩展运行范围的制导技术，使它能够在比较宽松的气候条件情况下，做出安全响应。

一种基于神经网络的飞行控制器能够提供这种控制，它能够处理紊流和其他可能出现的非线性控制情况。一个训练有素的飞行员在长期实践中发展了他的熟练的直觉；这种称为“飞行感”的直觉使他能够在各种新的和未经预测的飞行条件下做出恰如其分的操作反应。在操作上的这种“飞行感”到底是什么，还难以说清，但是它却使有经验的驾驶员能够比传统的自动驾驶控制器更好地处理非常气候尤其是恶劣气候。神经网络能够较好地处理各种非线性或未识别线性关系，而这些关系往往是驾驶员可能运用的。神经网络在原则上能够产生从一个大的变量集合（如传感器参数）到另一个变量集合（如操作模式或控制动作）的映射。

近 30 年来，智能控制已被应用于飞行过程控制，尤其是飞机的俯倾和降落控制。一种已经实现的神经网络结构，其输入信号包括飞行高度指令和飞行高度估计值等。所考虑的输入包括当前飞行高度和高长比误差值以及前一个仿真段的有关值。此外，还提供了前段的倾斜高度指令。可训练适应飞行控制器主要由“教师”（人或控制规律）和可训练控制器组成，而后者则由神经网络（采用 BP 学习算法）实现。整个飞行控制过程由飞机数学模型来表示。图 12.5 所示为一飞行器的飞行智能控制系统的制导、领航和控制结构，其中用虚线表示领航员的作用，以期与计算机的作用进行比较。

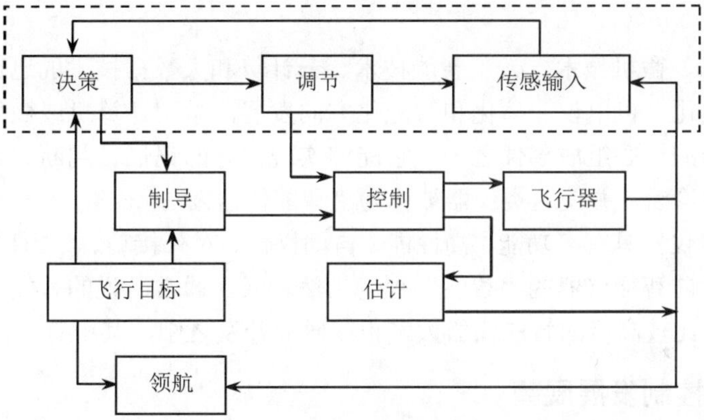

图 12.5　一个智能飞行控制系统的结构

对卫星、导弹、无人机、月球车等“飞行器”的控制，已从传统控制转为传统-智能复合控制，以满足现代航空和航天事业提出的新的控制要求。例如，前述吴宏鑫及其团队提出的航天器变结构变系数的智能控制和基于智能特征模型的智能控制等方法，用于航天器交会对接和空间站控制、“神舟”飞船返回控制、空间环境模拟器控制等，为复杂航天器和工业过程智能控制器的设计开拓了一条新的道路。

6. 医疗过程智能控制

早在 20 世纪 70 年代中叶，专家系统技术就被成功地应用于各种医疗领域。已有越来越多的智能控制技术用于医疗过程。作为医用智能过程控制的例子，下面介绍一个用于控制手术过程中麻醉深度的病人平均动脉血压（MAP）的模糊逻辑控制系统。MAP 是衡量麻醉深度的重要参数。在该控制系统的设计和实现时，采用模糊关系函数和语言规则。本系统已在许多不同的外科手术中得到成功应用。

麻醉深度模糊控制系统的方框图如图 12.6 所示。有两类扰动：因手术、心血管病和用药引起的病人痛苦而出现的噪声；因仪器校准和电灼等引起的血压和人工制品的测量噪声。

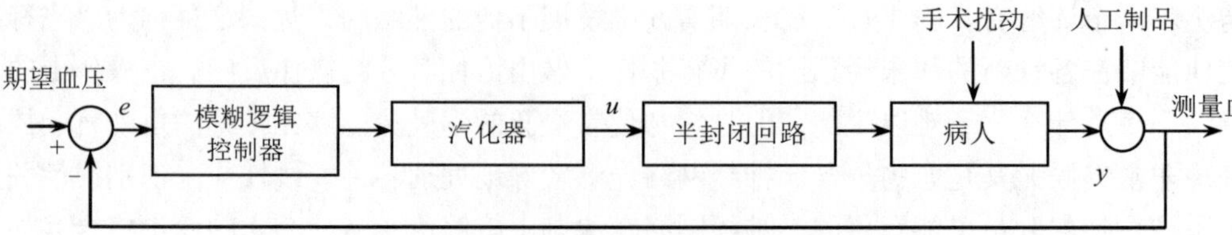

图 12.6　麻醉深度模糊控制系统

所开发的计算机程序能够执行数据获取、显示、控制和存储等任务。主程序可在任何时刻启动，使控制器开始工作。在自动控制循环内，MAP 进行滤波、控制计算，控制信号修正、数据显示、更新和存储等工作，每 10 秒重复一次。计算机显示出实际和期望血压以及吸气和呼气量。在任何时刻均可改变 MAP 的期望值而无须中断自动控制工作。所有感兴趣的数据都被存入文件，供以后检验。

这个用于手术过程麻醉的比例积分模糊控制器曾对众多手术进行试用。监视该控制器的麻醉师从不需进行干预。控制质量已超过人工控制。因此，可以作出结论：该控制器可以在麻醉手术上使用。

7. 智能仪器

随着微电子技术、微机技术、人工智能技术、云计算和大数据技术的迅速发展，自动化仪器正朝着系统化、模块化、机电仪一体化和智能化方向发展，微型计算机或微处理机在仪器中的广泛应用，已成为仪器的核心组成部件之一，它能够实现信息的记忆、判断、处理、执行以及测控过程的操作、监视和诊断，并使这类仪器被称为“智能仪器”。

比较高级的智能仪器具有多功能、高性能、自动操作、对外接口、“硬件软化”和自动测试与自动诊断等功能。目前智能仪器的“智能”程度仍然较低。通常所说的智能仪器实际上是一种微机化的自动化仪器。比较高级的智能仪器大多正在研究开发之中，其中有一部分已投入市场。

12.2.3　智能控制发展展望

为了能够引起兴趣与争论以及创新发展，通常需要预测某些新的甚至意料不到的事物。同时，任何欣然接受这种预测而没有感到受到愚弄的人，能够使这种预测与自己现有的认识保持一致，因而在一定程度上期待着新事物的出现而又不过于激动。

1. 寻求更新的理论框架

与智能控制的定义和目标相比，智能控制研究尚存在一些需要解决的问题，这主要表现在宏观与微观分离、全局与局部隔开、理论与应用脱节。

我们已经知道人脑实际工作的一些情况；在宏观上，我们对大脑知道得不少。但是，人类智能的千姿万态和变幻莫测，复杂得难以理出清晰的头绪。在微观上，我们对大脑的工作机制却知之甚少，似是而非，难以找出规律。在这种背景下提出的各种智能控制理论，只是部分人的主观猜想（其重要意义毋庸置疑），能够在某些方面表现出“智能”就算相当成功了。由于技术原因和发展过程需要时间，这种脱节现象将要继续长期存在下去。

上述存在问题和其他相关问题说明，人脑的结构和功能要比人们想象的复杂得多，人工智能和智能控制研究面临的困难要比我们估计的重大得多，智能科学工作者的研究任务要比我们讨论过的艰巨得多。同时也说明了，要从根本上了解人脑的结构与功能，解决面临的困难，完成人工智能和智能控制的研究任务，需要寻找和建立更新的智能控制框架和理论体系，为智能控制的进一步发展打下稳固的理论基础。

到底未来的新型智能控制理论是什么，现在我们还难以准确预料。我们需要加强智能控制的基础研究，深入研究智能控制的基本理论和概念，寻找至今尚未发现的新理论，建立新的智能控制机理。例如，建立控制知识和控制系统的统一描述（表示），完整地和系统地研究智能控制系统的稳定性、鲁棒性和动态特性，构造新一代基于混合模型的专家控制系统，以及开发新的基于仿生学、拟人学和认知的控制机制（如进化控制、免疫控制、认知控制）等。所有这些，对于建立新的智能控制理论框架都是十分重要的。

2. 进行更好的技术集成

与人工智能相似的是，智能控制技术是人工智能技术与其他信息处理技术，尤其是信息论、系统论、控制论和认知工程学等的集成。从学科结构的观点来看，已提出了几种不同的思想，其中，智能控制的四元交集结构是最有代表性的一种集成思想。在智能控制领域内已集成了许多不同的控制方案，如模糊自学习神经控制就集成了模糊控制、学习控制和神经控制等技术；控制系统与互联网、物联网的深度融合，建立与发展了网络控制理论及其应用，扩大与提高了智能控制的范围与能力。

实现这一集成面临许多挑战，如创造知识表示和传递标准形式，得到这些可接受的标准，理解各子系统间的有效交互作用以及开发数值（数据）模型与非数值知识模型的综合表示新方法，也包括定性模型与定量模型的集成，以便以可接受的速度进行定性推理，促进智能控制的升级发展。

要集成的信息技术除了上述之外，还包括数据库、计算机图形学、语音与听觉技术、机器人学、过程控制、并行处理、光学计算和生物信息处理等技术。对于未来的智能控制系统还要集成认知科学、生理学、心理学、语言学、社会学、人类学、系统学和哲学等。图 12.7 表示出一个智能控制系统相关学科的关系框图，其中，计算技术包括系统结构、面向目标（对象）语言、人机接口（界面）、数据库与知识库以及推理系统等。计算和算法不仅是智能控制系统支持结构的一个重要部分，而且是系统活力所在，犹如血液对人体一样重要。

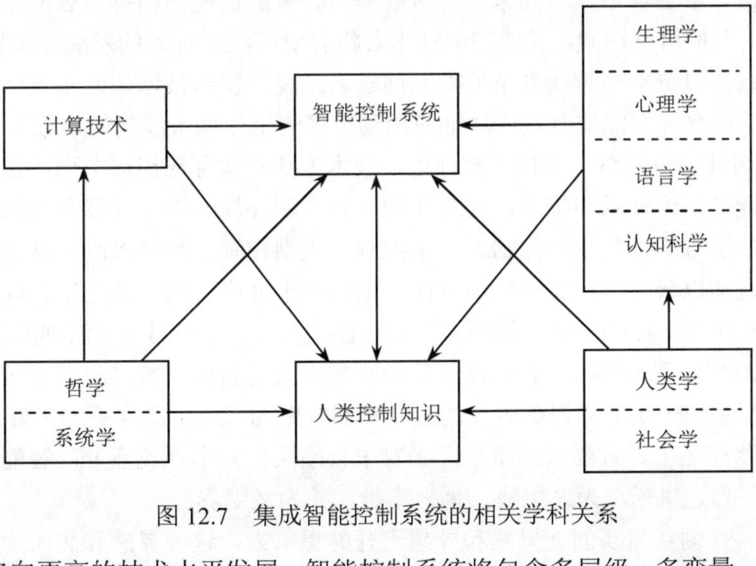

图 12.7　集成智能控制系统的相关学科关系

智能控制将向更高的技术水平发展，智能控制系统将包含多层级、多变量、非线性、大时滞、快速响应、分布参数、分布式系统和大规模系统等。对机器学习与数据挖掘、认知计算与决策、脑计算与脑机接口以及各种智能算法（深度学习算法、增强学习算法、生成对抗性网络算法、类脑算法等）的深入研究，其成果必定会促进人工智能和智能控制的进一步持续发展。

3. 开发更佳的应用方法

为了实现智能控制，必须开发新的硬件和软件。实现智能控制固然需要硬件的保障，不过，软件应是智能控制的核心。因为控制器的智能化是整个智能控制的核心，而这一智能化基本上要靠软件技术来实现。软件工程适应这一需要开发了许多复杂的软件系统和工具，可用于许多智能控制系统。控制软件能够为一定类型的控制问题的有效求解提供标准化程序。由于智能控制应用问题的复杂性和广泛性，传统的软件设计方法已显得不适应和不够用。一个问题是，智能控制软件要执行的功能很可能随着控制系统的开发而变化。智能控制技术必须支持智能控制的开发实验，并允许控制系统有组织地从一个较小的核心原型逐渐发展成为一个完整的应用系统。

直接语音控制系统采用操作人员的语音作为控制输入，且能理解与响应讲话内容；它已得到大力开发与改进，在工业、管理和商业等领域获得广泛应用，例如，在机器人控制和智能手机方面的应用。

在当前的智能控制应用方法研究中有许多引人注目的课题，如提高运行速度，实现实时控制，提高对传感信息和环境的解释能力，设计与制造新型高速智能控制专用芯片，设计新的模块化传感器和接口，以及改善信息处理和识别能力等。

在控制软件方面，研究课题可能包括开发面向任务的独立和通用的程序设计语言，考虑 CAD、CAM、CIMS、CIPS、IM（智能制造）和 UM（普适制造）等要求，能够描述各种控制过程，处理缓慢变化信号和故障，以及实现智能控制系统的优化等。

随着智能控制应用方法日益成熟，智能控制的应用领域也进一步扩大。除了高级机器人（包括空间机器人、水下机器人和移动机器人等）、过程智能控制和智能故障诊断外，下列领域已成为新的应用热门：交通控制（如高速列车、汽车运输和飞机飞行控制），用于 CAD / CAM、CIMS、CIPS、IM、UM 的自动加工控制，智能驾驶控制，医疗过程控制，以及智慧商业、智慧农业、智能金融、智能物流、智慧城市、智能家居、智能安防、智能调度与指挥、智能军事、教育和娱乐等领域的控制等。人们可以期望，智能控制技术必将有更广泛和有效的发展。在智能控制应用中，新方法正在被发现，以分类与解决复杂的控制问题。通过开发新技术、新工具和新算法，更成熟的应用方法最终将能允许智能控制被成功地应用到更多的至今尚未涉足的领域。

智能控制已初具学科体系，包括基础理论、技术方法和实际应用诸方面。在基础理论方面，涉及传统人工智能的知识表示和推理、计算智能（如模糊计算、神经计算和进化计算等）和机器学习等。在技术方法方面，从递阶控制、专家控制、模糊控制、神经控制、学习控制、仿人控制和进化控制等系统加以研究。在实际应用方面，则具有十分广泛的用武之地。此外，各种不同人工智能学派的观点在智能控制学科上得到很好的包涵与融合，为不同学术派别的合作树立了典范。

在人工智能新时代到来之际，我们满怀信心预言，人工智能、智能机器和智能系统，包括智能控制和智能控制系统一定能够得到更大的发展和拥有更为广泛、面向更加美好的未来。

大路朝阳，路在足下。只要辛勤耕耘，必有丰收硕果。一个百花盛开的智能控制园地正吸引着成千上万的园丁为之耕耘，为之拼搏，为之奉献，并为之喝彩!

科学思维和科技创新需要创造灵感和异想天开的想象力。这种灵感和想象力是激励人们善于探索和勇于开拓的“催化剂”，是创立科学新思想的“触发信号”。科学研究需要脚踏实地，然而，没有“异想天开”的“脚踏实地”最多只能重踏他人和前人走过的脚印，不能为科学技术做出创造性的贡献。愿每一位从事智能控制研究和应用的人都能异想天开和脚踏实地，为智能控制学科的发展做出创造性贡献。

12.3　本章小结

本章探讨人工智能发展历史，特别是中国人工智能发展简史，并展望人工智能在研究、开发和应用诸方面的发展。

12.1 节结合国际人工智能发展足迹着重介绍我国智能控制的简要发展历程，概括我国智能控制基础研究、学术研究和科技研究取得的成果，归纳我国智能控制教育、教学和人才培养的基本成就，指出我国智能控制发展中存在的一些问题。其中，在研究成果方面包括形成了智能控制学科、基础理论与方法研究颇具特色、专著论文发表丰硕、科技及其应用研究成果显著等。还总结了我国智能控制教育与人才培养成绩。

我国智能控制存在的问题涉及研究以跟踪为主创新不够、缺乏更高水平的研究成果、服务国民经济重大战略不够、产业化规模和核心技术有待扩大以及急需培养各层次智能控制人才等问题。

12.2 节展望智能控制的发展，包括智能控制的研究展望、应用展望和发展展望等。列举出智能控制的几个主要应用研究领域，说明智能控制的广泛应用。在发展展望部分，提出寻求更新的理论框架、进行更好的技术集成和开发更佳的应用方法等。

习　题　12

12-1　你认为国际控制发展过程中有哪些重要事件？

12-2　中国智能控制研究有哪些代表性科技成果？

12-3　我国在智能控制教育和人才培养方面取得什么成绩？

12-4　智能控制研究与产业化存在哪些问题？

12-5　请你为我国智能控制的发展献计献策。

12-6　在智能认识论基础方面，有哪些需要进一步研究的问题？它们与智能控制的基础研究有何关系？

12-7　智能控制有哪些应用领域？请各举一个例子加以说明。

12-8　当前智能控制应用研究存在哪些问题？有何解决办法？

12-9　你如何评价国内外智能控制的现状？你对智能控制的发展方向和发展前景有何看法？试说明之。

12-10　相对于人工智能而言，智能控制反映了不同学派的集成和容他性。你是否同意这个观点？为什么？

12-11　你认为还有哪种控制可以归类于智能控制？为什么？

12-12　请你对“智能控制”课程建设和教学提出建议。

参 考 文 献

[1] Åström K J, Anton J J, Arzen K E. Expert Control[J]. Automatica, 1986, 22: 277.

[2] Åström K J, Mcavoy J J. Intelligent Control[J]. Process Control. 1992, 2: 115.

[3] Albus J S, Meystel A M. Intelligent Systems: Architecture, Design, Control[M]. Wiley-Interscience, 2001.

[4] An Jicheng, Cai Zixing. Efficient rate control for lossless mode of JPEG2000[J]. IEEE Signal Processing Letters, 2008, 15: 409-412.

[5] Ayman Aly El-Naggar. Intelligent Control[M]. LAP Lambert Acad. Pub, 2010.

[6] Behera L and Kar I. Intelligent Systems and Control Principles and Applications[M]. Oxford University Press, USA, 2010.

[7] Bemporad A, Heemels M, Johansson M. Networked Control Systems[M]. Springer, 2010.

[8] Bengio Y, Courville A, Vincent P. Representation Learning: A Review and New Perspectives[J]. IEEE Trans. PAMI, special issue Learning Deep Architectures, 2013.

[9] Cai Z X. Intelligent Control: Principles, Techniques and Applications[M]. Singapore: World Scientific, 1997.

[10] Cai Zixing and Tang S X. Controllability and robustness of T-fuzzy system under of T-fuzzy system under directional disturbance[J]. Fuzzy Sets and Systems, 2000, 11(2): 279-285.

[11] Cai Zixing, Fu King-Sun. Robot planning expert systems[C]. Proceedings of 1986 IEEE International Conference on Robotics and Automation, 1986(3): 1973-1978.

[12] Cai Zixing, He H-G, Timofeev A V. Navigation control of mobile robots in unknown environment: A survey[C]. Proc. 10th Saint Petersburg Intl Conf on Integrated Navigation Systems, Saint Petersburg, Russia, 2003, 156-163.

[13] Cai Zixing, Wang Yong. A multiobjective optimization based evolutionary algorithm for constrained optimization[J]. IEEE Transactions on Evolutionary Computation. 2006, 10(6): 658-675.

[14] Cai Zixing, Zhou Xiang, Li Meiyi. A novel intelligent control method—evolutionary control[C]. Proceedings of the 3rd World Congress on Intelligent Control and Automation, 2000(1): 387-390.

[15] Cai Zixing，Liu Lijue, Chen Baifan, et al. Artificial Intelligence: From Beginning to Date[M]. Singapore: World Scientific, 2021.

[16] Cai Zixing，Zou Xiaobing，Chen Hong, et al. Key Techniques of Navigation Control for Mobile Robots under Unknown Environment[M]. Beijing: Science Press, 2016.

[17] Cai Zixing. A new structural theory on intelligent control[J]. High Technology Letters. 1996, 2: 45.

[18] Cai Zixing. An Expert System for Robotic Transfer Planning[J]. J of Computer Science and Technology, 1988, 3(2): 153-160.

[19] Cai Zixing. Intelligence Science: disciplinary frame and general features[C]. Proc. 2003 IEEE Int. Conference on Robotics, Intelligent Systems and Signal Processing (RISSP), 393-398, 2003.

[20] Cai Zixing. Prospect for development of intelligent control[C]. IEEE International Conference on Intelligent Processing Systems, 1997(1): 625-629.

[21] Cai Zixing. Robotics: From Manipulator to Mobilebot[M]. Singapore: World Scientific, 2023.

[22] Chang W F, Wu Y C, Chiu C W. Development of a web-based remote load supervision and control system[J]. Electrical Power and Energy Systems, 2006, 28(2): 401-407.

[23] Chen Y H, Kawaji S. Evolutionary Control of Discrete-Time Nonlinear System using PIPE Algorithm[C]. Proceedings of 1999 IEEE International Conference on Systems, Man, and Cybernetics, 1999(4): 553-558.

[24] Chiang Cheng-Hsiung. Soft Computing Based Intelligent Control Systems and Applications: The Lifelong Learning Control Systems[M]. LAP LAMBERT Academic Publishing, 2011.

[25] Ciresan D C., Meier U, Masci J, et al. Flexible, high performance convolutional neural networks for image classification[C], in IJCAI Proceedings-International Joint Conference on Artificial Intelligence, 2011(22): 1237.

[26] Ciresan D, Meier U, Schmidhuber J.. Multi-column deep neural networks for image classification[C], in Computer Vision and Pattern Recognition (CVPR), 2012 IEEE Conference on, 2012, 3642-3649.

[27] Dean J, Corrado G, Monga R, et al. Large scale distributed deep networks[M], in Advances in Neural Information Processing Systems, 2012: 1223-1231.

[28] Dracopoulos D C. Evolutionary Learning Algorithms for Neural Adaptive Control[M]. Berlin; New York: Springer, 1997.

[29] El-Nagga A A. Intelligent Control[M]. LAP LAMBERT Academic Publishing, 2010.

[30] Engelbrecht A P. Computational Intelligence：An Introduction[M]. England: John Wiley & Sons, Ltd, 2002.

[31] Ferreira P V R, Paffenroth R, Wyglinski A AM, et al. Interactive Multiple Model Filter for Land-Mobile Sateuite communications at Ka-Band[J]. IEEE Journal on Selected Areas in Communications, 2018, 36(5): 1030-1041.

[32] Fischer A, Igel C. Training restricted Boltzmann machines: an introduction[J]. Pattern Recognition, 2014, 47(1): 25-39.

[33] Fraile J-C, Paredis C J J, Khosla P K. Agent-Based Planning and Control of a Multi-Manipulator Assembly System[C]. Proceedings of IEEE International Conference on Robotics and Automation, 1999: 1219-1225.

[34] Franklewis O K and Horvat K. Intelligent Control of Industrial and Power Systems: Adaptive Neural Network and Fuzzy Systems[M]. LAP LAMBERT Academic Publishing, 2012.

[35] Fu K S, Walts M. A Heuristic Approach to Reinforcement Learning Control Systems[J]. IEEE Transactions on Automatic Control, 1965, AC-10(4): 390-398.

[36] Fu K S. Learning control systems and intelligent control systems: an intersection of artificial intelligence and automatic control[J]. IEEE Transactions on Automatic Control, 1971, AC16(1): 70-72.

[37] Fukuda T, Shibat T. Theory and Applications of neural networks for industrial control systems[J]. IEEE Transactions on Industrial Electronics, 1992(9): 478.

[38] Gerardus Blokdyk. Intelligent control[M]. Second Edition. 5STARCooks, 2022.

[39] Gong T, Cai Z X. A coding and control mechanism of natural computation[C]. Proceedings of the 2003 IEEE International Symposium on Intelligent Control. Madison: OMNI Press, 2003: 727-732.

[40] Gong T, Cai Zixing. Parallel evolutionary computing and 3-tier load balance of remote mining robot[J]. Trans. Nonferrous Met. Soc. China, 2003, 13(4): 948-952.

[41] Gupta M M, Sinha N K. (Eds.) Intelligent Control Systems: Theory and Applications[M]. Piscataway, NJ:

IEEE Press, 1996.

[42] Hangos K M, Lakner R, Gerzson M, et al. Intelligent Control Systems: An Introduction with Examples[M]. Kluwer Academic Publishers, 2002.

[43] Harris C J, Moore C G, Brown M. Intelligent Control: Aspects of Fuzzy Logic and Neural Nets[M]. World Scientific, Singapore, 1993: 113-130.

[44] Hayes-Roth F, Waterman D A, Lenat D B (eds). Building Expert Systems[M]. Addison-Wesley Publishing Company, Inc., 1983.

[45] Hinton G E, Osindero S, Teh Y-W. A fast learning algorithm for deep belief nets[J]. Neural computation, 2006, 18(7): 1527-1554.

[46] Hinton G E. A practical guide to training restricted boltzmann machines[M]. in Neural Networks: Tricks of the Trade, Springer, 2012: 599-619.

[47] Hinton G E. Learning multiple layers of representation[J]. Trends in Cognitive Sciences, 2007(11): 428-434.

[48] Hinton G A practical guide to training restricted Boltzmann machines[J]. Momentum, 2010,9(1): 926.

[49] Hinton G E. Deep belief networks[J]. Scholarpedia, 2009,4(5): 5947.

[50] Hiyana T, Zou D, Funabashi T. Multi-agent based control and operation of distribution system with dispersed power sources[C]. Proceedings of IEEE International Conference on Transmission and Distribution, 2002: 2129-2133.

[51] Hopfield J J. Artificial neural networks[J]. IEEE Circuit and Devices Magazine, 1988.

[52] Hopgood A A. Intelligent Systems for Engineers and Scientists[M]. Third Edition. CRC Press, 2011.

[53] Hu, H., Chen, J., Liu, H., et al. Natural Language-Based Automatic Programming for Industrial Robots[J]. J Grid Computing, 2022(20): 26.

[54] Hung S W，Chin Y H. Intelligent computing device, has computing power modules electrically connected to control circuit, where each computing power module comprises multiple computing power units to run encryption algorithm through Allocating of computing power units[P]. 国际专利 Derwent 主入藏号：2021-647352.

[55] Jahanzaib Shabbir, Tarique Anwer. A Survey of Deep Learning Techniques for Mobile Robot Applications[J]. JOURNAL OF LATEX CLASS FILES, 2015, 14(8): 1-10.

[56] Jemin Hwangbo, Inkyu Sa, Roland Siegwart, et al. Control of a Quadrotor with Reinforcement Learning[J]. IEEE ROBOTICS AND AUTOMATION LETTERS. PREPRINT VERSION, 2017: 1-8.

[57] Jennings N R and Bussmann S. Agent-Based Control Systems: Why Are They Suited to Engineering Complex Systems[J]. IEEE Control Systems Magazine, 2003: 61-73.

[58] John Durkin. Expert System Design and Development[M]. New York: Macmillan Publishing Company, 1994.

[59] John Durkin. History and Applications. C T Leondes (Ed.) Expert Systems, Chapter 1[M]. San Diego: Academic Press, 2002.

[60] Jovan Pehcevski. Intelligent Control and Automation[M]. Arcler Press, 2022.

[61] Kaitwanidvilai S. Online evolutionary control using a hybrid genetic based controller[C]. Proceedings of the 2004 IEEE Conference on Robotics, Automation and Mechatronics, Singapore, 2004(1): 461-466.

[62] Kamihira I, Yamaguchi M, Kita H. On-line adaptation of vehicles by means of an evolutionary control

system[C]. Proceedings of 1999 IEEE International Conference on Systems, Man, and Cybernetics, 1999(5): 553-558.

[63] Katic D, Vukobratovic M. Intelligent Control of Robotic Systems[M]. Springer, 2010.

[64] Kiumarsi B, Vamvoudakis K G, Modares H, et al. Optimal and autonomous control using reinforcement learning: A Survey[J]. IEEE Transactions on Neural Network and Learning Systems, 2018, 29（6）: 2042-2062.

[65] Kuljaca O, Lewis F, Horvat K. Intelligent control of industrial and power systems: Adaptive Neural Network and Fuzzy Systems[M]. LAP LAMBERT Academic Publishing, 2012.

[66] Lee Woongsup. Resource allocation for multi-channel underlay cognitive radio network based on deep neural network[J]. IEEE Communications Letters, 2018, 22(9): 1942-1945.

[67] Leondes C T(ed). Expert Systems[M]. The Technology of Knowledge Management and Decision Making for the 21st Century, Vol.1.Academic Press, 2002.

[68] Levis A H, Marcus S IPerkins W R, et al. Challenges to control: A collective view[J]. IEEE Transactions on Automatic Control, 1987, 32(4): 275-285.

[69] Li Z S, Chen Q C, Li X M, et al. Human simulating intelligent control and its application to swinging-up of cart-pendulum[C]. Proc. of 6th IEEE on Robot and Human Communication, Sendai, Japan, 1997: 218-223.

[70] Liou C Y, Cheng W-C, Liou J-W, et al. Autoencoder for words[J]. Neurocomputing, 2014(139): 84-96.

[71] Liu Hui, Cai Zixing, Wang Yong. Hybridizing particle swarm optimization with differential evolution for constrained numerical and engineering optimization[J]. Applied Soft Computing, 2010, 10(2): 629-640.

[72] Liu Y, Wu S, Zhang L, et al. Cloud computing based intelligent energy power supply system, has distribution box connected with intelligent breaker controller, and power supply circuit for controlling on or off state of intelligent breaker based control instruction[P]. 国际专利 Derwent 主入藏号：2017-179599.

[73] Lu Yong-Zai. Industrial Intelligent Control：Fundamentals and Applications[M]. John Wiley & Sons, 1996.

[74] McCulloch W S, Pitts W H. A logical calculus of the ideas immanent nervous activity[M]. Bull. Math. Biophysics, 1943(5): 115-123.

[75] Meystel A M, Albus J S. Intelligent Systems: Architecture, Design and Control[M]. John Wiley & Sons, 2002.

[76] Michalewics Z. Genetic Algorithms + Data Structure = Evolution Programs[M]. Berlin: Springer-Verlag, 1994.

[77] Mohammadian M, Sarker R A, Yao X. Computational Intelligence in Control[M]. Hershey, PA: Idea Group Pub, 2003.

[78] Moore G, Harris C J. Indirect adaptive fuzzy control[J]. Int. J. of Control, 1992, 56: 441.

[79] Murray M., Cakmak M. Following Natural Language Instructions for Household Tasks with Landmark Guided Search and Reinforced Pose Adjustment[J]. in IEEE Robotics and Automation Letters, 2022, 7(3): 6870-6877, DOI: 10.1109/LRA.2022.3178804.

[80] Nazmul Siddique. Intelligent Control: A Hybrid Approach Based on Fuzzy Logic, Neural Networks and Genetic Algorithms[M]. Springer, 2014.

[81] Nei Kato, Zubair Md. Fadlullah, Bomin Mao, et al. Network Traffic Control: Proposal, Challenges, and Future Perspective[J]. IEEE Wireless Communications, 2017: 146-153.

[82] Pan I. Intelligent Fractional Order Systems and Control: An Introduction (Studies in Computational Intelligence)[M]. Springer, 2013.

[83] Pan, S. Design of intelligent robot control system based on human–computer interaction[J]. Int J Syst Assur Eng Manag, 2023(14): 558-567.

[84] Park D, Kandel A, Langholz G. Genetic-based new fuzzy reasoning modes with application to fuzzy control[J]. IEEE Trans. SMC. 1994, 24: 39-47.

[85] Recupero D R, Spiga F. Knowledge acquisition from parsing natural language expressions for humanoid robot action commands[J]. ScienceDirect (Information Processing & Management), 2019, 57(6), 102094.

[86] Reil T and Husbands P. Evolution of central pattern generators for bipedal walking in a real-time physics environment[J]. IEEE Transactions on Evolutionary Computation, 2002, 6(2): 159-168.

[87] Ruano A E(eds). Intelligent Control Systems using Computational Intelligence Techniques[M]. London: The Institutions of Electrical Engineers, 2005.

[88] Sanjay Sharma, Bidyadhar Subudhi, Umesh Kumar Sahu (Editors) . Intelligent Control, Robotics, and Industrial Automation: Proceedings of International Conference, RCAAI 2022 (Lecture Notes in Electrical Engineering Book 1066)[C]. Springer, October 2023.

[89] Saridis G N, Valavanis K P. Analytical design of intelligent machines[J]. Automatica. 1988, 24: 123.

[90] Saridis G N. Architectures for Intelligent Control, In: Gupta M M, Sinha N K. (Eds.) Intelligent Control Systems: Theory and Applications[M]. Piscataway, NJ: IEEE Press, 1996: 127-148.

[91] Saridis G N. Intelligent robotic control[J]. IEEE Trans, AC. 1983, 28: 547.

[92] Saridis G N. Toward the Realization of Intelligent Controls[C]. Proc. IEEE 1979, 67(8): 1115-1133.

[93] Schalkoff R J. Intelligent Systems: Principles, Paradigms and Pragmatics[M]. Jones and Bartlett Publishers, 2011.

[94] Shin Y C. Intelligent Systems: Modeling, Optimization, and Control (Automation and Control Engineering)[M]. CRC Press, 2008.

[95] Sikora A, Brugger P. Virtual Private Infrastructure (VPI) initiative-an industry consortium for unified and secure Web control with embedded devices[C]. 2003 Proceedings of IEEE Conference, 2003(1): 288-291.

[96] Simoes E D V, Dimond K R. An evolutionary controller for autonomous multi-robot systems[C]. Proceedings of 1999 IEEE International Conference on Systems, Man, and Cybernetics, 1999(6): 596-601.

[97] Sun Y, Wang X, Tang X. Deep learning face representation from predicting 10, 000 classes[C]. IEEE Conference on Computer Vision and Pattern Recognition, USA: IEEE, 2014: 1891-1898.

[98] Thrishantha Nanayakkara, Ferat Sahin, Mo Jamshidi. Intelligent Control Systems with an Introduction to System of Systems Engineering[M]. Taylor & Francis, 2010.

[99] Tolle, H. Neurocontrol: Learning Control Systems Inspired by Neural Architectures and Human Problem Solving Strategies[M]. Berlin; New York: Springer-Verlag, 1992.

[100] Turing A A. Computing machinery and intelligence[J]. Mind, 1950, 59: 433-460.

[101] Valavanis K P, Saridis G N. Intelligent Robotic Systems: Theory, Design and Applications[M]. Kluwer Academic Publishers, Boston, 1992, 217-218.

[102] Volodymyr Mnih, Koray Kavukcuoglu, David Silver, et al. Human-level control through deep reinforcement learning[J]. NATURE, 2015, 518: 529-533.

[103] Wang Y N, Tong T S, Cai Zixing. A real-time expert intelligent control system REICS[M]. Algorithms and Architectures of IFAC, Pergamon Press, 1992, 51(2): 307-312.

[104] Wang Yong, Cai Zixing, Zhang Qingfu. Differential evolution with composite trial vector generation strategies and control parameters[J]. IEEE Transactions on Evolutionary Computation, 2011, 15(1): 55-66.

[105] Wang C, Zhong Z, Xiang X, et al. UAV path planning in multi-task environments with risks through natural language understanding[J]. Drones 2023, 7: 147.

[106] Weiss, Kulikowski. A practical guide to designing expert systems[M]. New Jersey: Rowmandand Allenkeld Publishers, 1984.

[107] Wiener N. Cybernetics, or Control and Communication in the Animal and the Machine[M]. Cambridge, MA: MIT Press, 1948.

[108] Xiao X M, Cai Zixing. Quantification of uncertainty and training of fuzzy logic systems[C]. Proc. IEEE International Conference on Intelligent Processing Systems, 1997: 321-326.

[109] Xin Ju, Ruixin Gou, Yanli Xiao, et al. The use of edge computing-based internet of things big data in the design of power intelligent management and control platform[J]. Int. J. Grid and Utility Computing, 2022, (13): 76-86.

[110] Yager R R, Zadeh L A, eds. An introduction to fuzzy logic applications in intelligent systems[M]. Kluwer Academic, Boston, 1992.

[111] Yang Xiaoli, Petriu D C, Whalen T E, et al. A Web-based 3D virtual robot remote control system[C]. Proceedings of 2004.Canadian Conference on Electrical and Computer Engineering, Vol.2, pp.955-958, 2-5 May 2004.

[112] Yu Qingcang, Chen Bo, Cheng H H. Web based control system design and analysis[J]. IEEE Control Systems Magazine, 2004, 24(3): 45-57.

[113] Yüksel S and Basar T. Stochastic Networked Control Systems: Stabilization and Optimization under Information Constraints[M]. Brikhäuser Verlag Basel, 2013.

[114] Zadeh I A. A rationale for fuzzy control. Transactions ASME J. Dynamic Systems[J]. Measurement and Control, 1972, 94: 3-4.

[115] Zadeh I A. Fuzzy Sets. Information and Control[M]. Academic Press, 1965, 8: 338-353.

[116] Zhou Changjiu, Dario Maravall, Da Ruan. Autonomous robotic systems: soft computing and hard computing: methodologies and applications[M]. Heidelberg; New York: Physica-Verlag, 2003

[117] Zhou Q J, Bai J G. An intelligent controller of novel design[C]. Proc. of Multi-National Instrumentation Conference, Part 1, 137-149, Shanghai, China, 1983.

[118] Zhou Q J. The Robustness of an intelligent controller and Its Performance[C]. Proc. of IEEE International Conference on Control’85, 429-433, 1985.

[119] Zilouchian A, Jamshidi M (eds.). Intelligent Control Systems Using Soft Computing Methodologies[M]. Roca Raton：CRC Press, 2001.

[120] Zou Xiaobing, Cai Zixing. Evolutionary path-painaing method for mobile robot based on approximate voronoi boundary network[C]. Proceedings of the 2002 International Conference on Control and Automation. June 16-19, 2002: 135-136.

[121] Zubair Md. Fadlullah, Fengxiao Tang, Bomin Mao, et al. State-of-the-Art Deep Learning: Evolving Machine.

Intelligence Toward Tomorrow's Intelligent Network Traffic Control Systems[J]. IEEE Communications Surveys & Tutorials, 2017, 19(4): 2432-2455.

[122] 安东尼. Python 深度学习算法实例分析[EB/OL]. https://www.lsjlt.com/news/232215.html,02:06,2023-06-03.

[123] 蔡自兴，John Durkin，龚涛. 高级专家系统：原理、设计及应用[M]. 2 版. 北京：科学出版社，2014.

[124] 蔡自兴，陈海燕，魏世勇. 智能控制工程研究的进展[J]. 控制工程，2003，10（1）：1-5.

[125] 蔡自兴，徐光祐. 人工智能及其应用：研究生用书[M]. 3 版. 北京：清华大学出版社，2004.

[126] 蔡自兴，姚莉. 人工智能及其在决策系统中的应用[M]. 长沙：国防科技大学出版社，2006.

[127] 蔡自兴，张钟俊. 人工智能与自动化[J]. 自动化，1987，（5）：45-51.

[128] 蔡自兴，郑金华. 面向 Agent 的并行遗传算法[J]. 湘潭矿业学院学报，2002，17（3）：41-44.

[129] 蔡自兴，周翔，李枚毅，等. 基于功能/行为集成的主式移动机器人进化控制体系结构[J]. 机器人，2000，22（3）：169-175.

[130] 蔡自兴，周翔，李枚毅. 一种新的智能控制方法—进化控制[C]. Proceedings of the Third World Congress on Intelligent Control and Automation，Hefei，China，June 28-July 2，2000（1）：387-390.

[131] 蔡自兴，陈白帆，刘丽珏，等. 多移动机器人协同原理与技术[M]. 北京：国防工业出版社，2011.

[132] 蔡自兴，贺汉根. 智能科学发展若干问题[J]. 中国自动化领域发展战略高层学术研讨会报告，自动化学报，2002，28（S）：142-150.

[133] 蔡自兴，江中央，王勇，等. 一种新的基于正交实验设计的约束优化进化算法[J]. 计算机学报，2010，33（5）：855-864.

[134] 蔡自兴，李仪，陈虹，等. 智能车辆的感知、建图与目标跟踪技术[M]. 北京：科学出版社，2021.

[135] 蔡自兴，刘娟. 进化机器人研究进展[J]. 控制理论与应用，2002，19（10）：493-499.

[136] 蔡自兴，刘丽珏，蔡竞峰，等. 人工智能及其应用[M]. 5 版. 北京：清华大学出版社，2016.

[137] 蔡自兴，刘丽珏，陈白帆，等. 人工智能及其应用[M]. 7 版. 北京：清华大学出版社，2024.

[138] 蔡自兴，刘巧光. 智能控制研究的进展（大会报告）：中国人工智能学会第 7 届学术大会论文集[C]. 西安，1992：507-514.

[139] 蔡自兴，蒙祖强，陈白帆. 人工智能基础[M]. 4 版. 北京：高等教育出版社，2021.

[140] 蔡自兴，王勇. 智能系统原理、算法与应用[M]. 北京：机械工业出版社，2015.

[141] 蔡自兴，文敦伟. 基于 FAM 的模糊神经控制器的研究[J]. 控制理论与应用，2003，20（4）：599-602.

[142] 蔡自兴，翁环. 探秘机器人王国[M]. 2 版. 北京：清华大学出版社，2022.

[143] 蔡自兴，余伶俐，肖晓明. 智能控制原理与应用[M]. 2 版. 北京：清华大学出版社，2014.

[144] 蔡自兴，张钟俊. 智能控制的机遇与挑战：智能控制与智能自动化（上卷）[M]. 北京：科学出版社，1993.

[145] 蔡自兴，贺汉根，陈虹，等. 未知环境中移动机器人导航控制理论与方法[M]. 北京：科学出版社，2008.

[146] 蔡自兴，张钟俊. 智能控制的若干问题[J]. 模式识别与人工智能，1988，1（2）：45-51.

[147] 蔡自兴. 艾真体：分布式人工智能研究的新课题[J]. 计算机科学，2002，29（12）：123-126.

[148] 蔡自兴. 国际模式识别和机器智能的一代宗师：纪念傅京孙诞辰 90 周年[J]. 科技导报，2020，38（20）：123-133.

[149] 蔡自兴. 机器人学[M]. 4 版. 北京：清华大学出版社，2022.

[150] 蔡自兴. 机器人原理及其应用[M]. 长沙：中南工业大学出版社，1988.

[151] 蔡自兴．人工智能控制[M]．北京：化学工业出版社，2005.
[152] 蔡自兴．人工智能在冶金自动化中的应用[J]．冶金自动化，2016，34（15）：13-22.
[153] 蔡自兴．人工智能助推新基建数字化转型[N]．光明日报，2020 年 4 月 2 日第 16 版.
[154] 蔡自兴．智能控制（全国统编教材）[M]．北京：电子工业出版社，1990.
[155] 蔡自兴．智能控制[M]．2 版．北京：电子工业出版社，2004.
[156] 蔡自兴．智能控制导论[M]．3 版．北京：中国水利水电出版社，2019.
[157] 蔡自兴．智能控制的结构理论：中国人工智能学会首届计算机视觉与智能控制学术年会论文集[C]．重庆，1989：29-32.
[158] 蔡自兴．智能控制的四元结构：第二届中国计算机视觉与智能控制学术会议论文集[C]．武汉，1991：299-304.
[159] 蔡自兴．智能控制：基础与应用[M]．北京：国防工业出版社，1998.
[160] 蔡自兴．智能控制原理与应用[M]．4 版．北京：清华大学出版社，2024.
[161] 蔡自兴．中国机器人学 40 年[J]．科技导报，2015，33（21）：23-38.
[162] 蔡自兴．中国人工智能 40 年[J]．科技导报，2016，34（15）：12-32.
[163] 蔡自兴．中国智能控制 40 年[J]．科技导报，2018，36（17）：23-39.
[164] 柴天佑，荣莉，马庆云．智能控制技术在我国轧钢炉窑控制中的应用[J]．冶金自动化，2000，24（1）：7-11.
[165] 柴天佑．自动化科学与技术发展方向[J]．自动化学报，2018，44（11）：1923-1930.
[166] 陈卫东，郑涌，蔡鹤皋，等．神经网络自适应的机器人位置/力混合控制系统[J]．模式识别与人工智能，1995（3）：243-247.
[167] 程伟良．广义专家系统[M]．北京：北京理工大学出版社，2005.
[168] 邓璐娟，张侃谕，龚幼民．智能控制技术在农业工程中的应用[J]．现代化农业，2003（12）：1-3.
[169] 丁进良，杨翠娥，陈远东，等．复杂工业过程智能优化决策系统的现状与展望[J]．自动化学报，2018，44（11）：1931-1943.
[170] 董红斌，孙羽．多 Agent 系统的现状与进展[J]．计算机应用研究，2001，（1）：54-56.
[171] 窦振中．模糊逻辑控制技术及其应用[M]．北京：北京航空航天大学出版社，1995.
[172] 段艳杰，吕宜生，张杰，等．深度学习在控制领域的研究现状与展望[J]．自动化学报，2016，42（5）：643−654.
[173] 方建安，唐漾，苗清影，等．复杂网络控制系统动力学及其应用[M]．北京：科学出版社，2011.
[174] 冯纯伯，刘延年．神经网络控制的现状及问题[J]．控制理论与应用，1994（1）：103-106.
[175] 傅京孙，蔡自兴，徐光祐．人工智能及其应用[M]．北京：清华大学出版社，1987.
[176] 关守平，周玮，尤富强．网络控制系统与应用[M]．北京：电子工业出版社，2008.
[177] 郭晨，朱绍庐，赵永生．工业锅炉的仿人递阶智能控制．第一届全球华人智能控制与智能自动化大会论文集[C]．北京：科学出版社，1993：459-464.
[178] 郭沛延，王中流，王岩，等．基于 Python 深度学习的图像数据分析[J]．电子测试，2021（24）：75-77.
[179] 海金（Haykin S）．神经网络原理[M]．叶世民，史忠植，译．北京：机械工业出版社，2004.
[180] 韩力群．智能控制理论及应用[M]．北京：机械工业出版社，2007.
[181] 何衍庆，俞金寿．集散型控制系统原理及应用[M]．北京：化学工业出版社，2002.
[182] 何玉彬，李心忠．神经网络控制技术及其应用[M]．北京：科学出版社，2000.

[183] 胡朝晖，陈奇，俞瑞钊．移动 Agent 系统综述[J]．计算机应用研究，2002（10）：1-3．

[184] 胡舜耕，张莉，钟义信．多 Agent 系统的理论、技术及其应用[J]．计算机科学，1999，26（9）：20-24，39．

[185] 黄心汉，吕遐东，王敏．面向微装配机器人的 TSB 分级智能控制结构[J]．华中科技大学学报（自然科学版），2004（S1）：72-75．

[186] 姜长生，王从庆，魏海坤，等．智能控制与应用[M]．北京：科学出版社，2007．

[187] 蒋新松．人工智能及智能控制系统概述[J]．自动化学报，1981，7（2）：148-156．

[188] 焦李成，杜海峰，刘芳，等．免疫优化计算、学习与识别[M]．北京：科学出版社，2006．

[189] 焦李成．神经网络系统理论[M]．西安：西安电子科技大学出版社，1990．

[190] 李洪兴，苗志宏，王家银．四级倒立摆的变论域自适应模糊控制[J]．中国科学：技术科学，2002，32（1）：65-75．

[191] 李强，郎燕生，李静，等．大电网网络分析计算能力提升及多级协同计算架构关键技术与应用[P]．国家发明专利，2018．

[192] 李人厚．智能控制理论和方法[M]．西安：西安电子科技大学出版社，1999．

[193] 李润梅，张立威，王剑．基于时变间距和相对角度的无人车跟随控制方法研究[J]．自动化学报，2018，44（11）：2031-2040．

[194] 李少远，王景成．智能控制[M]．2 版．北京：机械工业出版社，2009．

[195] 李士勇，夏承光．模糊控制和智能控制理论与应用[M]．哈尔滨：哈尔滨工业大学出版社，1990．

[196] 李士勇．智能控制[M]．哈尔滨：哈尔滨工业大学出版社，2011．

[197] 李翔．从复杂到有序：神经网络智能控制理论新进展[M]．上海：上海交通大学出版社，2006．

[198] 李衍达，汤跃忠．智能控制和智能自动化．中国智能自动化学术会议暨智能自动化专业委员会成立大会论文集[C]．1995：14-17．

[199] 李耀勇，郑南宁．对处于混沌状态的神经网络的控制[J]．计算机学报，1998，21（s1）：142-146．

[200] 李祖枢，徐鸣，周其鉴．一种新型的仿人智能控制器[J]．自动化学报，1990，16（6）：503-509．

[201] 李祖枢，陈庆春．力矩受限单摆的摆起倒立控制：仿人智能控制在非线性系统中的应用[J]．控制理论与应用，1999，16（2）：225-229．

[202] 李祖枢，涂亚庆．仿人智能控制[M]．北京：国防工业出版社，2003．

[203] 荔建琦（导师 陈大旺）．进化决策的模型、关键技术与应用研究[D]．长沙：国防科技大学，2002．

[204] 梁军，吕勇哉．轧钢加热炉混合智能控制系统[J]．钢铁，1996（s1）：113-117．

[205] 廖继红．基于 Python 在深度学习处理应用的探究[J/OL]．钛学术文献服务平台，2020．https://doc.taixueshu.com/journal/20201086smsj.html．

[206] 刘大有，杨鲲，陈建中．Agent 研究现状与发展趋势[J]．软件学报，2000，11（3）：315-321．

[207] 刘洪发，刘雪涛．Web 技术应用基础[M]．北京：清华大学出版社，2006．

[208] 刘纪明，靳小龙，张世武，等．多智能体模型与实验[M]．北京：清华大学出版社，2003．

[209] 刘健勤（导师 蔡自兴）．基于进化计算的混沌动力学系统辨识及创发性研究[D]．长沙：中南工业大学，1997．

[210] 刘山，吴铁军，刘玉文，等．无缝钢管张减过程平均壁厚控制的迭代自学习方法[J]．钢铁，2002，37（4）：28-37．

[211] 刘山．迭代学习控制系统设计及应用[D]．杭州：浙江大学，2002．

[212] 刘世芳．基于 Python 在深度学习处理应用研究[J]．产业科技创新，2019（26）：58-59.
[213] 刘威，张东霞，王新迎，等．基于深度强化学习的电网紧急控制策略研究[J]．中国电机工程学报，2018，38（1）：109-119.
[214] 刘志杰，欧阳云呈，王飞跃，等．分布参数系统的平行控制：从基于模型的控制到数据驱动的智能控制[J]．指挥与控制学报，2017，3（3）：177-185.
[215] 柳平增，毕树生，薛新宇，等．基于物联网的农业生产过程智能控制系统研究[J]．计算机测量与控制，2011，19（9）：2154-2156.
[216] 陆汝钤．世纪之交的知识工程与知识科学[M]．北京：清华大学出版社，2001.
[217] 陆婷．进化回归神经网络的研究及应用[D]．广州：华南理工大学，2003.
[218] 罗安．电能质量治理和高效用电技术与装备[M]．北京：中国电力出版社，2014.
[219] 罗兵，甘俊英，张建民．智能控制技术[M]．北京：清华大学出版社，2011.
[220] 毛杰明，王万良，刘锋光，等．基于 Web 的伺服平台远程监控系统设计与实现[J]．浙江工业大学学报，2006，34（1）：105-109.
[221] 蒙祖强，蔡自兴．一种基于超群体的遗传算法[J]．计算机工程与应用，2001，37（13）：13-15.
[222] 潜立标，杨马英，俞立．基于 Web 的控制系统实验室研究[J]．实验室研究与探索，2005，24（4s）：354-360.
[223] 邱占芝，张庆灵，杨春雨．网络控制系统分析与控制[M]．北京：科学出版社，2009.
[224] 史忠植．智能主体及其应用[M]．北京：科学出版社，2000.
[225] 帅典勋，顾静．多 Agent 系统分布式问题求解的代数模型方法（Ⅰ）：社会行为、社会局势和社会动力学[J]．计算机学报，2002，25（2）：130-137.
[226] 帅典勋，顾静．多 Agent 系统分布式问题求解的代数模型方法（Ⅱ）：群体智能和社会动力学[J]．计算机学报，2002，25（2）：138-147.
[227] 宋健．智能控制：超越世纪的目标（Intelligent Control—A Goal Exceeding the Century）[J]．中国工程学报，1999，1（1）：1-5.
[228] 孙富春，孙增圻，文献忠．网络控制[C]．2001 年中国智能自动化会议论文集，2001：42-50，昆明.
[229] 孙富春，孙增圻，张钹．机械手神经网络稳定自适应控制的理论与方法[M]．北京：高等教育出版社，2005.
[230] 孙浩，涂序彦．钢铁生产智能控制技术[J]．冶金动力，2004（4）：93-96.
[231] 孙健，邓方，陈杰．陆用运动体控制系统发展现状与趋势[J]．自动化学报，2018，44（11）：1985−1999.
[232] 孙增圻．第二届全国智能控制专家讨论会论文集[C]．北京：清华大学，1994.
[233] 谈自忠．第二届全球华人智能控制与智能自动化大会论文集[C]．西安：西安交通大学出版社，1997.
[234] 唐道贵．基于智能控制算法的混合动力船舶能量管理策略研究[D]．武汉：武汉理工大学，2017.
[235] 唐杰，罗安，欧剑波，等．配电静止同步补偿器的模糊自适应 PI 控制策略[J]．电工技术学报，2008，25（2）：120-128.
[236] 唐少先，蔡自兴．定向干扰下的一类模糊控制系统的鲁棒性．第一届全球华人智能控制与智能自动化大会论文集[C]．北京：科学出版社，1993：918-923.
[237] 天弛网络．基于 AI 的智能算力调度丨玄武 AI 智能网络控制系统[EB/OL]．[2023-06-30]．北京．https://baijiahao.baidu.com/s?id=1770109255136050917&wfr=spider&for=pc.
[238] 涂序彦，王枞，刘建毅．智能控制论[M]．北京：科学出版社，2010.

[239] 涂序彦．生物控制论[M]．北京：科学出版社，1980.

[240] 王飞跃．指控 5.0：平行时代的智能指挥与控制体系[J]．指挥与控制学报，2015，1（1）：107-120.

[241] 王和琴，张分电，李延利，等．普光气田酸气加热炉智能控制系统的构建与优化[J]．天然气工业，2013，33（9）：110-114.

[242] 王晶，贾利民，蔡自兴．基于神经网络的高速列车运行分级智能控制系统的研究．1995 年中国智能机器人研讨会论文专辑[C]．中国有色金属学报，1995，（5）：380-385.

[243] 王磊，潘进，焦李成．免疫算法[J]．电子学报，2000，28（7）：75-78.

[244] 王顺晃，舒迪前．智能控制系统及其应用[M]．2 版．北京：机械工业出版社，2005.

[245] 王维多，孟德智．智能控制在油品调合中的应用研究[J]．中国化工贸易，2015，35：287-287.

[246] 王勇，蔡自兴，周育人，等．约束优化进化算法[J]．软件学报，2009，20（1）：11-29.

[247] 王长缨．多 Agent 协作团队的学习方法研究[D]．长沙：国防科技大学，2004.

[248] 王正志，薄涛．进化计算[M]．长沙：国防科技大学出版社，2000.

[249] 王佐伟，吴宏鑫．一种组合自适应模糊控制方法及其在月球探测车上的应用[J]．宇航学报，2005，26（1）：1-6.

[250] 文敦伟，蔡自兴．递归神经网络的模糊随机学习算法[J]．高技术通讯，2002，12（1）：54-56.

[251] 文敦伟（导师 蔡自兴）．面向多智能体和神经网络的智能控制研究[D]．长沙：中南大学，2001.

[252] 文哥论股．智能控制器：实现万物互联的边缘 AI 关键！[EB/OL][2023-05-21]．https://xueqiu.com/6430539877/250940852.

[253] 吴锋，李成铁，何风行，等．基于 Web 的远程监控系统研究[J]．仪器仪表学报，2005，26（8s）：241-243.

[254] 吴宏鑫，王迎春．基于智能特征模型的智能控制及应用[J]．中国科学：技术科学，2002，32（6）：805-816.

[255] 吴宏鑫，胡军，解永春．航天器智能自主控制研究的回顾与展望[J]．空间控制技术与应用，2016，42（1）：1-6.

[256] 吴宏鑫，解永春，李智斌．基于对象特征模型描述的智能控制[J]．自动化学报，1999，25（1）：9-17.

[257] 吴宏鑫，余四祥．航天器智能控制的研究和设计[J]．航天控制，1992（4）：63-70.

[258] 吴敏，曹卫华，陈鑫．复杂冶金过程智能控制[M]．北京：科学出版社，2016.

[259] 吴文俊．计算机时代的脑力劳动机械化与科学技术现代化[M]．//蔡自兴、徐光祐．人工智能及其应用：第三版研究生用书（序），北京：清华大学出版社，2004.

[260] 夏天长．第一届全球华人智能控制与智能自动化大会论文集[C]．北京：科学出版社，1993.

[261] 谢昊飞，李勇，王平，等．网络控制技术[M]．北京：机械工业出版社，2009.

[262] 谢胜利，田森平，谢振东．迭代学习控制的理论与应用[M]．北京：科学出版社，2005.

[263] 徐丽娜．神经网络控制[M]．北京：电子工业出版社，2003.

[264] 薛同来，赵冬晖，张华方，等．基于 Python 的深度学习人脸识别方法[J]．工业控制计算机，2019（2）：188-119.

[265] 杨嘉墀，戴汝为．智能控制在国内的进展．//夏天长．第一届全球华人智能控制与智能自动化大会论文集[C]．北京：科学出版社，1993.

[266] 杨嘉墀．中国空间计划中智能自主控制技术的发展[C]．//秦化淑．中国控制会议论文集，北京：中国科学技术出版社，1995.

[267] 叶文，吕勇哉．智能控制中的机器学习方法[J]．信息与控制，1993，22（3）：129-132.

[268] 尹朝庆，尹皓．人工智能与专家系统[M]．北京：中国水利水电出版社，2002.

[269] 于少娟，齐向东，吴聚华．迭代学习控制理论及其应用[M]．北京：机械工业出版社，2005．

[270] 袁任光．集散型控制系统应用技术与实例[M]．北京：机械工业出版社，2005．

[271] 张桂东，张波，肖文勋，等．电化学加工高效节能高频开关电源及智能化系统[J]．电源学报，2011，（1）：31-37．

[272] 张国忠．智能控制系统及应用[M]．北京：中国电力出版社，2007．

[273] 张化光．智能控制基础理论及应用[M]．北京：机械工业出版社，2005．

[274] 张明廉，郝健康，何卫东，等．拟人智能控制与三级倒立摆[J]．航空学报，1995，16（6）：654-661．

[275] 张庆灵，邱占芝．网络控制系统[M]．北京：科学出版社，2007．

[276] 张文修，梁怡．遗传算法的数学基础[M]．西安：西安交通大学出版社，2000．

[277] 张雪申，叶西宁．集散控制系统及其应用[M]．北京：机械工业出版社，2006．

[278] 张钟俊，蔡自兴．智能控制[M]．//宋健．中国大百科全书：自动控制与系统工程．北京：中国大百科全书出版社，1991，587-588．

[279] 张钟俊，蔡自兴．智能控制和智能控制系统[J]．信息与控制，1989，18（5）：30-39．

[280] 赵文宏，黄文君，褚健，等．修正环型纳米级超精密抛光机智能控制系统的实现[J]．机电工程，2003，20（3）：38-4．

[281] 周德俭，吴斌．智能控制[M]．重庆：重庆大学出版社，2005．

[282] 周其鉴，李祖枢，陈民铀．智能控制及其展望（综述）[J]．信息与控制，1987，16（2）：38-45．

[283] 周其鉴．仿人智能控制器[J]．中国仪器仪表，1993（2）：5-9．

[284] 周翔（导师 蔡自兴）．移动机器人自主导航的进化控制理论及其系统平台开发与应用研究[D]．长沙：中南工业大学，1999．

[285] 左敏，曾广平，涂序彦．基于平行进化的机器人智能控制研究[J]．计算机仿真，2011，28（8）：202-206．

附录　各章教学重点、难点和要求

第1章　概　　述

教学重点

1．介绍智能控制的产生和发展过程。

2．对智能控制及其相关概念进行定义。

3．简要介绍智能控制的特点与分类。

4．讨论智能控制的学科结构理论。

教学难点

1．理解智能控制的定义。

2．了解智能控制与传统自动控制间的关系。

3．深入掌握智能控制的学科结构理论，特别是智能控制四元交集结构理论的内涵。

教学要求

着重掌握智能控制的定义，初步了解智能控制的主要系统，重点掌握智能控制学科结构理论。

第2章　递 阶 控 制

教学重点

1．介绍递阶智能机器及其三个级别的一般结构。

2．讨论递阶控制各级的作用。

3．举例介绍智能控制的应用。

教学难点

1．理解递阶控制的结构及各级的分工协作关系。

2．了解汽车自主驾驶系统的递阶结构和控制算法。

教学要求

着重掌握递阶控制的作用机制，举例分析递阶控制系统的结构与控制算法。

第3章　专 家 控 制

教学重点

1．专家系统的定义、主要类型与结构。

2．专家系统的建造步骤。

3．专家控制系统的控制要求与设计原则。

4．专家控制系统的结构与类型。

5．专家控制系统的应用举例。

教学难点

1．从概念上理解专家系统的定义。

2．专家系统的建造步骤及专家控制系统的设计原则。

3．专家控制系统的结构与类型。

教学要求

掌握专家系统的定义和建造步骤，理解专家控制系统的设计原则，初步掌握专家控制系统的设计方法，一般了解专家控制系统的典型实例。

第4章　模糊控制

教学重点

1．模糊数学基本知识。

2．模糊推理与模糊判决。

3．模糊控制和模糊控制系统的原理与结构。

4．模糊控制器的设计内容与原则及控制规则形式。

5．模糊控制系统的设计方法。

6．模糊控制器的设计与应用举例，包括 MATLAB 工具的应用。

教学难点

1．从概念上理解模糊控制的工作原理。

2．模糊控制器的设计内容、原则与方法。

3．剖析模糊控制系统的应用实例。

教学要求

掌握模糊控制的作用原理，理解模糊控制器的设计原则和设计方法，了解并分析模糊控制系统的应用实例。

第5章　神经控制

教学重点

1．人工神经网络的基本知识，包括神经元及其特性、神经网络的固有特性、人工神经网络的基本类型和学习算法、人工神经网络的典型模型等。

2．基于神经网络的知识表示与推理。

3．深层神经与深度学习。

4．神经控制的典型结构方案。

5．神经控制器的设计举例。

6．MATLAB 神经网络工具箱图形用户界面设计和基于 Simulink 的神经网络控制仿真。

教学难点

1．从概念上理解神经元原理及其特性。

2．人工神经网络的学习算法。

3．基于神经网络的知识表示与推理方法。

4．神经控制的结构原理。

教学要求

掌握人工神经元和神经控制的作用原理，了解神经控制的结构和设计实例。

第6章 进化控制

教学重点

1．遗传算法的基本原理和求解步骤。

2．进化控制原理与系统结构。

3．进化控制的形式化描述。

教学难点

1．从本质上理解遗传算法。

2．进化控制系统结构。

3．进化控制的形式化描述。

教学要求

深入理解遗传算法基本原理，掌握进化控制系统的结构，一般了解并分析进化控制系统的应用实例。

第7章 网络控制

教学重点

1．计算机网络的分类与体系结构，数据通信系统和网络通信协议。

2．网络控制的基本问题。

3．计算机网络的发展概况。

4．网络控制系统的定义、分类、结构与特点。

5．网络控制系统的性能评价标准。

6．网络控制系统应用实例。

教学难点

1．从概念上理解网络控制与其他控制的区别。

2．理解网络控制的基本问题和性能评价问题。

3．网络控制系统的分类与结构。

教学要求

理解网络控制系统的各种固有问题，掌握网络控制系统的工作原理与结构，分析网络控制系统的应用实例。

第8章　学习控制

教学重点

1．研究学习控制的意义及学习控制与自适应控制的关系。

2．学习控制的主要方案。

3．学习控制系统应用实例。

教学难点

1．理解学习控制的原理。

2．搞清几种学习控制的系统结构。

教学要求

深入理解迭代学习控制和增强学习控制的基本原理与控制系统结构，一般了解并分析学习控制系统的应用实例。

第9章　复合智能控制

教学重点

1．复合智能控制的研究与应用领域。

2．复合控制的基本原理。

教学难点

1．深入理解模糊神经复合控制原理。

2．理清自学习模糊神经控制系统的控制模型和控制算法。

3．分析专家模糊复合控制器的结构。

教学要求

掌握复合智能控制的基本工作原理，理解并分析各种模糊复合控制系统的应用实例，并举一反三提出其他可能的复合智能控制方案。

第10章　智能控制算法与编程

教学重点

1．智能控制算法的地位与作用。

2．智能控制算法的分类。

3．智能控制算法的MATLAB仿真设计与实现。

4．基于Python的深度学习框架设计。

教学难点

1．智能控制算法的定义与特点。

2．MATLAB模糊控制工具箱。

3．MATLAB神经网络工具箱。

4．深度学习框架基本功能。

教学要求

1．深刻理解智能控制算法在智能控制中的作用。

2．掌握 MATLAB 模糊控制工具箱的编程与实现。

3．掌握 MATLAB 神经控制工具箱的编程与实现。

4．初步训练 Python 语言编程技术。

第 11 章　智能控制算力及架构

教学重点

1．智能控制算力的地位与作用。

2．智能控制算力和芯片的分类。

3．智能算力网络的架构和工作机制。

4．智能算力网络的关键技术。

教学难点

1．智能算力是一种新型生产力。

2．智能算力网络的关键技术。

3．智能算力网络应用示例。

教学要求

1．深刻理解智能控制算力在智能控制中的作用。

2．掌握智能控制算力的分类。

3．深入理解智能算力网络的基本工作原理。

4．初步认识智能算力网络的关键技术。

第 12 章　智能控制的发展简史与展望

教学重点

1．国内外智能控制的发展过程。

2．我国智能控制的研究和应用成果。

3．我国智能控制的发展机遇与存在的问题。

4．我国智能控制的教育和人才培养。

教学难点

1．准确认识我国智能控制取得的成果与存在的问题。

2．探讨我国智能控制的发展战略或思路。

教学要求

了解智能控制的发展简史，掌握智能控制发展的代表性成果，分析智能控制研究和教育的应用实例。